"十二五"江苏省高等学校重点教材

重点教材编号：2015-2-097

江苏高校品牌专业建设工程资助项目

# 能源与动力工程测试技术

康 灿 代 翠 梅冠华 吴贤芳 编著

科 学 出 版 社

北 京

## 内 容 简 介

本书系统地介绍了与能源动力类专业相关的测试技术、原理及仪器。全书的主要内容分为九个部分：测试技术的基本概念，误差分析与数据处理，温度测量，压力测量，流速测量，流量测量，转速、转矩与功率测量，振动与噪声测量，测试规范与测试平台。

本书可作为高等学校能源动力类专业本科生的教材，亦可供从事动力工程及工程热物理学科相关研究工作的科技人员和工程技术人员参考。

图书在版编目(CIP)数据

能源与动力工程测试技术/康灿等编著. —北京: 科学出版社, 2016.12
"十二五"江苏省高等学校重点教材
ISBN 978-7-03-050941-3

Ⅰ. ①能… Ⅱ. ①康… Ⅲ. ①能源–测试技术–高等学校–教材 ②动力工程–测试技术–高等学校–教材 Ⅳ. ①TK

中国版本图书馆 CIP 数据核字 (2016) 第 283351 号

责任编辑: 胡 凯 李涪汁 丁丽丽 / 责任校对: 张凤琴
责任印制: 吴兆东 / 封面设计: 许 瑞

科学出版社 出版
北京东黄城根北街 16 号
邮政编码: 100717
http://www.sciencep.com
北京中石油彩色印刷有限责任公司印刷
科学出版社发行 各地新华书店经销
*
2016 年 12 月第 一 版 开本: 720×1000 1/16
2024 年 8 月第七次印刷 印张: 17 3/4
字数: 345 000
定价: 59.00 元
(如有印装质量问题, 我社负责调换)

# 前　　言

随着工程教育认证、卓越工程师教育培养计划的纵深推进，我国的高等工程教育已经步入了一个新的时期。教材一直是工科学生能力培养的重要保障条件之一。能源与动力工程专业与国家重点发展的支柱产业紧密相关，为社会输送了大批优秀人才，他们在各自的岗位上发挥着关键作用。

实验是发现和验证科学理论的重要手段之一。测试技术发展迅速，以流体速度测量为例，从传统的皮托管测速到目前得到成功应用的激光多普勒测速和粒子图像测速技术，测量的精度得到大幅提升。目前，能源与动力工程测试技术的发展向着高精度、高时空分辨率、智能化、集成化等方向发展，作为接受高等工程教育的大学生，有必要对实验原理和相关的实验方法进行系统性的了解与针对性的掌握。

本书围绕若干知识点，以达成学生的能力培养为目标。书中对测量仪器的基本原理、误差分析、数据处理方法、流量测量、压力测量、速度测量、转速转矩测量、振动噪声测量等进行了系统性的阐述，同时注重实验原理和规范。考虑到其他教材上的相关内容和测量技术的更新，本书简化了一些内容，诸如传感器的基本原理、液柱式压力计等，对目前常用的电磁流量计、光学测量方法等进行了重点介绍，并突出了实验标准在测试技术中的指导意义。另外，书中对于关键术语附上了对应的英文名称，这些术语是构成本教材内容体系的关键，也为读者查找相关的英文资料提供关键词。

本书的内容组织考虑到大多数读者的接受能力和教学法的实施，不在超出本科学生专业能力之外开展过多讨论，如果读者对于书中的某些专题感兴趣，可以参考相关的资料。从每一章课后的习题可以对该章内容的知识点进行概括，也可以在此基础上进行拓展。同时建议学生带着问题去学习知识。

本书共 9 章，其中，第 1、2 章由康灿编写；第 3 章由梅冠华编写；第 4、5 章由康灿编写；第 6、7 章由康灿和代翠共同编写；第 8 章由代翠编写；第 9 章由吴贤芳编写；全书由康灿统稿。

编著者感谢江苏高校品牌专业一期建设工程项目 (编号：PPZY2015A029) 对本书的资助。限于作者的水平，书中难免出现一些错误和不当之处，欢迎广大读者批评指正，编著者的电子邮箱：cankangujs@126.com。

编著者

2016 年 5 月 19 日

# 常用符号表

## 一、英文字母符号

| 符号 | 名称 | 单位 | 符号 | 名称 | 单位 |
|------|------|------|------|------|------|
| $A$ | 面积 | $m^2$ | $Nu$ | 努塞尔数 | |
| $a$ | 加速度 | $m/s^2$ | $n$ | 旋转速度 | $s^{-1}$, r/min |
| $c$ | 声速 | m/s | $P$ | 总压力 | Pa |
| $C$ | 阻尼系数 | | | 功率 | W |
| $C_f$ | 摩擦阻力系数 | | | 动量 | kg·m/s |
| | 压力系数，压强 | | $Pr$ | 普朗特数 | |
| | 阻力系数 | | $p$ | 压强 | Pa |
| $D, d$ | 直径 | m | $Q$ | 热量 | J |
| | 电位差 | | $q_m$ | 质量流量 | kg/s |
| $Eu$ | 欧拉数 | | $q_V$ | 体积流量 | $m^3/s$ |
| $F$ | 力 | N | $R$ | 电阻 | $\Omega$ |
| $Fr$ | 弗劳德数 | | $R, r$ | 半径 | m |
| $f$ | 频率 | Hz | $Re$ | 雷诺数 | |
| $f$ | 透镜焦距 | m | $S$ | 面积 | $m^2$ |
| $G$ | 重力 | N | $Sr$ | 斯特劳哈尔数 | |
| $g$ | 重力加速度 | $m/s^2$ | $S$ | 位移 | m |
| $H, h$ | 水头 (能头)， | m | | 灵敏度 | |
| | 水深 | | | 周期 | s |
| $h$ | 厚度 | m | $T$ | 热力学温度 | K |
| $I$ | 惯性矩 | $m^4$ | | 摄氏温度 | ℃ |
| $I$ | 电流 | A | $t$ | 时间 | s |
| $J$ | 比例系数 | | $U$ | 电压 | V |
| $K$ | 系统的灵敏度 | | $u(v, w)$ | 速度 | m/s |
| | 灵敏系数 | | $V$ | 体积 | $m^3$, L(1) |
| $L, l$ | 长度 | m | | 平均速度 | m/s |
| $M$ | 力矩，转矩 | N·m | $z$ | 位置水头 | m |
| $Ma$ | 马赫数 | | | | |
| $m$ | 质量 | kg | | | |

## 二、希腊文字母符号

| 符号 | 名称 | 单位 | 符号 | 名称 | 单位 |
|---|---|---|---|---|---|
| $\alpha$ | 流动方向角 | (°) | $\lambda$ | 沿程阻力系数 | |
| $\alpha_v$ | (叶片) 安放角 | (°) | | 热导率 | W/(m·K) |
| $\beta$ | 切应变 | m | | 波长 | m |
| $\Gamma$ | 绝对粗糙度 | m | | 流量系数 | |
| $\Delta$ | 线应变 | m | $\mu$ | 动力黏度 | Pa·s |
| $\delta$ | 介电常数 | | $\nu$ | 运动黏度 | $m^2/s$ |
| $\varepsilon$ | 允许应变 | F/m | $\rho$ | 密度 | $kg/m^3$ |
| | 阻尼比 | | | 电阻率 | $\Omega$ |
| $[\varepsilon]$ | 效率 | | $\tau$ | 切应力 | Pa |
| $\zeta$ | 体应变 | | $\Phi$ | 相位角差 | (°) |
| $\eta$ | 中心角 | rad | $\omega$ | 角速度 | $s^{-1}$, r/min |
| $\theta$ | 精度参数 | | $\omega_n$ | 固有频率 | Hz |
| $\sigma$ | 标准误差 | | | | |
| $\pi_c$ | 压阻效应系数 | | | | |
| | 射流特性系数 | | | | |
| | (体积) 压缩率 | $Pa^{-1}$ | | | |

## 三、下角标符号

| 下角标符号 | 含义 | 下角标符号 | 含义 |
|---|---|---|---|
| $n$ | 法向的 | $x, y, z$ | 直角坐标 |
| $\tau$ | 切向的 | $r, \theta, z$ | 柱坐标 |
| $s$ | 沿弧长的 | $R, \theta, \beta$ | 球坐标 |

# 目　　录

# 第 1 章　测试技术基本知识

测试 (measurement and test) 是人们认识客观事物的方法，是具有试验性质的测量，可以看作是测量和试验的统称。测量是以确定被测对象的属性的量值为目的而进行的实验过程，测量的过程是将被测量的值与既定标准量比较的过程，测量离不开测量仪器和测量过程。能源动力类的本科专业以动力工程及工程热物理学科为支撑，试验是该学科科学研究工作的重要方法之一，也是验证新的设计方法与思路的重要手段之一。

在能源与动力工程 (energy and power engineering) 专业中，一般意义的测量是指用仪器直接获得被测数据，比如用尺子测量一段管段的长度；而测试则更贴近工程应用，是指采用简单或系统的方法检查被测对象的运行性能，例如测试一台泵的能量性能是否达标等。测量的结果多为数据，而测试的结果则更多地是评价。实施测量的过程一般为"实验"，而实施测试的过程则多为"试验"。在英文注解中，通常用 experiment 和 measurement 两个单词分别用来表达实验和测量。在本书的后续部分并不对这些词进行严格的区分。

## 1.1　课程概述

### 1.1.1　测试技术的重要性

测试技术获得的结果对于提炼科学规律和构建科学理论具有重要意义，同时，测试技术还可被用来检验科学理论和规律。测试技术是科学研究的基础。与能源动力工程相关的技术领域更离不开测试技术，相关的产品开发、产品制造、质量控制、产品性能测试、产品运行故障诊断、工程管理等均需要测试技术。近年来，核电站、火力发电厂、风力发电站、泵站等单位已将测试技术与过程控制和管理成功地结合在一起，有效提升了能源与动力工程装置运行的可靠性和稳定性。

测试技术是科学技术先进程度的重要标志，随着机器人、无人机、GPS 等技术的进步，测试技术的智能化不断提高，应用领域不断延伸，发挥的作用越来越突出。

### 1.1.2　本课程的主要内容与学习要求

能源与动力工程测试技术课程是一门技术基础课，课程内容主要是与能源动力产业领域相关的测量原理 (measurement principles)、测量方法 (measurement approaches)、测量仪器 (measurement instruments) 与测量系统 (measurement systems)。通过本课程的学习，学生应重点解决测量的目的、测量的内容、如何实施测量、测量结果如何处理与分析 4 个方面的问题，并掌握相关的知识与技能，为解决本领域内的复杂工程问题打下基础。

在学习本课程中，学生应以下列 6 个方面为学习重点：

(1) 掌握测试装置的基本原理、测量系统的特性和测量结果误差分析方法；

(2) 掌握温度、压力和流速三个重要物理量的测量原理与常用的测量方法；

(3) 掌握常用压力表和压力传感器、测速仪器、流量计的测量原理与使用方法；

(4) 了解力矩、功率、振动、噪声的测量原理、方法与仪器；

(5) 了解激光多普勒测速和粒子图像测速的原理与仪器；

(6) 了解能源动力类专业的测试平台与测试规范。

能源与动力工程测试技术课程尽管针对能源动力类专业，但是属于多学科交叉的课程。学习该课程需要综合运用多种学科知识。本课程的学习涉及高等数学、概率论、流体力学、传热学、计算机科学、机械振动、声学等多方面的知识，还有相关的国家标准和国际标准，所以本课程对于构建学生的专业知识体系具有很好的促进作用。同时，本课程具有很强的实践性，是一门实战课程，在学习中将知识与仪器和测量系统密切结合，既消化了知识，又拓宽了视野。最为重要的是，本课程为创新能力的培养提供了优秀的平台，基于诸多有形的仪器设备和实际工程问题，有所侧重地构思基于本专业实际问题的创新性思路，并通过实实在在的测试数据校验创新性的思路，真正达到工程能力培养和创新能力培养的目标。

国外很多高校并不设置能源与动力工程专业，相关的专业模块多归入机械工程 (mechanical engineering) 大类专业中，所以能源与动力工程测试技术与机械工程测试技术有交叉，在本书中也体现了这一点。在此基础上，结合能源动力类专业的特点，本书突出三个方面的内容，一是测试技术的原理与方法，明确测试的要求；二是测试的规范与标准，测量仪器的选用、测试装置设计和测量数据的处理要符合相关的规范；三是思维的拓延与知识的融合，在理论与实际结合的过程中不断总结与提炼，提升专业能力。

## 1.2　测量的基本知识

### 1.2.1　测量的定义

如前所述，测量实际上是从物理世界获取被测量 (measurand) 的信息，并与共同遵守的标准相比较的过程，在这一过程中，人们借助工具，通过获取和处理实验数据，获得被测量的值和相关特征，从而认识被测量和其遵循的规律。一个完整的测量过程离不开测量对象与被测量、测量资源 (测试仪器与辅助设施、测量方法等)、计量单位、测量结果 (包括误差与误差分析方法)、测量环境 5 个要素。

根据被测量在测量过程中是否发生变化，可将测量过程分为静态测量 (static measurement) 和动态测量 (dynamic measurement) 两类。静态测量是指被测量在整个测量过程中不随时间变化而变化的测量，被测量可视为恒定量，如某一定常流动 (steady flow) 中的一个观测点上的静压强 (static pressure)。动态测量是指被测量在测量过程中随时间变化而变化，例如泵启动过程中的转速 (rotational speed) 和轴承温度。动态测量的过程是获取被测量的瞬时值 (instantaneous value) 的过程，对测量工具、测量方法和数据处理的要求较高。

### 1.2.2　获取测量值的方法

根据工程中常用的获取测量值的方法可以将测量分为直接测量 (direct measurement) 和间接测量 (indirect measurement)。

#### 1. 直接测量

使被测量直接与选用的标准量进行比较，或者用预先标定好的测量仪表进行测量，从而直接求得被测量数值的测量方法称为直接测量。被测量的数值可直接从测量仪表上获得。在直接测量中又可分为两种获取结果方式，一种为直接从仪表上读数，如水银体温计；另一种方式是借助标准量具获得测量结果。直接测量方法又可进一步分为零值法、差值法和代替法。

(1) 零值法：被测量的作用与已知量的作用相互抵消，总效应为零，这样被测量就等于已知量。例如采用电位差计可测量热电偶在测量温度时产生的热电势的大小。

(2) 差值法：从仪表上读出的值为待测量与某已知量之差。例如采用 U 形差压计测量压强时，其两边液柱的高差代表了待测压强与已知压强的差。

(3) 代替法：用已知量代替被测量，使已知量与被测量产生的效应相同。例如用天平称量物体的质量时，用标准砝码的质量代替被测物体的质量。

直接测量按测量条件不同又可分为等精度测量和非等精度测量。前者指的是对同一量进行多次测量，每次测量的仪器、环境、测量方法和人员都保持一致，否则为非等精度测量。

#### 2. 间接测量

在被测量无法直接从测量仪器上读出时，需要通过直接测量与被测量有一定函数关系的量，而后通过关系式获得被测量的数值，这种测量方法称为间接测量。

间接测量中的未知量 $Y$ 可表示为

$$Y = f(X_1, X_2, X_3, \cdots) \tag{1-1}$$

式中，$X_1, X_2, X_3, \cdots$ 为可以由直接测量测得的物理量。例如叶片泵的输入功率可由下述关系式得出：

$$P = \frac{Tn}{9549} \tag{1-2}$$

式中，$T$ 为转矩，单位为 N·m；$n$ 为转速，单位为 r/min；$P$ 为功率，单位为 kW。借助转速转矩仪测出 $T$ 与 $n$，则 $P$ 可由式 (1-2) 得出。

再以气流速度的测量为例，在没有风速计的情况下欲获得气流的速度也并非完全不可能。如果有一个转速表和一个风车，可以测得气流吹动风车时风车的转速，进而可通过风车转速与气流速度之间的关系来计算气流速度。

还有的教材上介绍了直接测量和间接测量之外的一种组合测量方法，该方法的前提是被测量与待求量之间存在着一定的函数关系，通过测得的被测量的值求解该函数关系式，从而获得待求量。

### 1.2.3 量与量纲 (quantities and dimensions)

量是指现象、物体或物质可定性区别和定量确定的一种属性。不同的量之间可以定性区别，如长度和温度是不同类的量。同一类中的量之间以量值大小来区别。

1. 量值

量值用数值和计量单位 (unit) 的组合来表示。量值被用来定量地表达被测对象相应属性的大小，如 1.8 kg, 25℃, 12 s 等，其中 1.8、25、12 是量值的数值。

2. 基本量和导出量

选取某些量作为基本量 (base quantity)，基本量之间相互独立；其他量作为基本量的导出量 (derived quantity)，导出量与基本量之间存在着一定的函数关系。

3. 量纲和量的单位

量纲代表一个被测量的确定特征，而量纲单位则是该被测量得以量化的基础。例如，质量是一个量纲，而千克是质量的一个单位；长度是一个量纲，英寸是长度的一个单位。一个量纲是惟一的，但量纲可以用不同的单位来测量。世界上不同国家所使用的单位制 (system of units) 可能不同，所以不同的单位制有必要被标准化，单位制之间的转换也必须遵守共同认同的规则。

本书中的量纲和单位遵守国际单位制 (International System of Units, SI) 的规定，基本物理量有 7 个，分别为：长度 (length)、质量 (mass)、时间 (time)、电流 (electric current)、热力学温度 (thermodynamic temperature)、物质的量 (amount of substance) 和发光强度 (luminous intensity)。这 7 个量的量纲分别用 L、M、T、I、Θ、N 和 J 表示。导出量的量纲可以用基本量的量纲表示。例如，速度的量纲为 $LT^{-1}$，涡量的量纲为 $T^{-1}$，功率的量纲可表示为 $ML^2T^{-3}$。无量纲量中的量纲幂次均为零，无量纲量实际上是一个数。

### 4. 法定计量单位

法定计量单位是各个行业必须遵守并执行的单位。我国的法定计量单位以国际单位制为基础，选用了少数其他单位制的计量单位。

国际单位制中规定的 7 个基本物理量的单位分别为：长度 —— 米 (m)、质量 —— 千克 (kg)、时间 —— 秒 (s)、电流 —— 安培 (A)、热力学温度 —— 开 [尔文](K)、物质的量 —— 摩 [尔](mol)、发光强度 —— 坎 [德拉](cd)，上述括号内为对应的单位符号。

测量必须有基准，该基准可以确保量值的统一和准确。测量工具也必须经过检定和校准，且检定和校准需由法定或授权的检定机构进行实施。

### 1.2.4　测量系统

测量离不开测量系统。目前测量系统的应用已从一般实验室、工业产品、工业流程一直延伸到复杂环境中，如核反应器和宇宙空间站内部的环境。测量系统可能是一个简单的仪表，也可能是一个由多个传感器和数据采集模块构成的复杂系统。测量的目的、要求和内容随着场合的不同可能存在很大的差别，但一个完整的测量系统应该包含三类基本部件：感受部件、信号传递和处理部件、信号显示和记录部件。有的测量系统还要求有激励装置，当被测对象受到激励后才能产生便于测量的输出信号，测量系统组成示意图，如图 1-1 所示。有的测量系统还要求配带自标定装置。

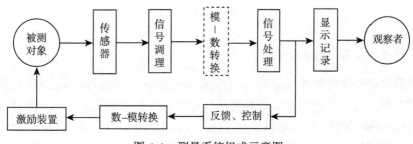

图 1-1　测量系统组成示意图

### 1. 感受部件

感受部件 (sensing part, sensor) 直接与被测对象发生作用，它的作用是感受被测量的变化，随后其内部发生变化并向外发出相应的信号。汽车车灯控制器中采用的电阻值随环境光强度改变而改变的光敏元件 (photosensitive element) 就属于感受部件。感受部件需满足下列条件：

(1) 只能感受被测量的变化而发出相应的信号，其他量变化时感受部件不应发出同类信号。

(2) 感受部件发出的信号与被测量之间应呈单值函数关系，即两者一一对应。

(3) 感受部件对被测量的扰动应尽量小。

在实际应用中，经常出现感受部件在非被测量变化时也产生内部变化的现象，在无法回避的情况下，尽量限制无用信号的量级，使其远远小于有用信号。在使用金属热电阻测量温度时，压力同样对电阻产生影响，这时有必要采用引入修正系数或增加补偿装置的方法消除附加因素的影响。

现代测量系统中的感受部件即传感器。在国家标准 GB/T 7665—2005 中，传感器的定义为能够感受规定的被测量并按照一定规律转换成可用输出信号的器件和装置，通常由敏感元件 (sensing element) 和转换元件 (transducing element) 组成，如图 1-2 所示。传感器中的敏感元件能直接感受和响应被测量，而转换元件能将敏感元件感受或响应的被测量转换成适合于传输和测量的电信号如电阻、电容、电感。电信号易于处理、显示、存储和传输。此时传感器扮演的角色不单单是感受部件。

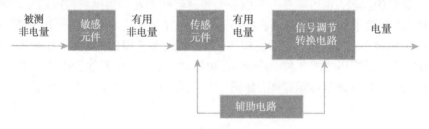

图 1-2　传感器的典型组成

### 2. 信号传递和处理部件

信号传递和处理部件 (signal transmission and processing element) 的功能是对感受部件发出的信号进行加工或转换后传递给信号显示和记录部件，这种转换多是电信号之间的转换。例如电阻应变片在工作时发出的是电阻变化值，它通过电桥转变为电压信号。信号传递和处理部件有时需要对感受部件发出的信号进行各种运算、滤波和分析，以满足信号显示和记录部件对信号的要求。

单从功能的角度来看，在采用传统的静压探针进行压强测量时，若探针和排管之间采用橡皮管进行连接，则橡皮管就是该测量系统的传递部件。这种传递部件只能在探针和排管之间的距离较短时使用，并不利于信号的远传。如果距离较远，则多采用将压强改变为其他类信号如电信号的方式进行传输、转换和显示。

### 3. 信号显示和记录部件

信号显示和记录部件 (signal display and recording element) 根据信号传递和处理部件传来的信号显示出被测量的大小及变化。信号显示方式可大致分为指示式、记录式和数字式三种。

(1) 指示式是指以标尺刻度、指针的周向位置、液面位置等显示被测量的数值，例如波登管式压力表就利用指针的周向位置显示压强大小。指示式的缺点是不能显示被测量的动态变化。

(2) 记录式仪表则可以动态地记录被测量随时间的变化，如传统测量中采用的磁带记录仪等。

(3) 数字式仪表将模拟量通过模数转换、译码等方法进行转换，在显示面板上展现出被测量的数值，如数字式记数器等。由于数字化技术和硬件技术的发展，目前数字式仪表已成为测量仪表的主流之一。

目前信号的记录多采用计算机系统的数据存储器 —— 硬盘 (hard disk) 来实现，硬盘中常用的为机械硬盘和固态硬盘。相对于机械硬盘，固态硬盘的读写速度快、功耗低、防震能力强、工作温度范围宽，缺点是目前固态硬盘的最大存储容量较小，售价较高。

## 1.3 测量系统的特性

### 1.3.1 测量系统的基本特性

并不存在针对所有被测量都适用的测量系统。根据被测量的特点、测量的精度要求及其他因素，需选用合适的测量系统，测量系统的基本特性要能够使输入的被测量在要求的精度范围内得到体现。一般将外界对系统的作用称为系统的输入 (input) 或激励 (excitation)，而将系统受到这种作用时的输出称为系统的输出 (output) 或响应 (response)。测量系统的功能框图如图 1-3 所示。其中，$x(t)$ 为测量系统的输入，$y(t)$ 为测量系统的对应输出。

图 1-3 测量系统的功能框图

输出量 $y(t)$ 是否能正确地反映输入量 $x(t)$ 与测量系统本身的特性有着紧密关联。测量系统的特性指的是传输特性,即系统受到的激励与其做出的响应之间的关系。测量系统的特性可分为静态特性 (static characteristics) 和动态特性 (dynamic characteristics)。对于被测量不变或变化极缓慢的情况,静态参数即可表达测量系统的特性,而对于被测量快速变化的情况,则要求测量系统对被测量的变化迅速做出响应,此时必须采用动态参数表达测量系统的特性。尽管此处以被测量定义测量系统的静态特性与动态特性,但对于一个测量系统,其静态特性与动态特性是相关的。从便于分析的角度出发,通常将测量系统的静态特性与动态特性分开考虑,将诱发非线性的因素作为静态特性处理。

理想的测量系统应有单值的、确定的输入-输出关系,其中以输入与输出呈线性关系为最佳。实际的测量系统往往无法满足线性关系。若系统的输入 $x(t)$ 与输出 $y(t)$ 之间的关系可用线性微分方程描述,则称该测量系统为线性系统 (linear system),其方程可以写为

$$a_n \frac{\mathrm{d}^n y(t)}{\mathrm{d}t^n} + a_{n-1} \frac{\mathrm{d}^{n-1} y(t)}{\mathrm{d}t^{n-1}} + \cdots + a_1 \frac{\mathrm{d}y(t)}{\mathrm{d}t} + a_0 y(t)$$

$$= b_m \frac{\mathrm{d}^m x(t)}{\mathrm{d}t^m} + b_{m-1} \frac{\mathrm{d}^{m-1} x(t)}{\mathrm{d}t^{m-1}} + \cdots + b_1 \frac{\mathrm{d}x(t)}{\mathrm{d}t} + b_0 x(t) \tag{1-3}$$

将方程中最高微分阶 $n$ 称为系统的阶; $a_n$、$a_{n-1}$、$\cdots$、$a_0$ 和 $b_m$、$b_{m-1}$、$\cdots$、$b_0$ 分别为系统的结构特性参数。

如果系统的结构特性参数均不随时间和输入量的变化而变化,则该方程为常系数微分方程,所描述的系统为线性定常系统或线性时不变系统。实际的测量系统中,结构特性参数或多或少会发生变化,但若设置足够的精确度,忽略非线性和时变因素,则可将多数系统作为线性时不变系统处理。

### 1.3.2   测量系统的静态特性参数

#### 1. 量程

量程 (span) 是指测量系统能够测量的输入量的最大值与最小值之间的范围,也称为可测范围。在选择测量系统时,量程是首先要考虑的参数。超量程使用仪表可能会造成仪表损坏。一般认为,在选择仪表量程前要对被测量的值进行估计,被测量较稳定时,其最大值不宜超过仪表满量程的 $\frac{3}{4}$;若被测量的值波动较大,则最大值不宜超过仪表满量程的 $\frac{2}{3}$,且最小值不宜低于满量程的 $\frac{1}{3}$,在此两个条件中,优先满足前者。被测量的值接近测量系统可测量的上限时易损坏测量系统的部件,而被测量的值接近测量系统可测量值的下限时又会造成测量精度下降。

2. 精度

测量系统的精度 (accuracy) 是指在规定条件下，测量系统在全量程范围内产生的最大绝对误差的绝对值与量程之比，记为 $R$，通常用百分数表示。

$$R = \frac{|\delta_{\max}|}{A} \times 100\% \qquad (1\text{-}4)$$

式中，$A$ 为系统的量程；$\delta_{\max}$ 为最大绝对误差。

如某温度计的量程为 50℃，其最大绝对误差的绝对值为 0.1℃，则该温度计的精度为

$$R = \frac{0.1}{50} \times 100\% = 0.2\%$$

该仪表的精度等级为 0.2 级。仪表通常会在表盘位置标识其具有的精度等级。

以压力表为例，一般的精度等级为 0.01、0.02、0.05、0.1、0.2、0.5 等，这些属于较高的精度等级；而工程上采用的压力表精度等级为 1.0、1.5、2.5 等。仪表的精度等级高，测量误差小，但相应的仪表价格较高。图 1-4 为某压力表的表盘，可以看出，其量程为 6MPa，该表的绝对误差为

$$6\text{MPa} \times 1.5\% = 0.09\text{MPa} = 90\text{kPa}$$

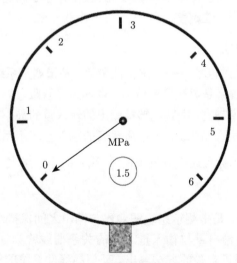

图 1-4 某压力表的表盘

若测量时指针指向 4MPa，相对误差为

$$\frac{90\text{kPa}}{4\text{MPa}} = 2.25\%$$

若测量时指针指向 0.6MPa，相对误差为

$$\frac{90\text{kPa}}{0.6\text{MPa}} = 15\%$$

所以, 在测量时应该尽量选用量程合适并且精度合适的压力表。测量仪器的精度与被测量的大小无关。

### 3. 灵敏度 (sensitivity)

灵敏度是测量系统的重要静态特性参数之一。若系统的输入量有增量 $\Delta x$, 引起输出产生相应的增量 $\Delta y$, 则定义输出量的变化与引起这种变化的相应输入量的变化之比为灵敏度, 通常以极限的形式表示, 记为 $S$, 即

$$S = \lim_{\Delta x \to 0} \frac{\Delta y}{\Delta x} = \frac{\mathrm{d}y}{\mathrm{d}x} \tag{1-5}$$

灵敏度的几何意义是输出-输入曲线上指定点的斜率。线性测量系统的灵敏度为常量, 表现为 $\Delta y$ 与 $\Delta x$ 之间呈线性关系; 而非线性测量系统的灵敏度随输入量的变化而变化。当输出量与输入量的量纲相同时, 灵敏度为无量纲数, 常称为 "放大倍数" 或 "增益"。如果测量系统由多个环节串联而成, 则测量系统总的灵敏度为各个环节灵敏度的乘积。

从灵敏度的定义式可以看出, 灵敏度越高就意味着在相同的输入下, 测量系统可以得到越大的输出, 在设计测量系统时, 灵敏度并非越高越好, 灵敏度越高则测量范围越窄, 系统的稳定性越差。

### 4. 分辨率 (分辨力)

分辨率 (resolution) 也是一个静态特性参数, 是指测量系统能够检测出的被测量的最小变化量。分辨率是灵敏度的倒数, 也称为灵敏限。

测量系统的分辨率越高, 则其能够检测出的输入量的最小变化值越小。对于数字显示仪表, 常用输出显示的最后一位所代表的输入量表示系统的分辨率; 对于模拟显示仪表, 常用指示标尺最小分度值的 $\frac{1}{2}$ 代表的输入量表示其分辨率。

### 5. 线性度

线性度 (linearity) 是指测量系统的输入与输出之间保持线性关系的程度。静态测量中测量系统的输出量与输入量之间的关系曲线称为标定曲线 (calibration curve), 该曲线通常通过实验的方法测出。理想的线性系统的标定曲线为直线, 但实际测量系统的标定曲线形状并非直线, 如图 1-5 所示。将标定曲线与拟合曲线 (fitting curve) 之间的偏离程度称为线性度, 也称非线性误差。线性度常用百分数表示, 记为 $R_L$, 即

$$R_L = \frac{\Delta l_{\max}}{A} \times 100\% \tag{1-6}$$

式中, $\Delta l_{\max}$ 为标定曲线与拟合曲线之间的最大偏差, $A$ 为满量程的输出值。

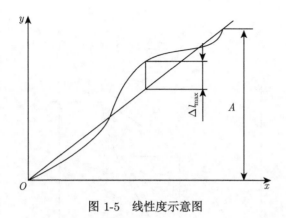

图 1-5 线性度示意图

线性度值越小代表测量系统的线性特性越好。由于线性度计算时参考的拟合直线为根据基准获得，拟合直线不同，则线性度值不同。常用的确定拟合直线的方法有两种，一是两点连线法，即将标定曲线上通过零点和满量程输出点的连线作为拟合直线，此方法并不准确，所以推荐采用第二种方法，最小二乘法，该方法的应用使得拟合直线在全量程范围内拟合精度最高，标定曲线上所有点与拟合直线的偏差的平方和为最小。

### 6. 迟滞误差

迟滞误差 (hysteresis error) 也称回程误差，测量系统的输入量从量程下限增加到量程上限的测量过程称为正行程；反之，输入量从量程上限减小至量程下限的测量过程称为反行程。在同样的测试条件下，理想测量系统的正、反行程的标定曲线是完全重合的。但是实际测量系统中这两条曲线并不重合，这种现象称为迟滞，如图 1-6 所示。对应于同一输入量，正、反行程对应的输出量之间的差值称为迟滞差。在全量程范围内的最大迟滞差与满量程输出值之比为测量系统的迟滞误差，记为 $R_\mathrm{H}$，即

$$R_\mathrm{H} = \frac{\Delta H_\mathrm{max}}{A} \times 100\% \tag{1-7}$$

式中，$\Delta H_\mathrm{max}$ 为正、反行程的标定曲线之间的最大偏差。

引起迟滞误差的因素较多，通常认为测量系统中的弹性元件、磁性元件等存在滞后现象，而测量系统中的间隙等因素也可能引起迟滞误差。

### 7. 重复性

重复性 (repeatability) 是指在相同的测量条件 (测量环境、测量装置、测量仪器、测量人员等) 下，按同一方向在全量程范围内进行多次测量时标定曲线之间的重复程度，如图 1-7 所示。用同一方向的最大偏差与满量程理想输出值的百分数表

示, 记为 $R_R$, 即

$$R_R = \frac{\Delta_{\max}}{A} \times 100\% \tag{1-8}$$

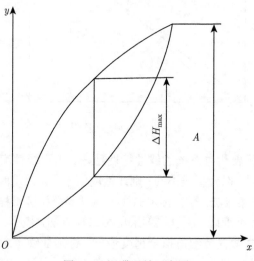

图 1-6    迟滞误差示意图

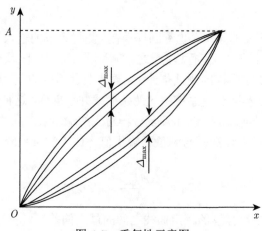

图 1-7    重复性示意图

测量的重复性可用结果的发散性表示。而测量复现性 (reproducibility) 指在不同的测量条件下, 对同一被测量进行测量时, 测量结果之间的一致性。

### 8. 漂移

漂移 (drift) 是指测量系统的输入量不变时, 输出量发生变化的现象。在测量范围最低值处的漂移称为零点漂移, 简称零漂。仪器自身的结构参数变化可能引起漂移;而工作环境也会对测量系统的输出产生影响,因环境温度变化引起的测量系统输出量的变化称为温度漂移,通常以环境温度偏离标准温度时的输出值与标准温度下的输出值之差与温度变化之比来表示,记作 $\xi_t$,即

$$\xi_t = \frac{y_t - y_{20}}{\Delta t} \tag{1-9}$$

式中,$\Delta t$ 为测量系统环境温度 $t$ 与标准温度 (一般为 20℃) 之差;$y_t$ 为环境温度为 $t$ 时的测量系统输出值;$y_{20}$ 为标准温度条件下测量系统的输出值。

温度漂移对测量系统的静态特性产生影响,可能使静态特性曲线产生平移,但斜率不变,此时称为温度零点漂移,也可能使静态特性曲线的斜率发生变化,称为温度灵敏度漂移。

另外,测量系统在工作中还可能受到电磁辐射、声、光、电网等因素的干扰而无法保证稳定的输出,这就涉及测量系统的抗干扰能力指标。

### 1.3.3 测量系统的动态特性

测量系统的动态特性是指输入量随时间变化时,输出与输入之间的动态关系。在研究测量系统动态特性时,往往认为系统参数不变,并忽略迟滞等非线性因素,这时就可以用时不变线性系统微分方程描述测量系统的输出与输入之间的关系。测量系统的动态特性也可用微分方程的线性变换描述,采用初始条件为零的 Laplace 变换可得到传递函数,采用初始条件为零的 Fourier 变换即可得到频响函数。测量系统的动态特性也可用单位脉冲输入的响应来表示。

#### 1. 传递函数

设系统的初始条件为零,即在系统特性考察前输入、输出及其各阶导数均为零,则对式 (1-3) 作 Laplace 变换,得

$$(a_n s^n + a_{n-1} s^{n-1} + \cdots + a_1 s + a_0) Y(s) = (b_m s^m + b_{m-1} s^{m-1} + \cdots + b_1 s + b_0) X(s) \tag{1-10}$$

定义输出信号与输入信号的 Laplace 变换之比为传递函数 (transfer function),即

$$H(s) = \frac{Y(s)}{X(s)} = \frac{b_m s^m + b_{m-1} s^{m-1} + \cdots + b_1 s + b_0}{a_n s^n + a_{n-1} s^{n-1} + \cdots + a_1 s + a_0} \tag{1-11}$$

式中,$s$ 为 Laplace 算子,$s = \beta + j\omega$。

传递函数以数学函数的形式表征了系统对输入信号的传输和转换特性,它包含了瞬态、稳态时间响应和频率响应的全部信息。它具有以下几个特点:

(1) 传递函数只反映系统本身的固有特性,与输入量及系统的初始状态无关。

(2) 传递函数是对物理系统特性的数学描述,而与系统的具体物理结构无关。同一形式的传递函数可表征具有相同传输特性的不同物理系统。

(3) 传递函数中的各个系数是由测量系统本身的结构特性所惟一确定的常数。

(4) 传递函数表达式中的分母取决于系统的结构，而分子则表示系统与外界之间的联系，如输入点的位置、输入方式、被测量及测点布置情况等。分母中的幂次 $n$ 代表了系统微分方程的阶数，若 $n=2$，则系统为二阶系统。一般 $n>m$，即分母中 $s$ 的幂次均高于分子中 $s$ 的幂次，此时测量系统为稳定系统。

## 2. 频响函数

传递函数被用来在复数域中描述和考察测量系统的特性，与在时域中描述和考察测量系统的特性相比有许多优点。频率响应函数 (frequency response function) 则是在频域中描述和考察测量系统的特性，其定义为测量系统稳态响应输出信号的 Fourier 变换与输入简谐信号的 Fourier 变换之比。与传递函数相比，频率响应函数易通过实验建立，且其物理概念更为直观。

在测量系统的传递函数 $H(s)$ 已知的情况下，令 $H(s)$ 中 $s$ 的实部为零，即 $s=j\omega$，可得到频率响应函数 $H(j\omega)$。线性时不变系统的频率响应函数为

$$H(j\omega) = \frac{Y(j\omega)}{X(j\omega)} = \frac{b_m(j\omega)^m + b_{m-1}(j\omega)^{m-1} + \cdots + b_1(j\omega) + b_0}{a_n(j\omega)^n + a_{n-1}(j\omega)^{n-1} + \cdots + a_1(j\omega) + a_0} \qquad (1\text{-}12)$$

在 $t=0$ 时刻将输入信号接入线性时不变系统，即将 $s=j\omega$ 代入 Laplace 变换，将 Laplace 变换变成 Fourier 变换。由于系统的初始条件为零，所以系统的频率响应函数 $H(j\omega)$ 就成为输出 $y(t)$、输入 $x(t)$ 的 Fourier 变换 $Y(\omega)$、$X(\omega)$ 之比，即

$$H(j\omega) = \frac{Y(\omega)}{X(\omega)} \qquad (1\text{-}13)$$

频率响应函数来自于输出 $y(t)$ 与输入 $x(t)$ 的 Fourier 变换，其描述的是系统的简谐输入与其稳态输出之间的关系，因此在系统响应达到稳定后方可测量频率响应函数。

频率响应函数的复指数形式为

$$H(j\omega) = A(\omega)e^{j\varphi(\omega)} \qquad (1\text{-}14)$$

式中，$A(\omega)$ 为系统的幅频函数 (amplitude-frequency function)；$\varphi(\omega)$ 为系统的相频函数 (phase-frequency function)。

在用曲线描述测量系统的传输特性时，$A(\omega)$-$\omega$ 和 $\varphi(\omega)$-$\omega$ 分别称为系统的幅频特性曲线和相频特性曲线。实际作图时，对自变量取对数标尺，对幅值坐标取分贝数，即作 $20\lg A(\omega)$-$\lg(\omega)$ 和 $\varphi(\omega)$-$\lg(\omega)$ 曲线，该两曲线分别被称为对数幅频特性曲线和对数相频特性曲线，总称为博德 (Bode) 图。

若将频率响应函数 $H(j\omega)$ 按实部和虚部改写为

$$H(j\omega) = P(\omega) + jQ(\omega) \tag{1-15}$$

则 $P(\omega)$ 和 $Q(\omega)$ 均为 $\omega$ 的实函数, 曲线 $P(\omega)$-$\omega$ 和 $Q(\omega)$-$\omega$ 分别称为测量系统的实频特性曲线和虚频特性曲线。若将 $H(\omega)$ 的虚部和实部分别作为纵、横坐标, 则曲线 $Q(\omega)$-$P(\omega)$ 称为奈奎斯特 (Nyquist) 图。

### 3. 脉冲响应函数

在初始条件为零的情况下, 在 $t = 0$ 时刻给测量系统输入一个单位脉冲函数, 即 $x(t) = \delta(t)$。如果测量系统是稳定的, 则经过一段时间后会恢复到原来的平衡状态。如图 1-8 所示。测量系统对单位脉冲输入的响应称为测量系统的脉冲响应函数 (impulse response function), 用 $h(t)$ 表示。脉冲响应函数同样是测量系统动态特性的时域描述。对于单输入、单输出系统, 输入量 $x(t)$、输出量 $y(t)$ 和脉冲响应函数 $h(t)$ 之间的关系为

$$y(t) = x(t) * h(t) \tag{1-16}$$

即测量系统在任意输入下所产生的响应等于系统的脉冲响应函数与输入信号的卷积。

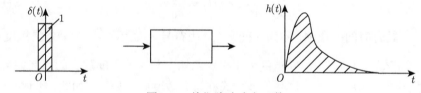

图 1-8    单位脉冲响应函数

对式 (1-16) 两边取 Fourier 变换, 得

$$Y(j\omega) = X(j\omega)H(j\omega) \tag{1-17}$$

将 $s = j\omega$ 代入上式, 得

$$Y(s) = H(s)X(s) \tag{1-18}$$

测量系统的动态特性在时域、频域和复数域可以分别采用脉冲响应函数 $h(t)$、频率响应函数 $H(j\omega)$ 和传递函数 $H(s)$ 来描述。三者存在着一一对应关系。脉冲响应函数 $h(t)$ 与频率响应函数 $H(j\omega)$ 是 Fourier 变换和 Fourier 逆变换的关系, 与传递函数 $H(s)$ 是 Laplace 变换与 Laplace 逆变换的关系。

4. 零阶系统

令输入 $x(t)$ 与输出 $y(t)$ 之间的微分方程 (1-3) 中的微分项系数为零, 则方程简化为

$$a_0 y(t) = b_0 x(t) \qquad (1\text{-}19)$$

此为零阶系统 (zero-order system)。

式 (1-19) 可进一步改写为

$$y(t) = \frac{b_0}{a_0} x(t) \qquad (1\text{-}20)$$

常将上式中的 $\left(\dfrac{b_0}{a_0}\right)$ 用 $S$ 表示, 称为测量系统的静态灵敏度。

5. 一阶系统和二阶系统

1) 一阶系统

(1) 传递函数

一阶系统 (first-order system) 和二阶系统 (second-order system) 是分析高阶系统的基础。液柱式温度计即属于一阶系统。一阶系统的微分方程为

$$a_1 \frac{\mathrm{d}y(t)}{\mathrm{d}t} + a_0 y(t) = b_0 x(t) \qquad (1\text{-}21)$$

转化为

$$\frac{a_1}{a_0} \frac{\mathrm{d}y(t)}{\mathrm{d}t} + y(t) = \frac{b_0}{a_0} x(t) \qquad (1\text{-}22)$$

式中, $\dfrac{a_1}{a_0}$ 具有时间的量纲, 称为时间常数, 用符号 $\tau$ 表示; $\dfrac{b_0}{a_0}$ 为静态灵敏度, 与零阶系统相似, 用 $S$ 表示。$S$ 值的大小仅表示输出与输入之间放大的比例关系, 因此为便于讨论, 令 $S = 1$, 这种处理方式称为灵敏度归一处理。如此, 上述一阶系统的微分方程变为

$$\tau \frac{\mathrm{d}y(t)}{\mathrm{d}t} + y(t) = x(t) \qquad (1\text{-}23)$$

对上式作 Laplace 变换, 得

$$\tau s Y(s) + Y(s) = X(s) \qquad (1\text{-}24)$$

则一阶系统的传递函数:

$$H(s) = \frac{Y(s)}{X(s)} = \frac{1}{1 + \tau s} \qquad (1\text{-}25)$$

(2) 频率响应函数

一阶系统的频率响应函数为

$$H(j\omega) = \frac{1}{1 + j\omega\tau} \qquad (1\text{-}26)$$

幅频和相频特性分别为

$$A(\omega) = \sqrt{[\mathrm{Re}(\omega)]^2 + [\mathrm{Im}(\omega)]^2} = \frac{1}{\sqrt{(1+\omega\tau)^2}} \tag{1-27}$$

$$\varphi(\omega) = \arctan\frac{\mathrm{Im}(\omega)}{\mathrm{Re}(\omega)} = -\arctan(\omega\tau) \tag{1-28}$$

$\varphi(\omega)$ 为负说明输出信号的相位滞后于输入信号的相位。一阶系统的幅频和相频特性曲线如图 1-9 所示。

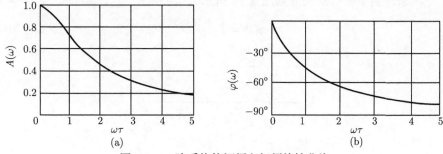

图 1-9　一阶系统的幅频和相频特性曲线

(a) 幅频特性曲线；(b) 相频特性曲线

(3) 脉冲响应函数

一阶系统的脉冲响应函数为

$$h(t) = \frac{1}{\tau}\mathrm{e}^{-\frac{t}{\tau}} \tag{1-29}$$

其图形为 (图 1-10)

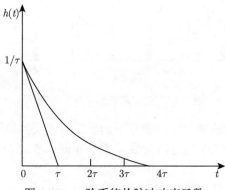

图 1-10　一阶系统的脉冲响应函数

(4) 对阶跃信号的响应

对系统的突然加载或突然卸载都可以看作是对系统施加了一个阶跃输入，同时系统的响应充分反映出了系统的动态特性。

对于图 1-11 所示的单位阶跃信号

$$x(t) = \begin{cases} 1, & t \geqslant 0 \\ 0, & t < 0 \end{cases} \tag{1-30}$$

其 Laplace 变换为

$$X(s) = \frac{1}{s} \tag{1-31}$$

一阶系统的单位阶跃响应如图 1-12 所示。

$$y(t) = 1 - \mathrm{e}^{\frac{-t}{\tau}} \tag{1-32}$$

图 1-11　单位阶跃输入

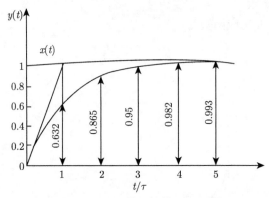

图 1-12　一阶系统的单位阶跃响应

理论上，一阶系统在单位阶跃激励下的稳态输出误差为零，当 $t$ 趋于无穷大时达到稳态。所以，一阶系统的时间常数 $\tau$ 越小越好。

2) 二阶系统

(1) 二阶系统的微分方程

二阶系统的微分方程为

$$a_2 \frac{\mathrm{d}^2 y}{\mathrm{d}t^2} + a_1 \frac{\mathrm{d}y(t)}{\mathrm{d}t} + a_0 y(t) = b_0 x(t) \tag{1-33}$$

压电式加速度计、电阻应变片测力计、电容式测声计均属于二阶测量系统。令

$$\omega_{\mathrm{n}} = \sqrt{\frac{a_0}{a_2}} \quad \zeta = \frac{a_1}{2\sqrt{a_0 a_2}}$$

式中，$\omega_{\mathrm{n}}$ 为测量系统的固有频率；$\zeta$ 为测量系统的阻尼比。此两个参数与测量系统本身相关。如此，则式 (1-33) 变为

$$\frac{\mathrm{d}^2 y}{\mathrm{d}t^2} + 2\zeta\omega_{\mathrm{n}}\frac{\mathrm{d}y(t)}{\mathrm{d}t} + \omega_{\mathrm{n}}^2 y(t) = S\omega_{\mathrm{n}}^2 x(t) \tag{1-34}$$

仍然令 $S = 1$，则二阶系统的传递函数为

$$H(s) = \frac{\omega_{\mathrm{n}}^2}{s^2 + 2\zeta\omega_{\mathrm{n}}s + \omega_{\mathrm{n}}^2} \tag{1-35}$$

(2) 二阶系统的频率响应函数

二阶系统的频率响应函数为

$$H(j\omega) = \frac{1}{1 - \left(\dfrac{\omega}{\omega_{\mathrm{n}}}\right)^2 + 2\zeta j\dfrac{\omega}{\omega_{\mathrm{n}}}} \tag{1-36}$$

幅频和相频特性分别为

$$A(\omega) = \frac{1}{\sqrt{\left[1 + \left(\dfrac{\omega}{\omega_{\mathrm{n}}}\right)^2\right]^2 + 4\zeta^2\left(\dfrac{\omega}{\omega_{\mathrm{n}}}\right)^2}} \tag{1-37}$$

$$\varphi(\omega) = -\arctan\frac{2\zeta\left(\dfrac{\omega}{\omega_{\mathrm{n}}}\right)}{1 - \left(\dfrac{\omega}{\omega_{\mathrm{n}}}\right)^2} \tag{1-38}$$

相应的幅频和相频特性曲线如图 1-13 所示。

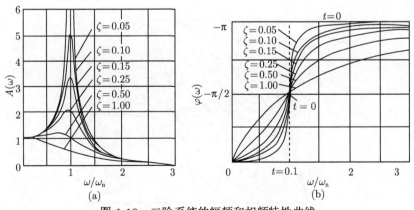

图 1-13　二阶系统的幅频和相频特性曲线

(a) 辐频特性曲线；(b) 相频特性曲线

(3) 脉冲响应函数

二阶系统的脉冲响应函数为

$$h(t) = \frac{\omega_{\mathrm{n}}}{\sqrt{1-\zeta^2}} e^{-\zeta \omega_{\mathrm{n}} t} \sin \sqrt{1-\zeta^2} \omega_{\mathrm{n}} t \quad 0 < \zeta < 1 \tag{1-39}$$

其对应的图形如图 1-14 所示。

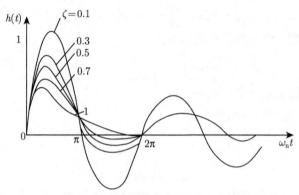

图 1-14    二阶系统的脉冲响应函数

(4) 二阶系统对单位阶跃信号的响应

二阶系统对图 1-15 所示的单位阶跃信号的响应为

$$y(t) = 1 - \frac{e^{-\zeta \omega_{\mathrm{n}} t}}{\sqrt{1-\zeta^2}} \sin(\omega_{\mathrm{d}} t - \varphi') \quad (\zeta < 1) \tag{1-40}$$

式中，$\omega_{\mathrm{d}} = \omega_{\mathrm{n}}\sqrt{1-\zeta^2}$

$$\varphi' = \arctan \frac{\sqrt{1-\zeta^2}}{\zeta}$$

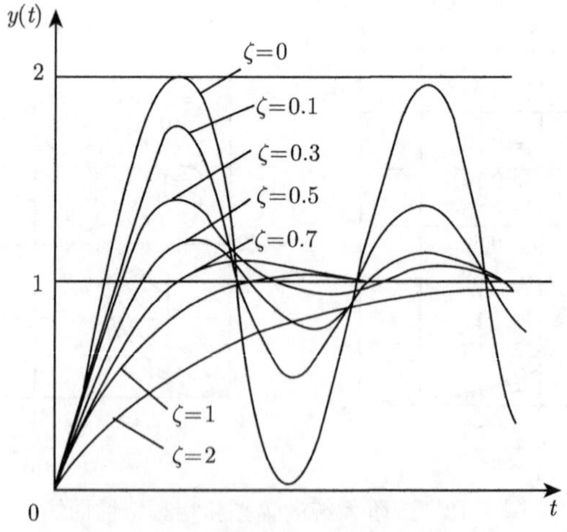

图 1-15    二阶系统的单位阶跃响应

二阶系统在单位阶跃激励下的稳态输出也为零，但固有频率 $\omega_n$ 和阻尼比 $\zeta$ 对系统的影响不可忽视。系统的固有频率 $\omega_n$ 越高，系统的响应越快。阻尼比 $\zeta$ 直接影响超调量和振荡次数. $\zeta$ 为零时超调量最大，为 100%，且持续振荡，达不到稳态。$\zeta \geqslant 1$ 时，系统实质上由两个一阶系统串联而成，虽然不发生振荡，但达到稳态的时间较长；阻尼比在 0.6~0.8 时，系统达到稳态的时间最短，约为 $(5\sim7)/\omega_n$，稳态误差在 2%~5%，因此二阶测量系统的阻尼比通常选在 0.6~0.8。

在后续的章节中会发现，测试技术课程综合了多个学科的知识，作为一门技术基础课，该课程具有很强的实践性，所以必须在学习的同时结合实际、加强动手能力培养，并不断巩固理论知识和对概念的理解。

1) 测试的定义。

2) 直接测量与间接测量。

3) 测量系统的基本组成。

4) 传感器的定义。

5) 测量系统的静态特性中包含哪些特性参数？

6) 影响测量系统线性度的因素有哪些？

7) 为何要研究测量系统的动态特性？

8) 测量系统的动态特性由哪些函数反映？

9) 一阶系统对单位阶跃信号的响应。

10) 二阶系统的幅频和相频特性曲线。

11) 本专业主要针对哪些物理量开展测试？

12) 列举本专业领域中常用的测试仪器。

# 第2章　误差分析与数据处理

测量的目的是获得被测量的真实值，然而，由于各种因素的影响，通过测量手段所获得的测量结果相对于其真值 (true value) 而言，都是一种近似，即测量结果总是含有误差 (errors) 的。要保证测量误差在允许范围内，一方面需要在仪器选择、测量装置设计等方面进行合理规划，另一方面要采用有效的方法对已获得的测量数据进行分析与处理。一般的工程测试中均需要对误差大小进行分析，找出测量误差产生的原因，并设法避免或减少产生误差的因素，提高测量的精度；其次是通过对测量误差的分析和研究，求出测量误差的大小或其变化规律，修正测量结果并评估测量的可靠性。

## 2.1　误差的基本概念

### 2.1.1　误差的定义

物理量客观存在的真实值称为真值。从测量的角度来看，真值是不能确切获知的，是一个理想的概念。在测量过程中，一方面无法获得真值，另一方面又需要运用真值，因此引入"约定真值"的概念。约定真值被认为充分接近真值，可以代替真值来使用。在实际测量中，常常将高一等级的计量标准器具所复现的量值或是约定的满足规定准确度要求的值作为真值。另外，有时在真值无法确定的前提下，采用多次测量结果的算术平均值作为约定真值。

将某一物理量的测量值与其真值之差定义为绝对误差 (absolute error)，记为 $\delta$，它可以是正值也可以是负值，其计算式为

$$\delta = X - X_0 \tag{2-1}$$

式中，$X$ 为测量值；$X_0$ 为真值。

定义相对误差 (relative errors) 为绝对误差与真值之比，记为 $\eta$，其表达式为

$$\eta = \frac{\delta}{X_0} \times 100\% \tag{2-2}$$

误差分析的目的就是要找出引起误差的因素，设法减少误差，从而提高测量的精度。另外，如果对误差进行分析，能获得测量误差的规律，则可对测量结果进行修正并评估测量的可靠程度。

在等精度测量过程中, 根据误差产生的规律, 可以将误差分为系统误差、随机误差和过失误差。只有在等精度测量条件下, 对系统误差、随机误差和过失误差进行分析才有意义。另外, 根据误差的来源还可以将误差分为仪器误差、人员误差和外界误差。

### 2.1.2   系统误差

在同一测量条件下, 同一观测者在多次重复测量同一量时, 测量误差的绝对值和符号保持不变, 或在测量条件改变时按一定规律变化的误差为系统误差 (system errors)。系统误差的特点是: 在同一实验中, 其误差值的大小及符号或是固定不变或是按一定规律变化。系统误差具有复现性、单向性和可测性。

可以认为系统误差是由固定不变或按确定规律变化的因素导致。这些因素主要有以下几个方面:

(1) 测量仪器的因素。部分仪器的结构或设计原理存在着缺陷; 仪器零部件存在制造偏差; 仪器安装不正确; 电路的原理误差和电子元器件的性能不稳定等, 均可能引起系统误差。

(2) 环境条件。测量时的环境温度、湿度、当地大气压强、电磁场等均可能成为偏离要求环境条件的因素, 另外, 环境中的温度、湿度等的变化也可能引起误差。

(3) 测量方法。采用近似的测量方法或近似计算公式引起的误差。

(4) 测量人员因素。由于测量人员本身的习惯, 在刻度上读数时可能一直偏向某一方向, 动态测量时可能在记录信号时有滞后于瞬时值的倾向。

系统误差表明测量结果的正确度, 系统误差越小, 测量结果越接近被测量的实际值。系统误差是可以根据其产生的原因采取措施减小或消除的。

系统误差产生的原因可能是仪表制造、安装或使用不正确或试验装置受到外界干扰, 例如仪表有零点温漂, 测量区域受电磁场干扰, 测压探针的孔开得不正确等。另一类原因是试验理论和试验方法不完善, 例如, 测量脉动气流中的速度时, 使用了稳态测量的速度探针, 由于速度探针频响效果差, 它不能准确地反映脉动气流的速度变化。系统误差是客观存在的, 有时难以消除, 这就只能通过修正测量值才能达到测量精度, 修正值是从专门的试验中求得的。例如, 采用静压探针或总压探针测量静压或总压时, 由于制造探针时, 测压孔的位置开得不正确, 测量时它就会引起测量误差, 这可以在风洞上通过对探针校正所得到的系数来对测量结果加以修正。

### 2.1.3   随机误差

等精度测量条件下, 由于偶然因素, 多次测量同一物理量时出现测量结果不一致、而且符号都不固定, 具有随机性的现象, 为随机误差 (random errors), 随机误差是由大量随机因素的干扰而产生的。包含随机误差的测量结果总体上服从一定的统计规律，如正态分布规律，可以通过数理统计的方法进行处理，随机误差越大则测量精度越低。

为了提高测量精度，通常采用多次测量同一被测量的方法，在多次测量后发现获得的测量值在剔除了系统误差与过失误差后并不一致，此为随机误差所致，随机误差的大小、正负均无规律，但在测量次数足够多、测量值的样本数足够大时，随机误差的分布符合统计规律，所以随机误差也称为偶然误差或概率误差。

随机误差无法通过实验方法剔除，但可以应用误差理论估计其对测量结果的影响，引起随机误差的因素有：仪表内部的间隙和摩擦、周围环境不稳定对测量对象和测量仪器的影响，如大气压力、温度、电磁干扰、振动等因素的随机变化，都会对测量结果产生影响。

值得注意的是，测量次数增加时，随机误差的算术平均值将逐渐减小，被测量的算术平均值更接近真值。

### 2.1.4　过失误差

过失误差 (gross errors) 也称为粗大误差，是指测量结果中有非常明显的误差，这种误差应该剔除。导致过失误差的原因，如测量人员读错、记错、算错或错误操作仪表。例如，在用铜 - 康铜热电偶测温时，错误地选用了铂铑 - 铂热电偶分度表，使测量结果明显歪曲，又如，在均匀流动中的同一管道截面上，测得的静压大于总压，这显然是不正确的，这时要检查仪表，并消除产生错误的原因。就其数值而言，过失误差往往都远远超过同一条件下的系统误差和随机误差，它已经不属于偶然误差的范畴，应予以剔除。

## 2.2　系统误差分析

测量过程首先要检查系统误差，确保系统误差对测量结果的影响在可接受范围内。对于无法补偿的系统误差，可以采取修正测量结果的方法，但修正必须要有依据。

系统误差分为恒值系统误差和变值系统误差。恒值系统误差是整个测量过程中大小和符号都不变的误差。变值系统误差是测量过程中大小和符号都可能变化的误差，其变化可能呈线性、周期性或其他规律。

对于恒值系统误差，其仅对测量结果的平均值产生影响，所以引入与系统误差大小相等且符号相反的修正值对平均值进行修正即可。恒值系统误差对测量值的偏差没有影响。

变值系统误差对测量结果的影响比较复杂，如果已知变值系统误差的规律，则可以对变值系统误差求算术平均值,从而估计其对被测量算术平均值的影响。若无法确定变值系统误差的符号,则采取求误差绝对值之和的办法,有可能放大该部分系统误差。

测量过程中有许多因素会导致误差,使测量数据的分布变得复杂。从严格意义上讲,测量数据在大多数情况下都不会是正态分布的。然而,目前应用的误差分析公式却建立在正态分布基础上。因此,为了保证误差分析公式应用的有效性,必须在测量过程中消除系统误差,检验数据是否服从正态分布。

在测量结果中,当把系统误差修正过来,并把过失误差除掉后,所得数值的测量精度就取决于随机误差的大小了。

## 2.3 随机误差分析

### 2.3.1 随机误差的性质

人们对物理量的测量值进行了细致的统计分析与研究,总结出了随机误差的如下性质:

(1) 随机误差是有界的。人们在多次测量中发现,不论测量次数如何多,测定值总是在相当窄的范围内变动,这也说明随机误差总在相当窄的范围内变动。由于测量精度不一样,测量值的随机误差也不一样,但它总是有界的。

(2) 当测量次数足够多时,大小相等、符号相反的正负随机误差出现的概率相同,也就是说随机误差概率密度曲线是对称的。

(3) 随着对同一物理量所进行的等精度测量次数增加,随机误差的代数和有趋近于零的趋势。

(4) 误差的绝对值越小,出现的次数就越多,当误差为零 (测量值等于算术平均值) 时,出现的概率最大,这就是误差概率密度曲线的单峰性。

虽然以上四点性质是从观察统计中得到的,但已经被公认,并在此基础上推导出随机误差的正态分布函数。

### 2.3.2 随机误差概率密度分布曲线

绝大多数随机误差概率密度分布 (probability density distribution) 符合正态分布规律,正态分布是由高斯提出的,所以也称高斯分布。随机误差概率密度函数 $y$ 的形式是由误差分布的四点性质推导出来的,其表达式为

$$p(x) = \frac{1}{\sigma\sqrt{2\pi}}e^{-\frac{(x-x_0)^2}{2\sigma^2}} \tag{2-3}$$

式中,$p(x)$ 为误差等于 $x$ 的概率密度;$\sigma$ 为均方根误差。

图 2-1 所示为误差分布曲线，曲线下任何一个范围的面积，如图中阴影部分，就是误差大于 $x_1$ 而小于 $x_2$ 出现的概率，即

$$\int_{x_1}^{x_2} p(x)\mathrm{d}x = \int_{x_1}^{x_2} \frac{1}{\sigma\sqrt{2\pi}} \mathrm{e}^{-\frac{(x-x_0)^2}{2\sigma^2}} \mathrm{d}x \tag{2-4}$$

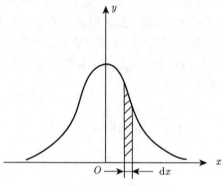

图 2-1   误差分布曲线

而曲线下的全部面积，就是误差大于 $-\infty$ 而小于 $+\infty$ 出现的概率，即

$$\int_{x_1}^{x_2} p(x)\mathrm{d}x = \int_{-\infty}^{+\infty} \frac{1}{\sigma\sqrt{2\pi}} \mathrm{e}^{-\frac{(x-x_0)^2}{2\sigma^2}} \mathrm{d}x \tag{2-5}$$

随机误差分布曲线有如下性质：

(1) 由于式 (2-3) 内的指数项有 $x^2$，所以曲线必然以 $y$ 轴对称。

(2) 曲线具有单峰性，在 $x = x_0$ 处 $y$ 达到最大值 $\dfrac{1}{\sigma\sqrt{2\pi}}$。

(3) 当 $x \to \infty$ 时，$y \to 0$，即最大误差存在的概率极小。

从数学上看，误差分布曲线是一个曲线族，如图 2-2 所示，$\sigma$ 是曲线的参变量，$\sigma$ 越小，$y$ 值随 $x$ 的增加衰减得就越快，曲线峰越尖锐，这就是说，在同样的误差区间内，$\sigma$ 越小，其概率值 $y$ 越大，测量精度越高。

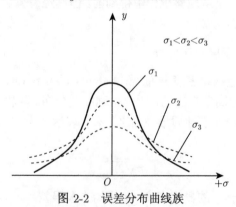

图 2-2   误差分布曲线族

在一组等精度测量中, 误差的绝对值的算术平均值称为平均误差:

$$\bar{\delta} = \frac{\sum_{i=1}^{N} |x_i - x_0|}{N} \tag{2-6}$$

通常将随机误差出现的范围区间取为 $\sigma$ 的倍数, 即区间为 $\pm k\sigma$, 不同区间的概率见表 2-1。

表 2-1　出现各种误差的概率

| 区间 | 区间内概率 | 区间外概率 |
| --- | --- | --- |
| $\pm 0.68\sigma$ | 0.5 | |
| $\pm\sigma$ | 0.6827 | 0.3173 |
| $\pm 1.65\sigma$ | 0.9010 | |
| $\pm 2\sigma$ | 0.9545 | 0.0455 |
| $\pm 2.6\sigma$ | 0.9906 | |
| $\pm 3\sigma$ | 0.9973 | 0.0027 |
| $\pm 4\sigma$ | 0.9999 | |

表 2-1 包含着不确定度 (uncertainty) 的意义。由表 2-1 可知, 大约每 3 次测量可能出现一次误差的绝对值大于 $\sigma$, 大约每 22 次测量中有一次误差的绝对值大于 $2\sigma$, 大约 1000 次测量中可能有 3 次误差的绝对值大于 $3\sigma$。在测量误差大于 $3\sigma$ 的测量值所出现的机会几乎不存在, 因此 $3\sigma$ 被称为极限误差。

由于真值无法测量出来, 所以测量误差的具体数值也不可能准确测量出来, 但可以由各种判据估计误差绝对值的一个上限 $U$, 使得

$$|x - x_0| < U \tag{2-7}$$

上式中的 $U$ 称为不确定度, 是估计出来的一个总误差限。对于同一测量结果, 若估计一个较小的 $U$ 值, 则 $|\delta|$ 不小于 $U$ 的可能性就较大, 反之, 若估计一个较大的 $U$ 值, 则 $|x - x_0|$ 不大于 $U$ 就较为可信。如果 $|x - x_0| < \infty$, 则它是完全可信的。利用误差函数可以求出误差值出现在某一区间 $[-A, A]$ 内的概率为 $p\{|\xi| \leqslant A\}$, 区间 $[-A, A]$ 称为置信区间, $\pm A$ 称为置信限, $p\{|\xi| \leqslant A\}$ 称为误差在该置信区间的置信概率。由此可见, 对于同一测量结果, 置信区间越宽, 则置信概率越大。但是不确定度设定过大则测量结果就失去了意义。

令 $x_1, x_2, x_3, \cdots, x_N$ 为对待测物理量进行 $N$ 次等精度测量所得的结果。当测量次数 $N$ 为无穷大时, $\bar{x}$ 才收敛于期望值。当 $N$ 有限时, 测得值 $x$ 在真值附近左右摆动, $\bar{x}$ 也在真值附近左右摆动, 但从平均意义来说, $\bar{x}$ 较一次测得的 $x$ 值更接近于真值。由于 $\bar{x}$ 也是随机量, 故每做 $N$ 次测量所得的算术平均值 $\bar{x}$ 都不同, 定

义 $\sigma_{\bar{x}}$ 为待测物理量平均值的标准误差：

$$\sigma_{\bar{x}} = \frac{\sigma}{\sqrt{N}} \tag{2-8}$$

平均值 $\bar{x}$ 分布的方差比一次测得值 $x$ 的方差小 $N$ 倍，标准误差减小 $\sqrt{N}$ 倍，因此多次测量的平均值较一次测得的值更准确。随着 $N$ 增加，$\sigma_{\bar{x}}$ 值下降，即 $\bar{x}$ 作为 $x_0$ 的估计值更准确。由于 $\sigma_{\bar{x}}$ 值和 $\sqrt{N}$ 成反比，故 $\sigma_{\bar{x}}$ 的下降速度比 $\sqrt{N}$ 的增加速率小得多，在实际测量中 $N$ 很少超过 50，一般范围在 4~20。

对于测量值的随机误差服从正态分布的情况，取 99.73% 的置信度，测量结果可表示为

$$\bar{x} \pm \frac{3\sigma}{\sqrt{N}} \tag{2-9}$$

### 2.3.3　测量结果的精确度

精密度 (precision)：同一被测量多次平行测量，测量值重复性的程度，随机误差小则精密度高。

准确度 (trueness)：同一被测量多次平行测量，测量值偏离真值的程度，系统误差小则准确度高。

精确度 (accuracy)：精密度和准确度的综合，习惯上称为精度，较全面地反映了测量误差的大小。测量结果的精度与仪器仪表的精度不同，仪器仪表的精度与仪器仪表本身有关，反映仪器仪表性能的优劣，而测量结果的精度与每次测量相关，反映测量值的质量。

下面以图 2-3 来说明精密度、准确度和精确度三者之间的关联和区别。甲、乙、丙、丁 4 个人对同一量进行了测量，每人平行测量了 4 次，获得了 4 个数值。从图 2-3 中看出，丙的准确度高，但精密度低；乙的精密度和准确度均高；甲的精密度

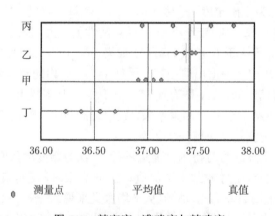

图 2-3　精密度、准确度与精确度

高但准确度低；丁的准确度和精密度均低。从 4 个人的测量结果来看，乙的精确度最高。另外，值得注意的是甲，他的测量很有可能受到了系统误差的影响，若消除系统误差，甲也能获得精确度高的结果。

## 2.4 异常数据的剔除

测量获得的数据中，往往会有个别数据超出统计规律范畴，这些数据属于可疑数据。如果明确某些可疑数据属于过失误差造成，则可以剔除这些数据。如果没有充分理由剔除这些数据，则需按一定的原则进行判别，以决定是否剔除这些数据。常用的数据判别准则有莱伊特准则、格拉布斯准则、$t$ 检验准则等。

### 1. 莱伊特准则

莱伊特准则也称为 $3\sigma$ 准则。若测量值只含有随机误差，且遵循正态分布规律，根据表 2-1，测量值的偏差超过 $3\sigma$ 的概率不足 0.3%。因此，对于通常只有几十次的工程测量，可以认为误差超过置信区间 $\pm 3\sigma$ 范围时不再属于随机误差，而是过失误差，应当剔除对应的数据。当然，将正常测量值当做含有过失误差而剔除的概率小于 0.3%。

剔除的方法是计算多次测量所得的各测量值的偏差 $\Delta x_i$ 的绝对值和标准偏差 $3\sigma$，把其中最大的 $|\Delta x_i|$ 与 $3\sigma$ 比较，若 $|\Delta x_i| > 3\sigma$，则认为第 $i$ 个测量值 $x_i$ 是异常数据进而剔除。剔除 $x_i$ 后，对余下的各测量值重新计算偏差和标准偏差，并按相同的步骤继续检查，直到各个偏差均小于 $3\sigma$ 为止。

根据统计学原理，莱伊特准则不适用于测量次数 $n \leqslant 10$ 的场合。

### 2. 格拉布斯准则

格拉布斯准则假定测量结果服从正态分布，根据顺序统计量来确定可疑数据的取舍。设平行测量 $n$ 次，获得的测量值为 $x_1, x_2, x_3, \cdots, x_n$，测量结果服从正态分布。将测量值由小到大排序，根据顺序统计原则，给出标准化顺序统计量 $g$，也可称为格拉布斯准则数。

$$g = \frac{|x_i - \bar{x}|}{\sigma} \tag{2-10}$$

一般认为测量值中的最小值和最大值最为可疑，所以一般最先代入求 $g$ 的为测量值中的最小值或最大值。

根据格拉布斯统计量的分布规律，给定与测量次数和显著度水平 (危险率) $\alpha$ 相对应的临界格拉布斯数 $g_0(n, \alpha)$，见表 2-2。当求得的 $g$ 大于相应的 $g_0(n, \alpha)$ 时，则认为可疑数据含过失误差，应当舍去。利用格拉布斯准则每次仅能舍去一个可疑数据。当舍去一个数据后，剩下的数据组成新的样本，重新进行判别。

表 2-2　格拉布斯准则数

| $n$ | $\alpha = 0.05$ | $\alpha = 0.01$ | $n$ | $\alpha = 0.05$ | $\alpha = 0.01$ | $n$ | $\alpha = 0.05$ | $\alpha = 0.01$ | $n$ | $\alpha = 0.05$ | $\alpha = 0.01$ |
|---|---|---|---|---|---|---|---|---|---|---|---|
| 3 | 1.153 | 1.155 | 17 | 2.475 | 2.785 | 31 | 2.759 | 3.119 | 45 | 2.914 | 3.292 |
| 4 | 1.463 | 1.492 | 18 | 2.504 | 2.821 | 32 | 2.773 | 3.135 | 46 | 2.923 | 3.302 |
| 5 | 1.672 | 1.749 | 19 | 2.532 | 2.854 | 33 | 2.786 | 3.150 | 47 | 2.931 | 3.310 |
| 6 | 1.822 | 1.944 | 20 | 2.557 | 2.884 | 34 | 2.799 | 3.164 | 48 | 2.940 | 3.319 |
| 7 | 1.938 | 2.097 | 21 | 2.580 | 2.912 | 35 | 2.811 | 3.178 | 49 | 2.948 | 3.329 |
| 8 | 2.032 | 2.221 | 22 | 2.603 | 2.939 | 36 | 2.823 | 3.191 | 50 | 2.956 | 3.336 |
| 9 | 2.110 | 2.323 | 23 | 2.624 | 3.963 | 37 | 2.835 | 3.204 | 51 | 2.964 | 3.345 |
| 10 | 2.176 | 2.410 | 24 | 2.644 | 2.987 | 38 | 2.846 | 3.216 | 52 | 2.971 | 3.353 |
| 11 | 2.234 | 2.485 | 25 | 2.663 | 3.009 | 39 | 2.857 | 3.228 | 53 | 2.978 | 3.361 |
| 12 | 2.285 | 2.550 | 26 | 2.681 | 3.029 | 40 | 2.866 | 3.240 | 54 | 2.986 | 3.368 |
| 13 | 2.331 | 2.607 | 27 | 2.698 | 3.049 | 41 | 2.877 | 3.251 | 55 | 2.992 | 3.376 |

　　显著度水平代表误判的概率，显著度水平越低，则意味着将不含过失误差的数据当作含粗大误差的数据舍弃的错误判断概率减小。

　　3. $t$ 检验准则

　　$t$ 检验准则按 $t$ 分布的实际误差分布范围来判断可疑数据，对重复测量次数较少的情况同样适用。

　　与其他检验准则不同，$t$ 检验准则先将 $n$ 个测量值中的可疑值 $x_j$ 剔除，然后对余下的 $(n-1)$ 个数据计算算术平均值 $\bar{x}$ 和标准偏差 $\sigma$，再判断 $x_j$ 是否含有粗大误差。

$$\bar{x} = \frac{1}{n-1} \sum_{i=1}^{n-1} x_i \tag{2-11}$$

$$\sigma = \sqrt{\frac{\sum_{i=1}^{n-1} (x_i - \bar{x})^2}{n-2}} \tag{2-12}$$

根据测量次数 $n$ 和显著度水平 $\alpha$，从表 2-3 查得 $k$ 值。

表 2-3　$t$ 检验准则中的系数 $k$ 值

| $n$ | $\alpha = 0.05$ | $\alpha = 0.01$ | $n$ | $\alpha = 0.05$ | $\alpha = 0.01$ | $n$ | $\alpha = 0.05$ | $\alpha = 0.01$ |
|---|---|---|---|---|---|---|---|---|
| 4 | 4.97 | 11.46 | 10 | 2.43 | 3.54 | 16 | 2.22 | 3.08 |
| 5 | 3.56 | 6.53 | 11 | 2.37 | 3.41 | 17 | 2.20 | 3.04 |
| 6 | 3.04 | 5.04 | 12 | 2.33 | 3.31 | 18 | 2.18 | 3.01 |
| 7 | 2.78 | 4.36 | 13 | 2.29 | 3.23 | 19 | 2.17 | 3.00 |
| 8 | 2.62 | 3.96 | 14 | 2.26 | 3.17 | 20 | 2.16 | 2.95 |
| 9 | 2.51 | 3.71 | 15 | 2.24 | 3.12 | 21 | 2.15 | 2.93 |

| $n$ | $\alpha = 0.05$ | $\alpha = 0.01$ | $n$ | $\alpha = 0.05$ | $\alpha = 0.01$ | $n$ | $\alpha = 0.05$ | $\alpha = 0.01$ |
|-----|-----------------|-----------------|-----|-----------------|-----------------|-----|-----------------|-----------------|
| 22 | 2.14 | 2.91 | 25 | 2.11 | 2.86 | 28 | 2.09 | 2.83 |
| 23 | 2.13 | 2.90 | 26 | 2.10 | 2.85 | 29 | 2.09 | 2.82 |
| 24 | 2.12 | 2.88 | 27 | 2.10 | 2.84 | 30 | 2.08 | 2.81 |

若可疑数据 $x_j$ 满足

$$|x_j - \bar{x}| > k\sigma \tag{2-13}$$

则确认为 $x_j$ 可疑数据,应予剔除。剔除 $x_j$ 后,再选择可疑测量值,进行判断,直到数据中不含可疑测量数据为止。

## 2.5 误 差 计 算

在直接测量时,误差计算可直接由均方根误差、有限次数的均方根误差和算术平均值的标准误差得出。在间接测量的误差计算时涉及误差传递的问题,被测量的数值是由测得的与被测量有一定函数关系的直接测量量经计算求得,所以间接测量误差不仅与直接测量量的误差有关,还与它们之间的函数关系有关。此处对间接测量误差的计算进行详细阐述。

### 2.5.1 直接测量误差的计算

受条件限制,试验时对被测量只进行一次测量的情况是经常遇到的。这时只能根据所采用的测量仪表的允许误差来估算测量结果中所包含的极限误差,看它是否超过所规定的误差范围。实测的读数可能出现的最大相对误差为

$$\delta_{\max} = \delta\frac{A_0}{A}\% \tag{2-14}$$

式中,$\delta$ 是仪表的精度等级;$A_0$ 是仪表的量程;$A$ 是实测时仪表读数。

由式 (2-14) 可见,采用一定量程的仪表,测量小示值的相对误差比测量大示值的相对误差要大。该问题已在前面进行了解释。

### 2.5.2 一次测量时间接测量误差的计算

设间接测量中的被测量为 $Y$,随机误差为 $y$;直接测量的被测量为 $X_1, X_2, \cdots,$ $X_n$,它们之间相互独立,随机误差为 $x_1, x_2, \cdots, x_n$。

$Y$ 和 $X_1, X_2, \cdots, X_n$ 有如下函数关系:

$$Y = f(X_1, X_2, \cdots, X_n) \tag{2-15}$$

考虑到误差后则有

$$Y + y = f\left[(X_1 + x_1),(X_2 + x_2),\cdots,(X_n + x_n)\right] \tag{2-16}$$

把等式右边用泰勒级数展示，并忽略高阶项，得

$$f\left[(X_1 + x_1),(X_2 + x_2),\cdots,(X_n + x_n)\right]$$

$$= f(X_1, X_2,\cdots,X_n) + \frac{\partial Y}{\partial X_1}x_1 + \frac{\partial Y}{\partial X_2}x_2 + \cdots + \frac{\partial Y}{\partial X_n}x_n \tag{2-17}$$

比较式 (2-15)、式 (2-16) 和式 (2-17)，得

$$y = \frac{\partial Y}{\partial X_1}x_1 + \frac{\partial Y}{\partial X_2}x_2 + \cdots + \frac{\partial Y}{\partial X_n}x_n \tag{2-18}$$

或写成

$$\frac{y}{Y} = \frac{\partial Y}{\partial X_1}\frac{x_1}{Y} + \frac{\partial Y}{\partial X_2}\frac{x_2}{Y} + \cdots + \frac{\partial Y}{\partial X_n}\frac{x_n}{Y} \tag{2-19}$$

式 (2-18) 和式 (2-19) 称为间接测量的误差传递公式，用误差传递公式可以完成两方面工作，一是用直接测量量的误差来计算间接测量量的误差；二是根据所给出的被测量的允许误差来分配各直接测量量的误差，并依此选择合适的仪表。为计算方便，将常用函数的绝对误差和相对误差列于表 2-4。

表 2-4　常用函数的绝对误差和相对误差

| 函数 | 绝对误差 $y$ | 相对误差 $y/Y$ |
|---|---|---|
| $Y = X_1 + X_2$ | $\pm(x_1 + x_2)$ | $\pm(x_1 + x_2)/(X_1 + X_2)$ |
| $Y = X_1 - X_2$ | $\pm(x_1 + x_2)$ | $\pm(x_1 + x_2)/(X_1 - X_2)$ |
| $Y = X_1 X_2$ | $\pm(X_2 x_1 + X_1 x_2)$ | $\pm\left(\dfrac{x_1}{X_1} + \dfrac{x_2}{X_2}\right)$ |
| $Y = X_1 X_2 X_3$ | $\pm(X_1 X_2 x_3 + X_2 X_3 x_1 + X_1 X_3 x_2)$ | $\pm\left(\dfrac{x_1}{X_1} + \dfrac{x_2}{X_2} + \dfrac{x_3}{X_3}\right)$ |
| $Y = aX$ | $ax$ | $\pm x/X$ |
| $Y = X^n$ | $\pm nX^{n-1}x$ | $\pm n\dfrac{x}{X}$ |
| $Y = \sqrt[n]{X}$ | $\pm\dfrac{1}{n}X^{\frac{1}{n}-1}x$ | $\pm\dfrac{1}{n}\dfrac{x}{X}$ |
| $Y = X_1/X_2$ | $\pm(X_2 x_1 + X_1 x_2)/X_2^2$ | $\pm\left(\dfrac{x_1}{X_1} + \dfrac{x_1}{X_2}\right)$ |
| $Y = \lg X$ | $\pm 0.43429\dfrac{x}{X}$ | $\pm 0.43429\dfrac{x}{X\lg X}$ |
| $Y = \sin X$ | $\pm x\cos X$ | $\pm x\cot X$ |
| $Y = \cos X$ | $\pm x\sin X$ | $\pm x\tan X$ |
| $Y = \tan X$ | $\pm x/\cos^2 X$ | $\pm 2x/\sin(2X)$ |
| $Y = \cot X$ | $\pm x/\sin^2 X$ | $\pm 2x/\sin(2X)$ |

**例**  用量程为 0~10A 的直流电流表和量程为 0~250V 的直流电压表, 测量直流电动机的输入电流和电压, 示值分别为 9A 和 220V, 两表的精度皆为 0.5 级, 试求电动机输入功率可能出现的最大误差。

解: 电流实测的读数可能出现的最大相对误差为

$$\delta_{I\max} = \delta \frac{A_0}{A}\% = \pm 0.5 \times \frac{10}{9}\% = \pm 0.556\%$$

最大绝对误差为

$$9 \times (\pm 0.556\%) = \pm 0.05\text{A}$$

电压实测的读数可能出现的最大相对误差为

$$\delta_{V\max} = \delta \frac{A_0}{A}\% = \pm 0.5 \times \frac{250}{220}\% = \pm 0.568\%$$

最大绝对误差为

$$220 \times (\pm 0.568\%) = \pm 1.25\text{V}$$

电动机输入功率可能出现的最大误差为

$$\Delta P = \pm(I\Delta V + V\Delta I) = \pm(9 \times 1.25 + 220 \times 0.05) = \pm 22.25\text{W}$$

### 2.5.3  多次测量时间接测量误差的计算

设函数

$$Y = f(X_1, X_2, \cdots, X_n)$$

式中, $Y$ 是间接测量值; $X_1$, $X_2$, $\cdots$, $X_n$ 是直接测量值, 它们相互是独立的。

设在测量中对 $X_1$, $X_2$, $\cdots$, $X_n$ 作了 $n$ 次测量, 则可得出 $n$ 个 $Y$ 值:

$$Y_1 = f(X_{11}, X_{21}, \cdots, X_{n1})$$

$$Y_2 = f(X_{12}, X_{22}, \cdots, X_{n2})$$

$$\vdots$$

$$Y_N = f(X_{1n}, X_{2n}, \cdots, X_{nn})$$

根据式 (2-18), 每次测量的误差分别为

$$y_1 = \frac{\partial Y}{\partial X_1} x_{11} + \frac{\partial Y}{\partial X_2} x_{21} + \cdots + \frac{\partial Y}{\partial X_n} x_{n1}$$

$$y_2 = \frac{\partial Y}{\partial X_1} x_{12} + \frac{\partial Y}{\partial X_2} x_{22} + \cdots + \frac{\partial Y}{\partial X_n} x_{n2} \tag{2-20}$$

$$\vdots$$

$$y_n = \frac{\partial Y}{\partial X_1} x_{1n} + \frac{\partial Y}{\partial X_2} x_{2n} + \cdots + \frac{\partial Y}{\partial X_n} x_{nn}$$

根据误差分布规律，等值的正负误差的数目相等，故式 (2-20) 中各项平方和中的非平方式可以抵消，得

$$\sum y_i^2 = \left(\frac{\partial Y}{\partial X_1}\right)^2 \sum x_{1i}^2 + \left(\frac{\partial Y}{\partial X_2}\right)^2 \sum x_{2i}^2 + \cdots + \left(\frac{\partial Y}{\partial X_n}\right)^2 \sum x_{ni}^2 \tag{2-21}$$

将上式两端同除以 $n$，得

$$\frac{\sum y_i^2}{n} = \left(\frac{\partial Y}{\partial X_1}\right)^2 \frac{\sum x_{1i}^2}{n} + \left(\frac{\partial Y}{\partial X_2}\right)^2 \frac{\sum x_{2i}^2}{n} + \cdots + \left(\frac{\partial Y}{\partial X_n}\right)^2 \frac{\sum x_{ni}^2}{n} \tag{2-22}$$

即

$$\sigma_y^2 = \left(\frac{\partial Y}{\partial X_1}\right)^2 \sigma_{X_1}^2 + \left(\frac{\partial Y}{\partial X_2}\right)^2 \sigma_{X_2}^2 + \cdots + \left(\frac{\partial Y}{\partial X_n}\right)^2 \sigma_{X_n}^2 \tag{2-23}$$

式中，$\sigma_{x_1}$，$\sigma_{x_2}$，$\cdots$，$\sigma_{x_n}$ 是各直接测量值的标准误差。

间接测量值多次测量时的极限误差为

$$\delta_y = 3\sigma_y \tag{2-24}$$

---

**例**   某离心泵能量性能试验中，同时对额定工况下扭矩 $M$ 和转速 $n$ 各进行 8 次等精度测量，经过有效性验证的数值列于表 2-5 中，试求该工况下的有效功率及其误差。

表 2-5   额定工况试验的各测量值

| $n/(\text{r/min})$ | 3002 | 3004 | 3000 | 2998 | 2995 | 3001 | 3006 | 3002 |
|---|---|---|---|---|---|---|---|---|
| $M/(\text{N·m})$ | 15.2 | 15.3 | 15.0 | 15.2 | 15.0 | 15.2 | 15.4 | 15.3 |

解：根据式 (1-15) 求出转速 $n$ 和扭矩 $M$ 的算术平均值：

$$\bar{n} = \sum_{i=1}^{8} n_i/8 = 3001 \ \text{r/min}$$

$$\bar{M} = \sum_{i=1}^{8} M_i/8 = 15.2 \ \text{N·m}$$

转速 $n$ 和扭矩 $M$ 的均方根误差:

$$\sigma_n = \sqrt{\frac{\sum\limits_{i=1}^{8}(n_i - \bar{n})^2}{8-1}} = 3.4 \text{ r/min}$$

$$\sigma_M = \sqrt{\frac{\sum\limits_{i=1}^{8}(M_i - \bar{M})^2}{8-1}} = 0.146 \text{ N} \cdot \text{m}$$

转速 $n$ 和扭矩 $M$ 算术平均值的均方根误差:

$$\sigma_{\bar{n}} = \frac{\sigma_n}{\sqrt{8}} = 1.2 \text{ r/min}$$

$$\sigma_{\bar{M}} = \frac{\sigma_M}{\sqrt{8}} = 0.05 \text{ N} \cdot \text{m}$$

有效功率:

$$P = \bar{M}\bar{\omega} = \bar{M}\frac{2\pi\bar{n}}{60} = \frac{\bar{M}\bar{n}}{9.55} = 4776 \text{ W}$$

有效功率 $P$ 的均方根误差:

$$\sigma_P = \sqrt{\left(\frac{\partial P}{\partial n}\right)^2 \sigma_{\bar{n}}^2 + \left(\frac{\partial P}{\partial M}\right)^2 \sigma_{\bar{M}^2}} = \sqrt{\left(\frac{\bar{M}}{9.55}\right)^2 \sigma_{\bar{n}}^2 + \left(\frac{\bar{n}}{9.55}\right)^2 \sigma_{\bar{M}^2}}$$

$$= \sqrt{\left(\frac{15.2}{9.55}\right)^2 \times 1.2^2 + \left(\frac{3001}{9.55}\right)^2 \times 0.05^2} = 15.8 \text{ W}$$

有效功率 $P$ 的极限误差:

$$\delta_P = 3\sigma_P = 47.4 \text{ W}$$

这样, 试验所得有效功率:

$$P = 4776 \pm 47.4 \text{ W}$$

# 2.6　测量数据的处理方法

## 2.6.1　有效数字的概念与运算规则

### 1. 有效数字

有效数字 (significant digit) 为实际能测得的数字, 测得数值中最后一位是可疑的。有效数字不仅表明数字的大小而且还表明测量的准确度。有效数字保留的位数应根据分析方法与仪器的准确度来确定。

由于存在误差, 所以测量数据总是近似值, 它通常由可靠数字和欠准数字两部分组成。例如, 由手持风速计测得风速大小为 4.63m/s, 其中 4.63 是个近似数, 4.6 是可靠数字, 而末位 3 为欠准数字, 即 4.63 为三位有效数字。有效数字对测量结果的科学表述极为重要。在工程运算中, 有效数字的位数是指从该数左边第一位非零数字数到该数末尾, 所包含的数字的个数。最后一位数字是臆测的, 而非随意加入的。一般工程运算的小数点后要保留 2 位数字。如 0.013257 和 1.3257, 它们的有效数字都是 5 位。

当测量误差已知时, 测量结果的有效数字与测量误差应保持一致。如测量某压强值为 200.626kPa, 测量误差为 ±0.25kPa, 这时测量结果应该写成 200.63±0.25kPa。

### 2. 有效数字中 "0" 的意义

"0" 在有效数字中有两种意义, 一种是作为数字定位, 另一种是有效数字。数字之间的 "0" 和末尾的 "0" 都是有效数字, 而数字前面的所有 "0" 只起定位作用。例:

(1) 10.1430 两个 "0" 都是有效数字, 该数共包含 6 位有效数字。

(2) 0.2104 小数点前面的 "0" 为定位作用, 不是有效数字; 而数字中间的 "0" 是有效数字, 该数共包含 4 位有效数字。

(3) 0.0120 "1" 前面的两个 "0" 都是定位作用, 而末尾 "0" 是有效数字, 该数共包含 3 位有效数字。

### 3. 数字修约规则

GB 8170—87 《数字修约规则》中规定了 "四舍六入五考虑" 法则。该法则的具体要求:

(1) 若被舍弃的第一位数字大于 5, 则其前一位数字加 1。

(2) 若被舍弃的第一位数字等于 5, 而其后数字全部为零, 则看被保留的末位数字为奇数还是偶数 (零视为偶数), 末位是奇数时进一, 末位为偶数不加一。如 28.350、28.250、28.050 取 3 位数字分别为 28.4、28.2、28.0。

(3) 若被舍弃的数字为 5, 而其后的数字并非全部为零则进 1。如 28.2501 取 3 位有效数字为 28.3。

(4) 若被舍弃的数字包括几位数字时, 不得对该数字进行连续修约。如 2.154546 只取 3 位有效数字为 2.15 , 而不能采取 2.154546→2.15455→2.1546→2.155→2.16 的作法。

这样, 由于舍入概率相同, 当舍入次数足够多时, 舍入的误差就会抵消。同时, 这种舍入规则使有效数字的尾数为偶数的机会增多, 能被除尽的机会比奇数多, 有利于准确计算。

### 4. 有效数字运算规则

当测量结果需要进行中间运算时，有效数字的取舍，原则上取决于参与运算的各数中精度最差的那一项。一般应遵循以下规则：

(1) 当几个近似值进行加、减运算时，在各数中 (采用同一计量单位)，以小数点后位数最少的那一个数 (如无小数点，则为有效位数最少者) 为准，即以绝对误差最大的为准，其余各数均舍入至比该数多一位后再进行加减运算，结果所保留的小数点后的位数，应与各数中小数点后位数最少者的位数相同。例如

$$0.0121 + 25.64 + 1.05782$$

正确运算：

$$0.012 + 25.64 + 1.058 = 26.71$$

不正确运算：

$$0.0121 + 25.64 + 1.05782 = 26.70992$$

(2) 进行乘除运算时，在各数中，以有效数字位数最少的那一个数为准，即以相对误差最大的数为准，其余各数及积 (或商) 均舍入至与该数有效数字位数相同后进行运算。运算结果的有效数字的位数应取舍成与运算前有效数字位数最少的因子相同，如：

$$0.0121 \times 25.64 \times 1.05782$$

应该处理成

$$0.0121 \times 25.6 \times 1.06 = 0.328$$

(3) 将数平方或开方后，结果可比底数或被开方数多保留一位，如

$$13.7^2 = 187.7; \quad 793^{1/3} = 1.994$$

(4) 用对数进行运算时，所取数的有效数字要与原数的有效数字位数相等，如

$$\lg 5.37 = 0.730$$

(5) 若计算式中出现如 e、$\pi$ 等常数时，可根据具体情况来决定它们应取的位数。

### 2.6.2　测量数据的图示方法

测量获得的大量数据，只有通过正确的数据表示方法，才能得到明确的测量结果。最常用的数据表示方法有列表法和作图法。作图法是近年来普遍采用的数据表

示方法，相对于列表法，作图法直观易读，且随着计算机绘图软件的发展，数据图越来越受到青睐。

作图法是用图像来表示数据之间的关系，其能够形象地显示各个物理量之间的数量关系，便于比较分析和提炼规律，例如，可以依据作图法所画出的图线得到相应的物理量之间的经验公式。目前作图法已成为处理实验数据的常用方法。

要想将测量数据制成一幅完整而正确的二维线图，必须遵循如下原则及步骤：

(1) 选择合适的坐标；

(2) 确定坐标的分度和标记，一般用横轴表示自变量，纵轴表示因变量，并标明各坐标轴所代表的物理量及其单位 (可用相应的符号表示)，且坐标轴的分度要根据实验数据的有效数字及对结果的要求来确定；

(3) 根据测量获得的数据，用一定的符号在坐标纸上描出坐标点，通常一张图上画几条实验曲线时，每条曲线应采用不同的标记，以免混淆，常用的标记符号有○、●、◇、□ 等；

(4) 绘制一条与标出的实验点基本相符的图线，图线尽可能多地通过实验点，由于有测量误差，某些实验点可能不在图线上，应尽量使其均匀地分布在图线的两侧，图线应是直线或光滑的曲线或折线；

(5) 标注注解和说明，应在图上标出图的名称，有关符号的意义和特定的实验条件。

作图法可利用已经作好的图线，定量地求出待测量或待测量和某些参数之间的关系式。如果作图法得到的是直线，则求其函数表达式的方法就很简单，因此对于存在非线性关系的图线，通常借助变量变换的方法将原来的非线性关系转化为新变量的线性关系。

### 2.6.3　测量数据的曲线拟合

通过实验获得测量数据后，为了获得有关物理量之间关系的经验公式，需要对测量数据进行曲线拟合。从几何上看，就是要选择一条曲线，使之与所获得的实验数据都能很好地吻合。因此，求取经验公式的过程也即是曲线拟合的过程。

#### 1. 最小二乘法

用作图法处理数据虽有许多优点，但它是一种粗略的数据处理方法。不同的人用同一组数据作图，由于在拟合直线 (或曲线) 时，有一定的主观随意性，因而拟合出的直线 (或曲线) 往往是不一样的。由一组实验数据找出一条最佳的拟合直线 (或曲线)，更严格的方法是最小二乘法 (least square method)。由最小二乘法所得的变量之间的函数关系称为回归方程 (regression equation)。下面简要介绍其原理和在一元线性和非线性拟合中的应用。

设在实验中获得了自变量 $x_i$ 与因变量 $y_i$ 的若干组对应数据 $(x_i, y_i)$，在使偏差平方和 $\sum [y_i - f(x_i)]^2$ 取最小值时，找出一个已知类型的函数 $y = f(x)$（即确定关系式中的参数）。这种求解 $f(x)$ 的方法称为最小二乘法。

根据最小二乘法的基本原理，设某量的最佳估计值为 $x_0$，则

$$\frac{\mathrm{d}}{\mathrm{d}x_0} \sum_{i=1}^{n} (x_i - x_0)^2 = 0 \tag{2-25}$$

可求出

$$x_0 = \frac{1}{n} \sum_{i=1}^{n} x_i$$

即

$$x_0 = \overline{x}$$

而且可证明

$$\frac{\mathrm{d}^2}{\mathrm{d}x_0^2} \sum_{i=1}^{n} (x_i - x_0)^2 = \sum_{i=1}^{n} (2) = 2n > 0 \tag{2-26}$$

说明 $\sum\limits_{i=1}^{n} (x_i - x_0)^2$ 可以取得最小值。

可见，当 $x_0 = \overline{x}$ 时，各次测量偏差的平方和为最小，即平均值就是在相同条件下多次测量结果的最佳值。

根据统计理论，要得到上述结论，测量的误差分布应遵从正态分布（高斯分布），这也是最小二乘法的统计基础。

2. 一元线性拟合

设一元线性关系为

$$y = ax + b$$

实验获得的 $n$ 对数据为 $(x_i, y_i)(i = 1, 2, \cdots, n)$。由于误差的存在，当把测量数据代入所设函数关系式时，等式两端一般并不严格相等，而是存在一定的偏差。为了讨论方便，设自变量 $x$ 的误差远小于因变量 $y$ 的误差，则这种偏差就归结为因变量 $y$ 的偏差，即

$$\nu_i = y_i - (ax_i + b) \tag{2-27}$$

根据最小二乘法，获得相应的最佳拟合直线的条件为

$$\frac{\partial}{\partial a} \sum_{i=1}^{n} \nu_i^2 = 0 \tag{2-28}$$

$$\frac{\partial}{\partial b} \sum_{i=1}^{n} \nu_i^2 = 0 \tag{2-29}$$

若记

$$I_{xx} = \sum (x_i - \overline{x})^2 = \sum x_i^2 - \frac{1}{n} (\sum x_i)^2 \tag{2-30}$$

$$I_{yy} = \sum (y_i - \overline{y})^2 = \sum y_i^2 - \frac{1}{n} (\sum y_i)^2 \tag{2-31}$$

$$I_{xy} = \sum (x_i - \overline{x})(y_i - \overline{y}) = \sum (x_i y_i) - \frac{1}{n^2} \sum x_i \sum y_i \tag{2-32}$$

代入方程组可以解出

$$a = \overline{y} - b\overline{x} \tag{2-33}$$

$$b = \frac{I_{xy}}{I_{xx}} \tag{2-34}$$

从上面的讨论可知，回归直线一定要通过点 $(\overline{x}, \overline{y})$，这个点叫做该组测量数据的重心。最小二乘法原理是一种在多学科领域中获得广泛应用的数据处理方法。

3. 一元非线性拟合

当两变量之间呈现复杂的非线性关系时，最小二乘法也可以求出非线性回归方程。若非线性问题，则可以用下述方程描述，即

$$y = a_0 + a_1 x + a_2 x^2 + \cdots + a_n x^n \tag{2-35}$$

通常要将非线性问题化解为线性问题，这样可以使复杂的问题变得容易解决。典型的非线性方程变换见表 2-6。线性化后即可用前述一元线性拟合的方法进行曲线拟合。

表 2-6   非线性方程变换表

| 非线性方程 | 线性化方程 | 线性化变量 |
|---|---|---|
| $y = a + b \ln x$ | $y' = a + bx'$ | $y' = a + bx'$ |
| $y = 1 - e^{-ax}$ | $y' = \ln \dfrac{1}{1-y} = ax'$ | $y' = a + bx'$  $x' = x$ |
| $y = e^{(a+bx)}$ | $y' = \ln y = a + bx'$ | $y' = \ln y$  $x' = x$ |

### 2.6.4   计算机绘图软件

1. Origin 软件

Origin 软件是目前测试数据后处理时常用的软件，该软件不但能够根据数据绘图，还能进行信号处理。Origin 软件在科学作图和数据处理领域享有较高的声誉，相比于同类软件，它的功能更为强大。

Origin 软件包括两大类功能：数据分析和科学绘图。Origin 的数据分析功能包括：给出选定数据的各项统计参数平均值 (mean)、标准偏差 (standard deviation)、标准误差 (standard error)、总和 (sum) 以及数据组数 $N$；数据的排序、调整、计算、统计、频谱变换；线性、多项式和多重拟合；FFT 变换、相关性分析、FFT 过滤等；可利用约 200 个内建的以及自定义的函数模型进行曲线拟合，并可对拟合过程进行控制；可进行统计、数学以及微积分计算。

利用 Origin 软件不但可以绘制二维图，还可以绘制三维图，其提供了几十种二维和三维绘图模板。二维图形模板有线图模板、散点图模板、柱状图 (histogram)模板、矢量图 (vector diagram) 模板、极曲线 (polar plot) 模板等，三维图形模板有三维线框图、瀑布图 (waterfall plot)、等高面图等模板。二维图形可独立设置页、轴、标记、符号和线的颜色，可选用多种线型。选择超过 100 个内置的符号。调整数据标记 (颜色、字体等)，选择多种坐标轴类型和显示方式，可以对数据点进行标识和过滤，每页可显示多达 50 个 $XY$ 坐标轴，可输出为各种图形文件或以对象形式拷贝至剪贴板。用户可以自定义数学函数、图形样式和绘图模板，可以和各种数据库软件、办公软件、图像处理软件等方便的连接；可以方便地进行矩阵运算，如转置、求逆等，并通过矩阵窗口直接输出三维图表；可以用 C 语言等高级语言编写数据分析程序，还可以用内置的 Lab Talk 语言编程。

Origin 是一个多文档界面应用程序。一个项目文件可以包括多个子窗口，可以是工作表窗口 (worksheet)、绘图窗口 (graph)、函数图窗口 (function graph)、矩阵窗口 (matrix) 和版面设计窗口 (layout page) 等。一个项目文件中的各窗口相互关联，可以实现数据的实时更新，即如果工作表中的数据被改动之后，其变化能立即反映到其他与之相关联的窗口，比如绘图窗口中所绘数据或数据线可以立即得到更新。

图 2-4、图 2-5 和图 2-6 分别为使用 Origin 软件绘制的二维数据图形，其中，图 2-4 是经过对数据进行分析而绘制的包含误差的二维图；图 2-5 为采用多种符号标识的二维线图；图 2-6 为二维矢量图。由图 2-5、图 2-6 可以看出 Origin 软件对实验数据进行表达的适用性与灵活性。

2. Matlab 软件

Matlab 是 MathWorks 公司于 1982 年推出的高性能的数值计算和数据处理软件，它集数值分析、矩阵运算、信号处理和图形显示于一体，构成了一个方便、界面良好的用户环境。Matlab 软件包括工具箱 (toolbox)，其可以用来求解各类专业问题。Matlab 的主要特点：

(1) 可扩展性。Matlab 最重要的特点是易于扩展，用户不仅可利用 Matlab 所提供的函数及基本工具箱函数，还可方便地构造出专用的函数。从而大大扩展了其应用范围。

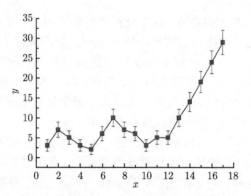

图 2-4　利用 Origin 软件绘制的误差范围图

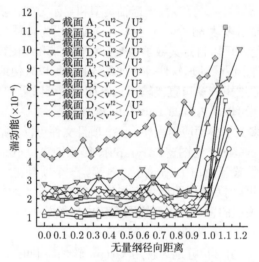

图 2-5　利用 Origin 软件绘制的二维图 (线 + 符号)

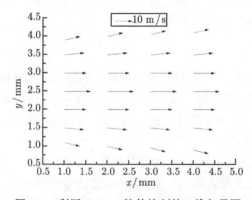

图 2-6　利用 Origin 软件绘制的二维矢量图

(2) 易学易用性。Matlab 不需要用户有高深的数学知识和程序设计能力，不需要用户深刻了解算法及编程技巧。

(3) 高效性。Matlab 语句功能十分强大，一条语句可完成十分复杂的任务。如 fft 语句可完成对指定数据的快速傅里叶变换，这相当于上百条 C 语言语句的功能。它大大加快了工程技术人员的软件开发效率。

Matlab 的强大功能使其在分析测量系统动态特性、处理测量数据和绘制数据图方面具有一定的优势。以下列举两个 Matlab 的程序应用实例。

**例**　Matlab 的多项式拟合功能

已知变量 $x,y$ 之间的函数关系为

$$y = a_1 x^n + a_2 x^{n-1} + \cdots + a_n x + a_{n+1}$$

现希望通过实验获得一组 $\{x_i, y_i | i = 1, 2, \cdots, m\}$ 测量数据，确定出系数 $(a_1, a_2, \cdots, a_{n+1})$，这类问题就是多项式拟合问题。Matlab 中设有专门求解该问题的命令：p=polyfit$(x, y, n)$，可用于求 $x, y$ 数组所给数据的 $n$ 阶拟合多项式系数向量 $p$。拟合效果通过 Matlab 输出的图形曲线可直观看出，此处多项式的阶数要设置合适，过低或过高均得不到理想的结果。下面的程序中给定数组 $x0, y0$，求拟合三阶多项式，并图示拟合情况。程序中，"%" 后面为注释语句。

```
%给定数据对
x0=0:0.1:1;
y0=[-0.447,1.978,3.11,5.25,5.02,4.66,4.01,4.58,3.45,5.35,9.22];
%求拟合多项式
n=3;
p=polyfit(x0,y0,n)
%图示拟合情况
xx=0:0.01:1;
yy=polyval(p,xx);
plot(xx,yy,'-b',x0,y0,'.r','MarkerSize',20)
legend(' 拟合',' 原始数据','Location','SouthEast')
xlabel('x')
```

程序运行结果如图 2-7 所示。这是 Matlab 的简单应用实例之一。

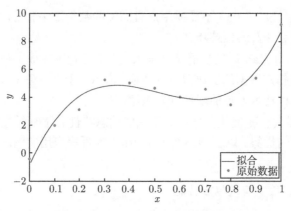

图 2-7　Matlab 拟合多项式结果图

**例**　用 Matlab 求解二阶系统阶跃响应

下面为 Matlab 求解二阶系统阶跃响应的程序，并能绘制出响应图。

```
clf;
t=6*pi*(0:100)/100;
y=1−exp(−0.3*t).*cos(0.7*t);
plot(t,y,'r−', 'LineWidth',3)          %<命令 3>
hold on
tt=t(find(abs(y−1)>0.05));
ts=max(tt);          %<命令 5>
plot(ts,0.95, 'bo', 'MarkerSize',10)              %<命令 6> 镇定点位置
hold off
axis([−inf,6*pi,0.6,inf])   %横坐标下限及纵坐标上限自动生成
set(gca, 'Xtick',[2*pi,4*pi,6*pi], 'Ytick', [0.95,1,1.05,max(y)])
%<命令 9>
set(gca, 'XtickLabel',{ '2*pi'; '4*pi'; '6*pi'})%<命令 10>
set(gca, 'YtickLabel', {'0.95'; '1'; '1.05'; 'max(y)'})%<命令 11>
grid on
text(13.5,1.2,'\fontsize{12}{\alpha}=0.3')%<命令 13>
text(13.5,1.1, '\fontsize{12}{\omega}=0.7')%<命令 14>
title('\fontsize{14} \it y=1-e {-\alpha t}cos{\omegat}')%<命令 15>
xlabel('\fontsize{14} \bft\rightarrow')
```

```
ylabel('\fontsize{14} \bfy\rightarrow')
```
　　程序运行结果如图 2-8 所示。

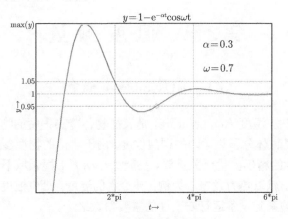

图 2-8　二阶阶跃响应图的标识

　　命令 3 为用 3 磅粗的红实线画曲线；命令 5 为寻找镇定时间，即从那后，响应与 1 的距离再也不会超过 0.05；命令 9 为设置坐标轴上的分度线位置；命令 10、命令 11 通过手工设置，分别对 $x, y$ 轴的分度线进行标识，$x$ 轴采用 π 的偶倍数标识，以增强可读性，注意命令中的花括号及其中的分号；命令 13、命令 14 采用 12 磅字体书写 $\alpha = 0.3$ 和 $\omega = 0.7$；命令 15 使用"斜体""希腊字符""上标"和 14 磅字体书写图名。

1) 系统误差能否消除，如何消除？

2) 精密度、准确度和精确度之间的关系。

3) 举测量实例说明系统误差。

4) 解释随机误差。

5) 误差传递的原则。

6) 去除可疑测量值的办法。

7) $t$ 检难准则的具体实施方法。

8) 采用计算机软件进行测试数据处理的优点。

9) 有效数字的消约原则。

10) 如果欲将非平行测量获得的量放在一个样本组里，如何操作？

11) 最小二乘法的定义。

# 第 3 章　温 度 测 量

## 3.1　温度的基本概念

从宏观上来讲，温度 (temperature) 是表征物体冷热程度的物理量，从微观上来讲，温度反映了物体分子热运动的剧烈程度。由于物体的物性参数大多都与温度相关，因此，温度的精确测量至关重要。在能源与动力工程领域不可避免地会遇到温度测量的问题。就以热力发电厂为例，补给水的温度、烟气温度、蒸汽温度等均需测量，温度是关系到设备运行安全性的重要参数之一。

### 3.1.1　温标

衡量温度高低的标尺为温标 ( thermometric scale)，其规定了温度零点和度量单位。目前国际上应用较多的温标有热力学温标、国际实用温标、摄氏温标和华氏温标 (Fahrenheit's thermometric scale)。

目前常用的温标有两种，一是华伦海特建立的以冰、水和氯化铵的混合物的温度作为 0 度，以人体口腔和腋下的测得温度为 96 度的华氏温标 (℉)；二是摄耳修斯定义的以冰的熔点作为 0 度，以水的沸点作为 100 度的摄氏温标 (℃)。华氏温标和摄氏温标的转换关系为

$$t_C = \frac{5}{9}(t_F - 32) \tag{3-1}$$

式中，$t_C$ 为摄氏温度 (℃)；$t_F$ 为华氏温度 (℉)。

开尔文 (Kelvin) 根据卡诺循环工作中的热机中，工质从温度为 $T_1$ 的热源吸收热量 $Q_1$ 和从温度为 $T_2$ 的冷源放出热量 $Q_2$，得出温度与热量的如下关系式：

$$\frac{T_2}{T_1} = \frac{Q_2}{Q_1} \tag{3-2}$$

采用该关系，可只用一个温度基点来确定其他温度，这便是热力学温标。由于卡诺循环是理想化的，因此热力学温标的实施实际上是通过理想气体的关系式表达的，即

$$\frac{p_1 V_1}{T_1} = \frac{p_2 V_2}{T_2} \tag{3-3}$$

热力学温标的符号为 $T$，单位为开尔文 (K)。规定水的三相点 (即水的固、液、气三态共存时) 的温度为 273.16K，即 1K 等于水的三相点热力学温度的 1/273.16，

热力学温标是一种绝对温标。特别注意的是，由于水的冰点与其三相点的热力学温度相差 0.01K，故热力学温标 $T$ 与摄氏温标 $t$ 的关系为

$$T = t + 273.15 \tag{3-4}$$

显然，热力学温标在实际使用中不太方便，为此，1927 年国际计量大会决定采用国际实用温标，旨在提供一种容易准确地复现，并且尽可能给出接近热力学温标的实用温标。数十年来，历经多次修改，1990 年的国际温度标准 (ITS-90，International Temperature Scale of 1990) 开始实施，其定义的温度基准点有 17 个，如表 3-1 所示。

表 3-1　ITS-90 定义基准点

| 序号 | 温度 | | 物质 | 状态 |
|---|---|---|---|---|
| | $T_{90}/K$ | $t_{90}/℃$ | | |
| 1 | 3∼5 | −270.15∼−268.15 | He | V |
| 2 | 13.8033 | −259.3467 | e-$H_2$ | T |
| 3 | 13.8033∼17 | −259.3467∼−256.15 | e-$H_2$(或 He) | V(或 G) |
| 4 | 13.8033∼20.3 | −259.3467∼−252.85 | e-$H_2$(或 He) | V(或 G) |
| 5 | 24.5561 | −248.5939 | Ne | T |
| 6 | 54.3584 | −218.7916 | $O_2$ | T |
| 7 | 83.8058 | −189.3442 | Ar | T |
| 8 | 234.3156 | −38.8344 | Hg | T |
| 9 | 273.16 | 0.01 | $H_2O$ | T |
| 10 | 302.9146 | 29.7646 | Ga | M |
| 11 | 429.7485 | 156.5985 | In | F |
| 12 | 505.078 | 231.928 | Sn | F |
| 13 | 692.677 | 419.527 | Zn | F |
| 14 | 933.473 | 660.323 | Al | F |
| 15 | 1234.93 | 961.78 | Ag | F |
| 16 | 1337.33 | 1064.18 | Au | F |
| 17 | 1357.77 | 1084.62 | Cu | F |

注：V — 蒸气压点；G — 气体温度计点；M — 熔点；F — 凝固点；T — 三相点。

## 3.1.2　温度计的分类

按测量时是否与待测物相接触，温度计 (thermometer) 可分为接触式和非接触式。一旦两种温度不同的物体相互接触，就必然会发生从高温侧到低温侧的热交换，直至两者温度相等为止，依据该原理制成的温度计便是接触式温度计。而依据物体辐射能量的大小来测量温度的则是非接触式温度计。常用的温度计及其适用范围如表 3-2 所示。

**表 3-2   温度计的分类及其适用范围**

| 温度计分类 | | | 适用温度范围 |
|---|---|---|---|
| 接触式 | 膨胀式 | 压力式温度计 | −80~550℃ |
| | | 双金属温度计 | −100~600℃ |
| | | 水银温度计 | −38~356℃ |
| | | 有机液体温度计 | −100~100℃ |
| | 电阻式 | 铂电阻温度计 | 13.18~961.78K |
| | | 铜电阻温度计 | −50~150℃ |
| | | 铑铁电阻温度计 | 0.1~73K |
| | | 锗电阻温度计 | 0.015~100K |
| | | 镍电阻温度计 | −60~180℃ |
| | | 碳电阻温度计 | 30K 以下至 0.3K |
| | | 热敏电阻温度计 | −40~150℃ |
| | 热电偶式 | 铜-康铜 | −200~400℃ |
| | | 铂铑-铂 | 0~1800℃ |
| | | 镍铬-康铜 | 0~800℃ |
| | | 镍铬-镍硅 (镍铝) | 0~1300℃ |
| 非接触式 | 辐射式 | 全辐射高温计 | 700~2000℃ |
| | | 单色光学高温计 | 800~2000℃ |
| | | 比色光学高温计 | 800~2000℃ |
| | | 红外温度计 | 100~700℃ |

接触式温度计与非接触式温度计各有优缺点：

(1) 由于接触式温度计必须将感温元件与被测物体相接触，故而会破坏被测温度场，而非接触式温度计则不会对原温度场带来影响。

(2) 由于热惯性的存在，接触式温度计的感温元件与被测物体达到热平衡需要一定的时间，其时间滞后较大；非接触式温度计由于依据被测物体的辐射来测得温度，因此响应速度较快。

(3) 由于感温元件所承受的温度范围有限，因此接触式温度计对于高温物体的测量很受限制，非接触式温度计则无此问题。

(4) 由于低温物体的辐射很小，故非接触式温度计不适用于测量较低的温度。

(5) 一般来说，接触式温度计的测量精度要高于非接触式温度计。

# 3.2   接触式温度计

## 3.2.1   膨胀式温度计

大多数物质的体积均会随温度的变化而发生热涨冷缩的现象，据此特性而制成的温度计称为膨胀式温度计。

## 1. 玻璃管液体温度计

作为最常见的温度计, 该型温度计在玻璃管中填充工作液体, 利用其随温度升高而膨胀的特性来指示温度。最为常用的是水银温度计, 这是因为水银不粘玻璃, 不易氧化, 可以在很宽的温度范围内 (−38∼356℃) 保持液态, 而且在 200℃ 以下, 其膨胀系数几乎与温度呈线性关系, 故水银温度计可以作为精密标准温度计使用。

在玻璃管液体温度计的使用上应该注意以下两个问题。

(1) 零点漂移。由于玻璃管的热胀冷缩会造成零点位置的移动, 所以需要定期对玻璃管液体温度计校验零点位置。

(2) 露出液柱的修正。使用玻璃管液体温度计时有全浸入和部分浸入式两种, 温度刻度是在温度计液柱全部浸入介质中标定的。部分浸入式测量时, 液柱只插入一定深度, 外露部分处于环境温度之下, 若此时环境温度与标定分度时的温度不相同, 可按照如下表达式进行修正:

$$\Delta t = \gamma n (t_B - t_A) \tag{3-5}$$

式中, $n$ 为露出部分液柱所占的分度数; $\gamma$ 为工作液体在玻璃中的视膨胀系数 (水银的 $\gamma \approx 0.00016$); $t_B$ 为标定分度条件下外露部分空气温度 (℃); $t_A$ 为使用条件下外露部分空气温度 (℃)。

全浸入式温度计在使用时若未能全部浸入, 则对外露部分带来的系统误差修正公式与上式相同, 只是式中的 $t_B$ 为温度计测量时的显示值。

玻璃管液体式温度计精度高、读数直观、结构简单、价格便宜、使用方便, 因此得到了广泛的应用。但是其温度信号不能远距离传输, 故不适用于自动测量系统。

## 2. 压力式温度计

对于密闭空间内的气体或液体进行加热, 则其压力会产生变化, 据此原理制成的温度计便是压力式温度计, 该型温度计由温包、毛细管和弹簧管所构成的密闭系统和传动指示机构组成, 如图 3-1 所示。根据工作介质的不同, 压力式温度计可以分为三种:

(1) 采用气体为工质的, 称为充气压力式温度计, 最常用的填充工质为氮气。测温范围为 −80∼550℃, 压力与温度的关系接近线性。

(2) 系统内所充工质为低沸点的液体, 如氯甲烷 ($CH_3Cl$)、一氯乙烷 ($C_2H_5Cl$)、丙酮 ($CH_3$—$CO$—$CH_3$)、乙醚 ($CH_3OCH_3$) 等, 其饱和蒸气压随着被测温度而变化, 测温范围为 −20∼200℃。由于饱和蒸气压和饱和温度呈非线性关系, 所以此温度计的刻度并不是均匀的。

(3) 采用液体作为工质, 如水银 ($Hg$)、二甲苯 ($C_8H_{10}$)、甲醇 ($CH_3OH$) 等。测温范围为 −40∼200℃。

使用压力式温度计时,务必要将温包全部浸入被测物质中。当毛细管所处的环境温度有较大波动时会给测量结果带来误差,所以毛细管不能太长,一般应小于 60mm。压力式温度计的精度较低,但使用方便,抗振性好,常用来检测容器内的油温或水温。

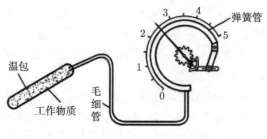

图 3-1   压力式温度计

### 3. 双金属温度计

将线膨胀系数不同的两种金属构成的金属片作为感温元件,当温度发生变化时,两种金属发生不同程度的膨胀,于是该双金属片便会产生与温度大小成比例的变形,该变形通过相应的传动机构由指针指示出温度数值,这便是双金属温度计 (bimetal thermometer) 的工作原理。双金属温度计的温度测量范围为 $-60 \sim 500℃$。

### 3.2.2   热电阻温度计

几乎所有物质的电阻率 (resistivity) 都随着自身温度的变化而变化,该现象被称为热电阻效应。利用导体或半导体的电阻值随着温度的变化而变化的特性制成的测温仪表即为热电阻温度计。

导体的电阻值在一定温度范围内可以近似认为与温度成线性关系,即

$$R_t = R_0(1 + \alpha t) \tag{3-6}$$

式中,$R_t$ 为温度为 $t$ 时的电阻值;$R_0$ 为温度为 $0℃$ 的电阻值;$\alpha$ 为导体的电阻温度系数。

半导体的热电阻 (thermal resistance) 与一般导体热电阻的特性相反,其阻值随温度的升高以指数关系急剧下降:

$$R_T = R_0 e^{B/T} \tag{3-7}$$

式中,$R_T$ 为在热力学温度 $T$ 时的电阻值;$R_0$ 为在某一温度 $T_0(K)$ 时的电阻值;$B$ 在不大的温度范围内接近一个常数,其值与半导体材料的成分和制造工艺有关。

半导体热电阻的温度系数 $\alpha$ 可近似由下式表示:

$$\alpha = \frac{\mathrm{d}R/R}{\mathrm{d}T} = -BT^{-2} \tag{3-8}$$

适于制作热电阻的材料有铂、铜、铁、镍等金属和一些半导体材料。

热电阻温度计由热电阻、变送器、连接导线和显示仪表等几部分组成。由于其测量精度较高、响应速度较快,且在整个测量范围内呈线性关系,因此可以实现远距离测量和数据的自动记录。

热电阻常用的材料有铂和铜,铂热电阻长期使用的温度范围是 $-200\sim500℃$,铜热电阻长期使用的温度范围为 $-30\sim100℃$。

热电阻温度计的显示仪表主要有动圈式比率计和自动平衡桥两种。

### 3.2.3 热电偶温度计

#### 1. 热电偶效应和热电偶的基本定律

如图 3-2 所示,将两种不同的导体 A 和 B 组成闭合回路,如果两连接点的温度 $T$ 和 $T_0$ 不同,则在回路中将产生热电动势,形成热电流,这一现象称为热电现象。A、B 两导体称为热电极,它们的组合称为热电偶 (thermocouple),接触热场的 $T$ 端称为工作端,另一端称为自由端。热电偶输出电动势的大小取决于两种金属的性质以及两端的温度,与导线的尺寸、导线中间部分的温度和热电动势测点在电路中的位置无关。

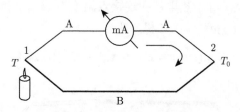

图 3-2 热电偶原理示意图

热电偶的测温范围很广,与其他测温仪器相比,其具有如下优点:

(1) 测量范围宽且测温下限可达 $-250℃$,某些特殊材料制作的热电偶,其测温上限可达 $2800℃$,并具有很高的精度。

(2) 可以实现远距离多点检测,便于集中控制、数字显示和数据自动记录。

(3) 可制成小尺寸热电偶,热惯性小,适合于快速和动态测量、点温度测量和表面温度测量。

热电偶的基本性质由如下四条基本定律给出:

(1) 均质材料定律

由同一种材料所组成的闭合回路, 不论截面积如何改变, 也不论在电路内存在何种温度梯度, 电路中都不会产生热电动势。反之, 如果回路中存在热电动势, 则该材料必须是非均匀的。

(2) 中间导体定律

在热电偶中插入第三种 (或多种) 均质材料, 只要该材料两端温度相同, 则不论该材料自身是否存在温度梯度, 也无论该材料是接在导体 A 和 B 之间, 还是接在某一种导体之间, 见图 3-3, 皆不会有附加的热电动势发生, 即插入第三种 (或多种) 导体不会使热电偶的热电动势发生变化。这种情况在实际应用中常常碰到, 因为热电偶需要焊接, 以及接入测量仪表等, 该定律保证了上述情况不会对热电偶的测量结果产生影响。

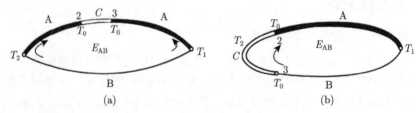

图 3-3   第三种材料接入热电偶回路

(3) 中间温度定律

如图 3-4 所示, 在两种不同材料组成的热电偶回路中, 连接点温度分别为 $t$ 和 $t_0$, 热电动势 $E_{AB}(t, t_0)$ 等于热电偶在连接点温度为 $(t, t_n)$ 和 $(t_n, t_0)$ 时相应的热电动势 $E_{AB}(t, t_n)$ 和 $E_{AB}(t_n, t_0)$ 之和, 即

$$E_{AB}(t, t_0) = E_{AB}(t, t_n) + E_{AB}(t_n, t_0) \tag{3-9}$$

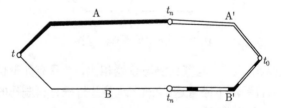

图 3-4   中间温度定律示意图

(4) 标准电极定律

如果两种导体 A 和 B 分别与第三种导体 C 组合成热电偶 AC 和 BC 的热电动势已知, 则由这两种导体 A、B 组合成热电偶 AB 的热电动势为

$$E_{AB}(t, t_0) = E_{AC}(t, t_0) - E_{BC}(t, t_0) \tag{3-10}$$

利用该定律，可很容易地从几个热电极与标准电极组成热电偶时所产生的热电动势，求出这些热电极任意组合时的热电动势。

2. 常用热电偶的材料

理论上，任意两种不同的金属材料或合金都可以组成热电偶，但是为了保证工作可靠和足够的测量精度，热电极材料应满足特定的要求。目前常用的热电偶有：铂铑 10-铂热电偶、铂铑 30-铂铑 6 热电偶、镍铬-镍硅热电偶、镍铬-康铜热电偶等。常用热电偶已经标准化。为满足特殊场合的要求，非标准化热电偶也在飞速发展。比如，测量特高温度的铱铑-铱热电偶，测温上限可达 2000℃，常用于航天领域中的温度测量。测量低温的镍铬-金铁热电偶的测温范围为 2~273K，该热电偶热电动势稳定，易于加工成丝。

3. 常用热电偶的结构

(1) 普通工业热电偶

如图 3-5 所示，常用的工业热电偶由热电偶、绝缘体、保护管和接线盒等组成。绝缘体大多为氧化铝或工业陶瓷管。保护套管在测量 1000℃以上时多用金属套管，测量低于 1000℃温度时可用工业陶瓷或氧化铝，保护套管有时也可不用，以减少热惯性，提高测量精度。

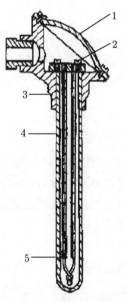

图 3-5　工业热电偶结构图

1-接线盒；2-接线柱；3-接线座；4-保护管；5-感温元件

(2) 铠装热电偶

有时为了满足测量的特殊需求，要求热电偶具有惯性小、结构紧凑、牢固、抗振、可挠等特点，此时可以采用铠装热电偶，其基本结构如图 3-6 所示。铠装热电偶又分为单芯和双芯两种，由保护套管、热电极和绝缘材料三者组合而成。该型热电偶可以做成细长状，且可以弯曲。

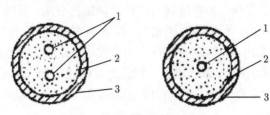

图 3-6　铠装热电偶结构图

1-热电极；2-绝缘材料；3-保护套管

(3) 薄膜热电偶

采用真空蒸镀或化学涂层的方法将热电偶材料沉积在绝缘基板上制成的热电偶称薄膜热电偶。这种热电偶适合于壁面温度的快速测量。由于采用了蒸镀技术，热电偶可以做得相当薄，达到微米量级。常用的热电极材料有镍铬-镍硅、铜-康铜等。其使用的温度范围一般为 300℃ 以下。

### 3.2.4　温度计的校验

为保证精确性，必须对温度计进行定期校验。由于不同温度计的工作原理、使用环境和产生误差的原因各有不同，所以校验方法也不尽相同。下面将分别对热电阻和热电偶温度计的校验方法做以介绍。

#### 1. 热电阻温度计的校验

(1) 比较法

将标准水银温度计或标准铂电阻温度计与被校验热电阻温度计一起插入恒温源中，在规定的几个温度点下读取标准温度计和被校温度计的示值并进行比较，其偏差不得超过规定的最大误差。根据所需要校准的温度范围可选取冰点槽、恒温水槽、恒温油槽或恒温盐槽作为恒温源。

(2) 两点法

比较法虽然可以非常精确地校验热电阻温度计，然而其需要多个规格的恒温源，其校正过程要求较高。事实上，一般的工业热电阻温度计仅需校验 0℃时的电阻值 $R_0$ 和 100℃时的电阻值 $R_{100}$，并检查 $R_{100}/R_0$ 是否符合规定即可。在测定 $R_0$ 时，要将热电阻放在冰点槽内。

在校验 $R_{100}/R_0$ 的数值时, 应该与标准热电阻温度计进行比较。标准热电阻温度计所用材料应与被校验温度计相同, 测量时采用双臂电桥 (半桥工作), 将标准热电阻温度计的电阻作为标准电阻, 被标定热电阻作为未知电阻。测试时, 先在冰点槽内放置 30min 进行电桥平衡, 然后在水沸点槽内放置 30min 再进行电桥平衡。在读数值时, 应当注意两个热电阻是否工作在相同的温度下。取得读数之后, 再用下列公式计算 $\dfrac{R_{100}}{R_0}$, 即

$$\frac{R_{100}}{R_0} = \left(\frac{R_{100}}{R_0}\right)_{\mathrm{B}} \frac{A_k}{A_0} \tag{3-11}$$

式中, $\left(\dfrac{R_{100}}{R_0}\right)_{\mathrm{B}}$ 为标准热电阻值, 此值可由有关标准中查得; $A_k$ 为放置在水沸点槽内时的电桥读数; $A_0$ 为放置在冰点槽内时的电桥读数。

**2. 热电偶温度计的校验**

热电偶在首次使用之前需要进行分度, 即确定热电动势和温度的对应关系。此外, 热电偶在使用一段时间后, 由于氧化、腐蚀、还原等因素的影响, 原分度值会逐渐产生偏差, 使测量准确度下降, 因此需要定期进行校验。

根据国际实用温标 IPTS-68(International Practical Temperature Scale of 1968) 的规定, 除标准铂铑 10-铂热电偶进行三点 (金、银、锌的凝固点温度) 分度外, 其余各种热电偶必须在规定的温度点进行比较式校验, 如表 3-3 所示。

表 3-3 热电偶校验温度点

| 分度号 | 热电偶材料 | 校验点温度/℃ |
|---|---|---|
| S | 铂铑 10-铂 | 600、800、1000、1200 |
| K | 镍铬-镍硅 | 400、600、800、1000 |
| E | 镍铬-康铜 | 300、400、500、600 |

热电偶校验装置如图 3-7 所示, 其由交流稳压电源、管式电炉、冰点槽、切换开关、测试仪表和标准热电偶等部分组成。

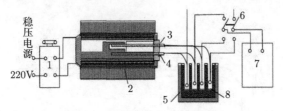

图 3-7 热电偶比较式校验装置
1-调压变压器; 2-管式电炉; 3-标准热电偶; 4-被校验热电偶; 5-冰点槽;

6-切换开关; 7-测试仪表; 8-试管

将被校验热电偶与标准热电偶的测量装置置于管式电炉内的恒温端,冷端置于冰点槽内以保持其为 0℃。用测试仪表测量各热电偶的热电动势,然后比较测量值,来确定被校验热电偶的误差范围是否在允许的范围之内。

### 3.2.5  接触式温度测量误差

若要使得接触式温度计的感温元件所感受的温度与实际被测物体的温度完全一致,必须满足如下两个条件:

(1) 热力学平衡条件。将感温元件与被测对象组成孤立的热力学系统,并且经历足够长的时间,使两者达到完全的热平衡状态。

(2) 当被测对象温度变化时,感温元件的温度能够实时地跟着变化,即传感器的热阻和热容应为零。

实际上,测温过程中不可能完全满足上述两个条件。传感器感温元件除了与被测对象进行热量交换外,还要与周围环境进行热量交换,这将产生测量误差。由于安装的限制,传感器的热阻和热容也不可能做到完全为零。总之,测温误差是不可避免的。

#### 1. 感温元件传热的基本状况

低速流动中感温元件所接收的热量主要来自于被测介质传给感温元件的热量,包括介质对感温元件的导热、辐射和对流换热。感温元件所散发出去的热量基本有如下两个方面:一是感温元件向周围冷壁的辐射散热和传热,二是沿着感温元件向外部介质的传导散热 (包括感温元件露在外部介质中的部分辐射散热)。后者在静态或中低速流动介质中测量时会引起较大误差。

#### 2. 误差来源

(1) 感温元件安装的基本要求

测量管道内部流体温度时,感温元件应逆着介质的流动方向安装。若受条件限制无法这样安装时,也可采用迎着被测介质的流动方向斜向插入的方式,或者与被测介质流动方向呈 90° 夹角的方式,如图 3-8 所示。无论如何,应该尽量避免与被测介质形成顺流的情形。

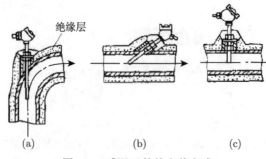

绝缘层

(a)                    (b)                    (c)

图 3-8  感温元件的安装方式

　　此外, 感温元件应安装于管道中心, 因为该处的流速最大。当在管道上倾斜安装时, 保护管的顶端需要高出中心线 5~10mm。

　　事实上, 随着感温元件插入深度的增加, 测量误差会逐渐减小。为此, 插入深度应该符合国家有关试验规范或出厂使用说明的要求。不用保护管时, 热电偶的插入深度应该大于热电偶丝直径的 50 倍; 测定液体温度时, 插入深度应是保护管直径的 9~12 倍; 在直径较小的管道上安装感温元件时, 可以使用装置扩大管来扩大管径。

　　在感温元件插入点附近的管道或容器壁外部, 还应该包裹足够的绝缘层, 以减小由于辐射和导热损失所引起的误差。

　　(2) 热电偶与被测表面接触方式不同引起的误差

　　采用热电偶来测量表面温度, 具有热接点小、热损失小、测温范围大、精度高、使用方便等优点, 因此得到了广泛的应用。常用的热电偶与被测表面的接触方式有四种, 分别是点接触式、面接触式、等温线接触式、分立接触式。如图 3-9 所示, 点接触式: 热电偶测量端接点直接与被测表面接触。面接触式: 先将热电偶的测量端接点与导热性良好的金属薄片 (如铜片) 焊接在一起, 然后再与被测表面接触。等温线接触式: 热电偶测量端接点固定在被测表面后, 再沿着被测表面等温线绝缘敷设至少 20 倍线径的距离, 然后引出。分立接触式: 两个热电极分别与被测表面接触。

图 3-9　热电偶与被测表面的接触方式
(a) 点接触式; (b) 面接触式; (c) 等温线接触式; (d) 分立接触式

　　由于等温线接触式的热电偶丝沿着等温线敷设, 热接点的导热损失最小, 测量误差也最小; 点接触式因导热损失全部集中在一个接触点上, 热量得不到充分地补充, 故测量误差最大。因为面接触式热电偶丝的热损失由导热良好的金属补偿, 故测量误差比点接触式的要小。

　　(3) 热传导引起的误差

　　当感温元件保护套管顶部温度与装置保护套管的管道壁温度不同时, 将有热量沿着套管流向温度较低的管壁, 由于该热传导的存在, 温度计的感温元件感受到的温度将低于被测介质的温度。热传导测量误差由下式给出:

$$\Delta t_p = t - t_k = \frac{t - t_0}{\cos h\left(L\sqrt{\dfrac{hS}{\lambda f}}\right)} \tag{3-12}$$

式中，$\Delta t_p$ 为热传导引起的测量误差；$t$ 为被测介质温度；$t_0$ 为保护套管座处管壁温度；$t_k$ 为感温元件的温度；$L$ 为感温元件插入被测介质的深度；$h$ 为被测介质向感温元件的传热系数；$\lambda$ 为感温元件材料的热导率；$S$ 为感温元件外围周长；$f$ 为感温元件材料的截面积，$f = \pi(D^2 - D_0^2)/4$；$D$ 为感温元件的外径；$D_0$ 为感温元件的内径。

由上述分析可知，在实际测量过程中，应从感温元件的热导率、内外径和插入的深度等方面着手采取措施以减少热传导误差。

(4) 感温元件的响应

由于接触式温度计是依靠热交换来测温度的，因此在测量动态变化的温度时，热惯性的存在必然会导致传感器所感受的温度要滞后于介质温度的变化，即存在着时间滞后。这就使得动态温度的测量十分困难。

温度计的时间滞后主要由以下两种因素造成：

① 感温元件的热惯性：感温元件由本身的温度 $T_1$ 过渡到新的温度 $T_2$ 需要消耗一定的时间。

② 指示仪表的机械惯性：感温元件将所获取的热信号传送到仪表的指示装置上需要一定的时间。

若忽略感温元件工作端热辐射和导热的影响，则动态响应的误差可以近似地表示为

$$T - T_k = \tau \frac{dT_k}{dt} \tag{3-13}$$

式中，$T$ 为被测物体的实际温度；$T_k$ 为温度计的指示温度；$\tau$ 为时间常数，其表征了感温元件响应的快慢。

当 $t = 0$ 时，$T_k = T_0$，$T_0$ 为感温元件起始温度，求解上式，可得

$$T_k = T_0 + (T - T_0)(1 - e^{-t/\tau}) \tag{3-14}$$

当 $t = \tau$ 时感温元件所感受到的温度 $T_\tau$ 为

$$T_\tau = T_0 + (T - T_0) \times 63.2\% \tag{3-15}$$

影响时间常数大小的因素主要有感温元件的质量、比热容、插入的表面积和表面传热系数等。感温元件的质量和比热容越小，响应越快；反之，时间常数越大，响应越慢，此时感温元件的温度越接近平均温度。因此，在测量瞬时温度时必须采用时间常数小的感温元件，而在测量平均温度时可以用时间常数大的感温元件。

# 3.3 非接触式温度计

接触式温度计虽然具有结构简单、可靠性好、精度较高等优点，然而在测量过程中，感温元件与被测对象直接接触，传感器必须能够经受各种测量条件下的腐蚀、氧化、污染、还原等作用，而且感温元件的插入不可避免地会对原温度场分布造成影响。因此，在很多场合，例如需要实现温度连续测量，或者在感温元件不能承受的高温条件下，接触式温度计就无法完成温度测量的任务。此时，必须采用非接触式温度计。

非接触式温度计利用测定物体辐射能的方法测定温度。由于其不与被测介质相接触，不会破坏被测介质的温度场，且动态响应好，因此可以用来测量非稳态热力过程的温度变化情况。另外，其测量上限不受材料性质的影响，测量范围较大，尤其适用于高温测量。

### 3.3.1 热辐射理论基础

对于温度高于热力学温度零度的任何物体，皆会释放出能量，其中以热能的方式向外发射的那一部分称为热辐射 (thermal radiation)。

根据普朗克定律，绝对黑体的单色辐射出射度 $M_{0\lambda}[\mathrm{W}/(\mathrm{m}^2 \cdot \mathrm{m})]$ 为

$$M_{0\lambda} = c_1 \frac{\lambda^{-5}}{\mathrm{e}^{c_2/\lambda T} - 1} \tag{3-16}$$

式中，$c_1 = 3.74 \times 10^{-16}$ W·m² 为普朗克第一辐射常量；$c_2 = 1.438 \times 10^{-2}$ m·K 为普朗克第二辐射常量；$\lambda$ 为波长 (m)；$T$ 为黑体的热力学温度 (K)。

当温度为 3000K 以下时，普朗克定律可用维恩 (Vien) 公式代替：

$$M_{0\lambda} = c_1 \frac{\lambda^{-5}}{\mathrm{e}^{c_2/\lambda T}} \tag{3-17}$$

由上述公式可知，当波长 $\lambda$ 确定之后，只要能测定相应波长的 $M_{0\lambda}$ 值，便可求出温度 $T$。

由普朗克定律确定的单色辐射出射度与波长和温度的关系曲线如图 3-10 所示，当温度升高时，单色辐射出射度随之增加，曲线峰值随着温度增高向波长较小的方向移动。单色辐射出射度峰值处的波长 $\lambda_m$ 和热力学温度 $T$ 之间的关系由维恩定律表示：

$$\lambda_m T = 2897 \mu\mathrm{m} \cdot K \tag{3-18}$$

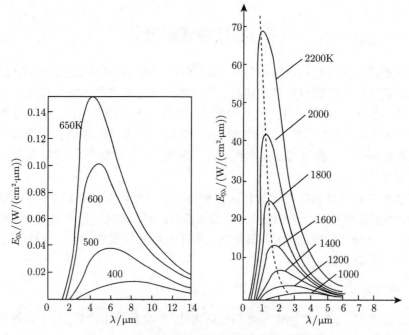

图 3-10　辐射出射度与波长和温度的关系曲线

普朗克定律只给出了绝对黑体单色辐射出射度，若要得到所有波长全部辐射出射度 $M_0(\mathrm{W/m^2})$ 的总和，需进行积分处理：

$$M_0 = \int_0^\infty M_{0\lambda}\mathrm{d}\lambda = \int_0^\infty c_1 \frac{\lambda^{-5}}{e^{c_2/\lambda T}-1}\mathrm{d}\lambda = \sigma_0 T^4 \tag{3-19}$$

式中，$\sigma_0 = 5.67\times10^{-8}\mathrm{W/(m^2 \cdot K^4)}$ 为斯忒藩-玻尔兹曼常数。上式也称为绝对黑体的全辐射定律，也称为斯忒藩-玻尔兹曼定律。

### 3.3.2　单色辐射式光学高温计

该高温计利用亮度比较取代辐射出射度比较进行测温。当物体的温度高于 700℃ 时，其会明显地发出可见光，且具有一定的亮度，其单色光亮度 $B_{0\lambda}$ 与单色辐射出射度 $M_{0\lambda}$ 成正比，即

$$B_{0\lambda} = C M_{0\lambda} \tag{3-20}$$

式中，$C$ 为比例系数。结合维恩位移公式，可得

$$B_{0\lambda} = C c_1 \frac{\lambda^{-5}}{e^{c_2/\lambda T_s}} \tag{3-21}$$

式中，$T_s$ 为绝对黑体的温度。

对于实际问题而言, 有如下关系式:

$$B_\lambda = CM_\lambda = Cc_1\varepsilon_\lambda \frac{\lambda^{-5}}{e^{c_2/\lambda T}} \tag{3-22}$$

式中, $B_\lambda$ 为实际物体的亮度; $M_\lambda$ 为实际物体的单色辐射出射度; $\varepsilon_\lambda$ 为实际物体的单色发射率; $T$ 为实际物体的温度。

当温度为 $T_s$ 的黑体的亮度 $B_{0\lambda}$ 与温度为 $T$ 的实际物体的亮度 $B_\lambda$ 相等时, 可得

$$\frac{1}{T} = \frac{1}{T_s} - \frac{\lambda}{c_2}\ln\frac{1}{\varepsilon_\lambda} \tag{3-23}$$

因为 $0 < \varepsilon_\lambda < 1$, 故 $T_s < T$。用光学温度计直接测到的温度 $T_s$ 称为被测物体的亮度温度 (brightness temperature), 即, 在波长为 $\lambda_m$ 的单色辐射中, 若物体在温度 $T$ 时的亮度 $B_\lambda$ 和绝对黑体在温度为 $T_s$ 时的亮度 $B_{0\lambda}$ 相等, 则把 $T_s$ 称为被测物体的亮度温度。亮度温度比物体实际温度要低。故必须根据物体表面的单色黑度系数 $\varepsilon_\lambda$ 用上式加以修正。

单色辐射式光学高温计主要有灯丝隐灭式光学高温计和光电高温计两种。

**1. 灯丝隐灭式光学高温计**

灯丝隐灭式光学高温计简称为隐丝式高温计, 是一种典型的单色辐射光学高温计, 在所有辐射式温度计中, 其精度最高, 故常被用来作为基准仪器, 以复现黄金凝固点温度以上的国际实用温标。

隐丝式高温计的工作原理如图 3-11 所示。其工作过程为调整物镜, 使被测物体成像在高温计灯泡的灯丝平面上, 调整目镜, 使被测物体和灯丝清晰成像, 并

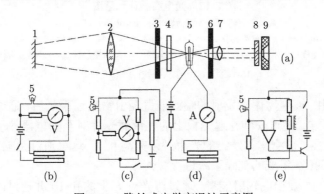

图 3-11　隐丝式光学高温计示意图

(a) 光学系统; (b) 电压表式电测系统; (c) 不平衡电桥式电测系统; (d) 电流表式电测系统; (e) 平衡电桥式电测系统

1-对象; 2-物镜; 3、6-光阑; 4-减光吸收玻璃; 5-高温计灯泡; 7-目镜; 8-红色滤光片; 9-观测孔; V-电压表; A-电流表

确认二者在同一平面上。将红色滤光片移入视场。调节电测系统的可变电阻，改变
灯泡的加热电流，灯丝亮度随之改变，直到灯丝隐没在物体的像中，即认为二者的
亮度相同。而灯丝电流与亮度关系已知，并在显示器上标出亮度温度值。高温计灯
泡本身的亮度与加热电流关系应是稳定的，光学系统应能保证灯丝隐没在物像中，
这些环节中若出现问题会造成测量误差。

### 2. 光电高温计

上述灯丝隐灭式高温计由于通过人眼来判断亮度是否达到平衡状态，容易因
为测量人员的主观判断带来观测误差。而且因为测量温度是不连续的，无法自动记
录被测温度。因此，出现了能够自动平衡亮度和自动记录被测物体温度示值的光电
高温计 (photoelectric pyrometer)。

光电高温计采用光电器件作为敏感元件感受辐射的亮度变化，并将其转化为
与亮度成比例的电信号，该信号经放大处理后被自动记录，以表示被测物体的温度
值。光电高温计的原理如图 3-12 所示。

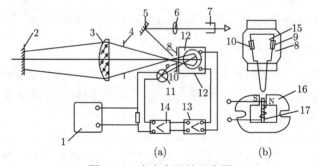

图 3-12  光电高温计示意图

(a) 工作原理示意图；(b) 光调制器

1-电位差计；2-被测物体；3-物镜；4-光阑；5-反射镜；6-透镜；7-观察孔；
8-遮光板；9、10-孔；11-反馈灯；12-光电器件；13-前置放大器；14-主放大器；
15-调制片；16-永久磁铁；17-励磁绕组

图 3-12 中，被测物体 2 发射的辐射能量经由物镜 3 聚焦后，通过光阑 4 与遮
光板 8 上的孔 9，透过安装在遮光板上的红色滤光片射至光电器件 (硅光电池)12
上。为保证精度，被测物体发出的光束必须盖满孔 9，这可通过由瞄准透镜 6、反
射镜 5 和观察孔 7 组成的观瞄系统进行观察。

从反馈灯 11 发出的辐射能量，通过遮光板 8 上的孔 10 并透过同一块红色滤
光片，也投射到光电器件 12 上。在遮光板 8 前面放置光调制器，光调制器的励磁
绕组 17 通以 50Hz 交流电，所产生的交变磁场与永久磁钢 16 相互作用，使调制片
15 产生 50Hz 的机械振动，交替地打开和关闭孔 9 与 10，从而使得被测物体和反
馈灯的辐射能量交替地投射到光电器件 12 上。若两辐射能量不相等，则光电器件

将会产生一个脉冲光电流 $I$，其与这两个单色辐射能量之差成比例关系。当 $I$ 经过放大器的负反馈，使反馈灯的亮度与被测物体的亮度相等时，脉冲光电流为零。电位差计 1 用来自动指示和记录光电流 $I$ 的数值，其刻度为温度值。

光电高温计除了由于黑度系数造成的测量误差外，被测物体与高温计之间的介质对辐射的吸收也会给测量结果带来误差，故要求观测点与被测物体之间的距离不应太大，一般在 1∼2m。

## 3.4  红外技术在温度测量中的应用

前述辐射式温度计常用于高温测量 (700℃以上)，其测量原理同样适用于中温测量，此时的辐射不是可见光而是红外辐射 (infrared radiation)，红外辐射的强度需要用红外敏感元件来检测。

### 3.4.1  红外测温仪

红外测温仪 (infrared thermometer) 的工作原理如图 3-13 所示，其和光电高温计的工作原理相似，为光学反馈式结构。被测物体 S 和参考源 R 的红外辐射经调制盘 T 调制后送至红外探测器 D。调制盘 T 由同步电动机 M 驱动，探测器 D 的输出电信号经放大器 A 和相敏整流器 K 后送至控制放大器 C。当参考源和被测物体的辐射强度一致时，参考源的加热电流即代表被测温度。由指示器 I 显示出被测物体的温度值。

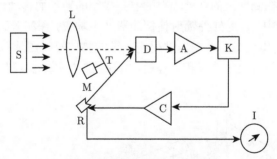

图 3-13  红外测温仪工作原理图

S-被测物体；L-光学系统；D-红外探测器；A-放大器；K-相敏整流器；

C-控制放大器；R-参考源；M-电动机；T-调制盘；I-指示器

红外测温仪的光学系统有透射式和反射式两种。透射式光学系统 (transmissive optical system) 的透镜采用能透过被测温度下热辐射波段的材料制成。如被测温度在 700℃以上，辐射的波段主要在 0.76∼3μm 的近红外区，此时可采用一般光学玻璃或石英透镜；当被测温度在 100∼700℃时，辐射的波段主要在 3∼5μm 的中红外区，此时多采用氟化镁、氧化镁等热压光学透镜；测量低于 100℃的温度时，辐射波段主要在 5~14μm 的中、远红外波段，多采用锗、硅、热压硫化锌等材料制成的透镜。反射式光学系统 (reflective optical system) 多采用凹面玻璃反射镜，镜的表面镀金、铝、镍、铬等对红外辐射反射率很高的金属材料。

### 3.4.2　红外热像仪

温度高于绝对零度的任何物体都会因为分子的热运动而发射红外线，而且红外辐射的能量与热力学温度的四次方成正比。热像仪就是根据这一特性来测量温度场的。

#### 1. 红外热像仪的工作原理

红外热像仪 (infrared thermal camera) 利用红外扫描原理测量物体的表面温度分布，其获取来自被测物体各部分射向仪器的红外辐射通量的分布，利用红外探测器的水平扫描和垂直扫描，按顺序直接测量被测物体各部分发射出的红外辐射，综合起来就得到物体发射的红外辐射通量的分布图像，这种图像称为热像图 (thermogram) 或温度场图。

红外热像仪的工作原理如图 3-14 所示。热像仪由光学会聚系统、扫描系统、探测器、视频信号处理器和显示器等几个主要部分组成。目标的辐射图形经过光学系统会聚和滤光，聚焦在焦平面上。焦平面内安置一个探测元件。在光学系统和探测器之间有一套扫描装置，其由两个扫描反射镜组成，分别用作垂直扫描和水平扫描。从目标入射到探测器上的红外辐射随着扫描镜的转动而移动，按次序扫过整个视场。在扫描过程中，入射红外辐射使探测器产生响应。探测器的响应是与红外辐射的能量成正比的电压信号，扫描过程使二维的物体辐射图形转换成一维的电压信号序列。该电压信号经过放大和处理后，由视频监视系统实现热像显示和温度场测量。

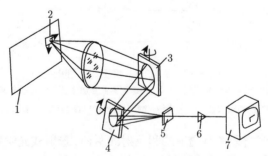

图 3-14　红外热像仪工作原理图

1-物空间的视场；2-探测器在物空间的投影；3-水平扫描器；4-垂直扫描器；5-探测器；

6-信号处理器；7-视频显示器

2. 红外热像仪系统的组成

红外热像仪系统由扫描系统、红外探测器、视频显示和记录系统组成, 其框图如图 3-15 所示。

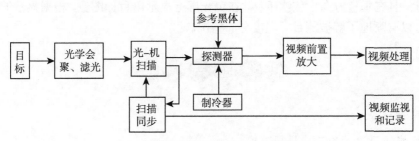

图 3-15 红外热像仪系统的组成框图

(1) 扫描系统

扫描系统是红外热像仪系统的主要组成部分, 其使红外探测器 (infrared detector) 按顺序地接收被测物体各微元面积上的红外辐射。测量温度场时往往需要测得二维的温度分布, 所以必须进行二维扫描。红外探测器在某一瞬间只能探测到目标上方很小的区域, 通常将这一很小区域称之为 "瞬时视场"。扫描系统可以在垂直与水平两个方向转动。水平转动时, 瞬时视场在水平方向扫过目标区域上的一带状区域。扫描系统垂直转动与水平转动相互配合, 在瞬时视场水平扫过一带状区域之后, 垂直转动恰好使它回到这一带状之下的区域, 接着扫描与前者相衔接的带状区域。如此即可实现对被测对象的面扫描。若红外探测器的响应足够快, 在整个扫描过程中, 探测器的输出将是一个强弱随着时间变化而且与各瞬时视场发射的红外辐射通量变化相对应的序列电压信号。

(2) 红外探测器

红外探测器是感受红外辐射能量的大小并将其转化为电量的器件。其光谱响应特性、时间常数及探测率都直接影响到热像仪的性能。一般总希望探测器具有高的探测率和小的时间常数, 以使热像仪有较高的灵敏度和较快的响应。目前常用的红外探测器有热探测器和光电探测器两种, 其中光电探测器在热像仪中应用最广。光电探测器的缺点是光谱范围有限, 且为了获得最佳灵敏度, 使用时需要冷却。

近年来出现了一种新型的多元阵列探测器, 其在焦平面或焦平面附近采用电荷转移器件进行多路调制和信息处理, 使得实际的焦平面上具有上千个红外探测器。多元阵列电荷转移器件具有自扫描、动态范围大、噪声低等优点。在热像仪中应用这种探测器可以显著提高系统分辨率, 缩短响应时间。

(3) 视频显示和记录系统

视频显示和记录系统的作用是把红外探测器提供的电信号转化成可见图像。探测器输出的电压信号经过放大器处理后，作为显示器的视频信号。显示器的扫描系统与目标扫描系统同步，产生全部水平扫描线，这些水平扫描线的起点都在同一垂线上，且在垂直方向上依次下移，在荧光屏上显示出目标图像。根据显示的热图像，可以清晰地了解被测目标温度分布情况。

1) 温标。

2) 水银温度计的工作原理。

3) 热电偶温度计的工作原理。

4) 热电偶温度计的优点。

5) 非接触式温度计的缺点。

6) 红外热像仪的工作原理。

7) 管道内测量流体温度时感温元件的安装方式。

8) 例举温度测量的实例并说明温度测量的实施过程。

9) 温度计如何校验？

# 第4章 压力测量

压力是流体力学的重要参数，同时也是能源与动力工程领域重点关注的参数之一。无论是液态介质还是气态介质，无论是高温介质还是常温介质，无论是高速流动还是低速流动，压力均为关注的焦点。本章将系统地阐述压力测量的基本知识、测量方法和测量仪器。

## 4.1 压力的基本概念

### 4.1.1 压力的定义

在物理学中，压力指的是两个物体的接触表面的垂直作用力，如液体对于固体表面的垂直作用力，而压强则指的是物体所受的压力与受力面积之比，其用来表征压力的作用效果。在工程学科中，人们常将压强也称之为压力。下面给出压力 $p$ 的具体定义：作用于某个固定点上的压力 $p$ 指的是以该点为中心的微元面积 $\mathrm{d}A$ 上所施加的垂直作用力 $\mathrm{d}F$，即

$$p = \lim_{\mathrm{d}A \to 0} (\mathrm{d}F/\mathrm{d}A) \tag{4-1}$$

在能源与动力工程领域，人们关心的大多是流体 (气体或液体) 的压力。若流体静止，则任何一点的任意方向的压力大小均相等，即该点压力与方向无关，这种具有各向同性 (isotropic) 特性的压力即流体静压力。在受体积力作用 (如重力、电磁力等) 时，在垂直于该体积力方向的平面上各点压力相同，而沿着该体积力方向则存在压力梯度。若流体运动，则任何一点的不同方向的压力值并不相等，与流动方向一致的压力值最大，为该点的滞止压力 (stagnation pressure) 或总压力，而垂直于流动方向测得的压力值则称为该点的静压力 (static pressure)，总压力与静压力的差值为该点的动压力 (dynamic pressure)。假设流体为无黏理想流体，并忽略其压缩性，则由流体能量守恒定律可知，沿着同一流线的流体变量间存在如下关系 (伯努利方程)：

$$p_s + \frac{1}{2}\rho c^2 + \rho g h = \mathrm{const} \tag{4-2}$$

式中，$p_s$ 为静压力；$\frac{1}{2}\rho c^2$ 为动压力；$\rho$ 为流体密度；$c$ 为流体速度；$g$ 为重力加速

度；$h$ 为流体距离某基准面的深度。对于水平方向的稳态流动 (即 $h=0$):

$$p_s + \frac{1}{2}\rho c^2 = \text{const} \tag{4-3}$$

由上式可知，当流体沿水平方向稳定流动时，其静压力和动压力之和沿着同一流线保持不变，即其总压力保持恒定。事实上，由于黏滞阻力所引起的能量损失，实际流体的总压力不可能保持为常数，而是沿着流动方向逐渐减小。

在国际单位制中，压强的单位是帕斯卡，简称帕 (Pa)，$1\text{Pa}=1\text{N/m}^2$，由于 1 帕太小，为方便使用，常采用千帕 (kPa) 和兆帕 (MPa) 来作为压强单位，$1\text{kPa}=1000\text{Pa}$，$1\text{MPa}=1000\text{kPa}$。工程上，常用的压强单位有工程大气压 (at)、标准大气压 (atm)、巴 (bar)、毫米水柱 ($\text{mmH}_2\text{O}$)、毫米汞柱 (mmHg)、公斤力/厘米 $^2$(kgf/cm$^2$)、磅力/英寸 $^2$(pounds per square inch, psi) 等。

### 4.1.2  压力的分类

从测量的角度来分，可以将压力分为稳态压力和瞬态压力。工程中通常将每秒变化量为压力计分度值的 1% 或者每分钟变化量为 5% 以下的压力作为稳态压力，否则为瞬态压力。

按测量方法和参考零点的不同可以将压力分为绝对压力 (absolute pressure)、表压力 (relative pressure) 两类。以绝对真空作为零点压力标准的压力称为绝对压力。通常在其单位后面附加下标 "abs"。以大气压力作为零点压力标准的压力称为表压力。

表压力与绝对压力之间的关系为：绝对压力 = 表压力 + 当地大气压力    (4-4)

## 4.2  稳态压力的测量

### 4.2.1  绕流原理简介

压力探针 (pressure probe) 是经典的测压仪器。为了更好理解压力探针的工作原理，首先对绕流原理进行简要介绍。由上节论述可知，无粘理想不可压缩流体沿着水平方向稳定流动时，其静压与动压之和沿着流线保持不变，即

$$p_0 = p_s + \frac{1}{2}\rho c^2 = \text{const} \tag{4-5}$$

式中 $p_0$ 为滞止压力。

若一物体置于流场中，其表面某点处的流体压力为 $p_{s1}$，流速为 $c_1$，则

$$p_{s1} + \frac{1}{2}\rho c_1^2 = p_s + \frac{1}{2}\rho c^2 \tag{4-6}$$

引入压力系数 $K_p = \dfrac{(p_{s1} - p_s)}{(\rho c^2/2)}$，由流体力学知识可知，在任何被绕流的物体上都存在流速为 0 的一些点，这些点称为临界点，或滞止点，这些点上的压力即滞止压力 $p_0$：

$$p_{s1} = p_s + \frac{1}{2}\rho c^2 = p_0 \tag{4-7}$$

不难看出，滞止点处的压力系数 $K_p = 1$。在被绕流物体的表面也存在着流体的压力等于来流静压力的点，即 $p_{s1} = p_s$ 的点，显然这些点处的 $K_p = 0$。

如图 4-1、图 4-2 和图 4-3 分别给出了流体绕流圆柱形、球形、半球形物体时，其表面的压力分布曲线。对于圆柱形物体，当 $\varphi = 0°$ 时，$K_p = 1$，因此圆柱表面的最前缘 A 点为临界点。而当 $\varphi = 30°$ 时，$K_p \approx 0$，然而此处的曲线斜率较大，压力变化较为剧烈，不易获得稳定的压力。当 $\varphi = 140° \sim 220°$ 时，$K_p \approx -0.5$，虽然 $K_p \neq 0$，然而此范围内曲线斜率较小，压力较为稳定。

对于球形物体绕流，临界点依旧位于 $\varphi = 0°$，当 $\varphi = 140° \sim 220°$，$K_p \approx 0$，即 $p_{s1} = p_s$。

对于半球形端部的圆柱体绕流问题，其临界点位置和圆柱以及球形绕流一样，位于端部，即 $x=0$ 的点。$K_p=0$ 的点则在离半球端部 $3d$($d$ 为圆柱直径) 处的圆柱表面上。

稳态流动内部的压力测量探针就是依据上述绕流特性所设计和使用的，下面将对它们进行阐述。

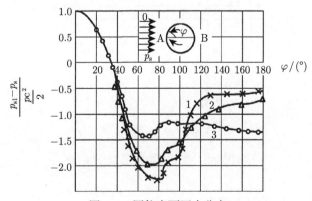

图 4-1　圆柱表面压力分布

1-$Re$=2.12×$10^5$; 2-$Re$=1.66×$10^5$; 3-$Re$=1.06×$10^5$

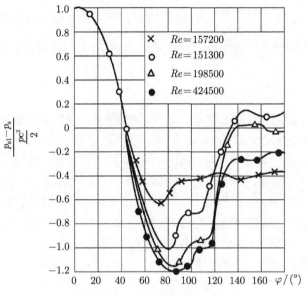

图 4-2   沿球形表面的压力分布

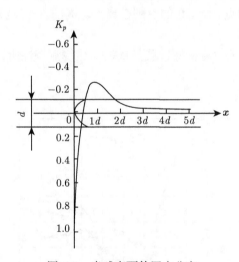

图 4-3   半球表面的压力分布

### 4.2.2   流体静压的测量及静压探针

由上节论述可知，静压与动压之和沿流线不变，且流体的动压是速度的函数，故流体的静压也与流体速度相关。在流道横截面上的流速往往是呈非线性分布的，因此各点的流体静压力是不相等的。静压的测量有两类，测量作用于流道壁面上的静压力和测量流体中某一点的静压力。

1. 流道壁面上的静压力

为获取流道壁面上的静压力, 可通过在流道壁面上开静压孔的方式进行测量, 该测压孔应满足如下条件:

(1) 测压孔应开在直线形管壁上。

(2) 测压孔的轴线应与壁面垂直。

(3) 测压孔的直径为 0.5mm 左右, 最大不应超过 1.5mm; 孔径过大会引起附近流线的严重变形, 形成旋涡, 带来较大误差; 而孔径过小, 则加工困难, 容易堵塞, 测量反应迟缓。

(4) 测压孔的边缘应整齐和光洁。

2. 流体内部某点的静压力

当需要获取流场内部任一点的静压力时, 可选用静压探针来进行测量。置入流场中的探针必须与流线方向平行, 且不改变测压区的流线。静压探针通常有如下几种:

(1) "L" 形静压探针

该型探针是将一细管弯成 "L" 形而制成的, 其结构简单、加工容易、性能较好, 曾获得广泛应用。如图 4-4 所示, 为将探针对流场的影响降至最小, 其头部为半球形, 测压孔应开在距离端部至少 3 倍管径处探针的侧表面。为避免支杆的干扰, 测压孔中心至支杆的距离至少应为 8 倍管径。因此, 该型探针的轴向尺寸较大, 且其对来流方向角度的变化十分敏感, 为表征该敏感程度, 将造成测量误差为速度头 1% 的偏流角 $\alpha$ 定义为不敏感偏流角。对于该型探针而言, 当速度系数 $\lambda \leqslant 0.85$ 时, $\alpha = \pm 6°$。故其适用于流道尺寸较大, 且流场内部旋转不大的场合, 如压缩机和叶片泵进出口流体静压的测量。

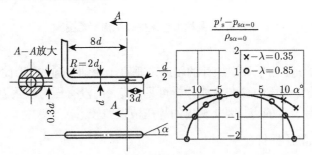

图 4-4 "L" 形静压探针结构及其特性曲线

(2) 圆柱形静压探针

圆柱形静压探针由一根圆柱形的细管制成, 如图 4-5 所示, 根据圆柱绕流的特性, 测压孔应该开在背向流体流动方向的一面。当速度系数一定时, 在 $-40° < \alpha <$

40° 的范围内, 由其测得的静压 $p_s$ 保持不变, 因此, 该型探针可用于二维流场中的静压力测量。

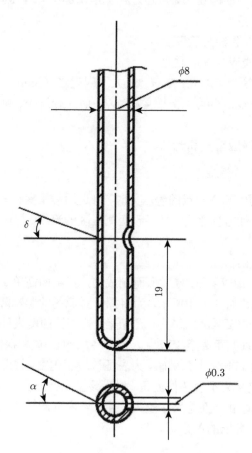

图 4-5    圆柱形静压探针结构示意图

值得注意的是, 由于该型探针的轴线是垂直于流动方向的, 因此对流场的扰动较大, 对扰流物体的压力分布曲线分析可见, 其表面没有压力系数为 0 的点, 只有压力系数近似等于零的点, 因此测出的静压值误差较大。

(3) 导管式静压探针

如图 4-6 所示, 该探针的测压孔位于导管上, 相当于将流场内某点的静压测量变为了流道壁面上流体静压力的测量。其主要应用于三维流动中静压的测量, 其对流动方向变化的不灵敏角度是 $\alpha = \pm 30°$, $\delta = \pm 20°$。由于导管加工精度要求较高, 工艺复杂, 探针体积较大, 故其应用受到一定限制。

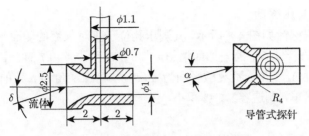

图 4-6 导管式静压探针结构示意图

### 4.2.3 总压力的测量及总压探针

1. 总压探针的原理及类型

由绕流理论可知,流体中某点的总压力等于流体中被绕流物体上临界点的滞止压力。总压探针就是依据该原理设计而成的。常见的总压探针有如下几种:

(1) "L" 形总压探针

如图 4-7 所示,"L" 形总压探针与 "L" 形静压探针相似,不同之处在于其测压孔是位于正对来流方向的探针端部。其对流向偏斜角的灵敏度由探针端部的形状、圆柱管外径 $d_1$ 和测压孔径 $d_2$ 决定。对于 $d_2/d_1=0.3$ 的探针,其对 $\alpha$ 的不灵敏度位于 $\pm 5° \sim 15°$。

在低速流动中,当探针与流线平行时,"L" 形总压探针的修正系数与探针头部形状、测压孔直径以及前缘到支杆的距离无关。在存在总压梯度的流场中,采用 "L" 形探针测量总压可得到较高的精度,这是因为测压孔距离支杆较远,受其影响较小的缘故。

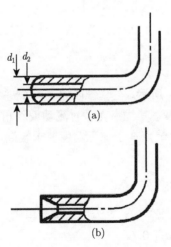

图 4-7 "L" 形总压探针结构示意图

(2) 圆柱形总压探针

圆柱形总压探针如图 4-8 所示,其测压孔位于正对来流的侧面上,其对流体偏斜不灵敏度 $\alpha$ 随着 $d_2/d_1$ 的增加而增加,当 $d_2/d_1$ 为 0.4~0.7 时,$\alpha$ 角的不灵敏区间为 $\pm(10° \sim 15°)$,$\delta$ 角的不灵敏区间为 $\pm(2° \sim 6°)$。($\alpha$ 角和 $\delta$ 角的含义见图 4-5) 该型探针结构简单,制造容易,体积小,便于安装。

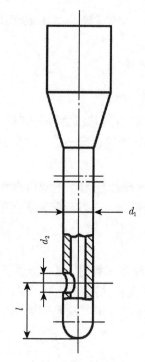

图 4-8  圆柱形总压探针结构示意图

(3) 套管式总压探针

该型探针结构如图 4-9 所示,在套管内腔有一个进口收敛器和导流管,使得套管内流动的方向可保持不变。其优点在于对流动偏斜角 $\alpha$ 和 $\delta$ 的不灵敏度范围较大,可达 $\pm(40° \sim 50°)$。其缺点在于加工精度要求较高,尺寸较大,安装和使用受到一定限制。

**2. 总压探针的选用原则**

(1) 在 $\delta \leqslant 15°$ 的三元流体中,可选用结构简单的 "L" 形探针,其结构尺寸的最佳值为 $l/d \geqslant 2 \sim 3$, $d_2/d_1=0.7$。

(2) 在 $\delta \leqslant 35° \sim 45°$ 的三维流场中,应采用套管式总压探针。

(3) 在 $\delta \leqslant \pm 4° \sim 6°$ 的二维流体中，可选用结构简单、尺寸小的圆柱形探针，其最佳尺寸为 $l/d \geqslant 1.5$，$d_2/d_1 = 0.7$。

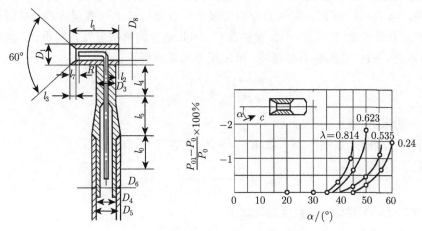

图 4-9 套管式总压探针结构示意图

## 4.2.4 压力探针的测量误差分析

### 1. 探针对流场的扰动

使用探针测量总压或静压时，由于需要将探针置于流场内部，故必然会对原本的流动状态带来扰动 (disturbance)，使得探针附近的流线发生弯曲，从而改变局部流体的压力分布。为了尽可能减小探针对流动的扰动，应将探针的尺寸做得尽量小。

### 2. 测压孔对测量值的影响

测压孔的不规则形状、测压孔轴线与流线不垂直、测压孔孔径过大等都会引起静压测量的误差。因为当流体流经测压孔时，流线发生弯曲，流线沉入到孔中产生离心力，这将增加测压孔内的压力，使得所测得的压力高于流体的真实静压力值。该差值的大小与流体速度、测压孔形状、尺寸和方向相关。

### 3. $Ma$ 对测量值的影响

在气流的压力测量中，$Ma$ 较大意味着气体的压缩性必须要予以考虑，即需考虑气流密度的变化。在超声速情况下，探针上会有局部激波产生，其改变了局部气流压力，给静压和动压的测量带来了误差。在亚声速气流中，对于头部为半球形的 "L" 形探针，当 $d_2/d_1 = 0.3$、$\alpha$ 较小时，测量值与 $Ma$ 无关。

4. $Re$ 对测量值的影响

由伯努利方程给出的总压、静压和动压之间的关系是在理想流体假设下得到的，而实际流体是有黏性的，当流体绕探针流动时，沿探针表面的压力分布与 $Re$ 数有关。当 $Re > 30$ 时，黏性的影响受限于沿管壁很薄的边界层内部，从而流体内部的压力通过该边界层时不会发生改变，因此粘性的影响可以忽略不计。然而当 $Re < 30$ 时，粘性的影响不容忽略，可采用下式进行修正：

$$\frac{p_0 - p_s}{\rho c^2 / 2} = 1 + \frac{a}{Re} \tag{4-8}$$

式中，$a$ 为常数，$a \approx 3 \sim 5.6$。

在临界点的无量纲压力系数 $K_{p_0}$ 与 $Re$ 数的关系可由下式给出：

$$K_{p_0} = 1 + \frac{4C_1}{Re + C_2 \sqrt{Re}} \tag{4-9}$$

式中，$C_1$、$C_2$ 为常数，其数值选取如下：

(1) 对于半球形，$C_1 = 2.0$，$C_2 = 0.398$；

(2) 对于球形，$C_1 = 1.5$，$C_2 = 0.455$；

(3) 对于圆柱形，$C_1 = 1.0$，$C_2 = 0.457$。

5. 速度梯度对测量值的影响

当所测量的流场具有横向速度梯度时，探针前缘滞止的流体会产生一个向高速区增加的滞止压力梯度。这种表面压力梯度在前缘边界层内会引起流体流动，并在探针附近导致流体轻微 "下冲"。此外，沿探针表面的粘性在高速区较强，这也会增加向低速区的 "下冲"。流体这种 "下冲" 作用对静压测量会产生影响，其作用类似于在均匀流体中探针稍微偏斜了一个角度产生的影响。

在探针支杆的前缘，也会产生一个滞止压力梯度，如图 4-10 所示，并沿探针前缘向低速区下冲，这将使得测压孔附近的流线偏斜，造成测量误差。为了消除该影响，测压孔的位置应该远离支杆，通常建议静压孔离支杆的距离为 $8d$。

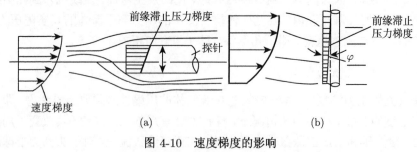

图 4-10   速度梯度的影响

(a) 对探针头部的影响；(b) 对探针支杆的影响

# 4.3 稳态压力指示仪表

## 4.3.1 液柱式压力计

液柱式压力计 (liquid column manometer) 是用一定高度的液柱所产生的静压力平衡被测压力的方法来测定压力的测量仪器。它价格低,而且在 $\pm 0.1$MPa 范围内有较高的准确度,故被广泛地应用于流体压力的测量,包括测量低压、负压和压差,主要形式有 U 形管压力计和斜管压力计。

### 1. U 形管压力计

U 形管压力计可用于测量液体或气体的相对压力和压力差。其结构如图 4-11 所示,其由一根灌注有一半容积的液体 (常用水、水银、酒精或油等介质) 的 U 形玻璃管和一根标尺所组成,被测压力为

$$p = hg(\rho - \rho_m) \tag{4-10}$$

式中,$h$ 为液柱的高度差;$g$ 为重力加速度;$\rho$、$\rho_m$ 是工作液体和液面上介质密度。当 $\rho_m \ll \rho$ 时,上式可近似为

$$p = hg\rho \tag{4-11}$$

一般来说,U 形管压力计的管径不小于 8~10mm,且其管径大小应上下一致。由于水在较小管径的玻璃管内会产生毛细管现象 (capillarity),故管径较小的压力计一般采用酒精作为工作液体。

当压力差一定时,工作液的密度可以决定 U 形管压力计的灵敏度。在同样的压力差下,工作液为水的液柱高度要比工作液为水银的高;在 25 ℃下,水银的密度约为水的密度的 13.5 倍。因此常常采用水银式 U 形压力计测量较大的压力或压差。另外,由于水和水银的表面张力不同,充装水银的 U 形管压力计内的液柱上表面呈凸状曲面,采读压力数据时,应从凸状曲面的顶点开始算起;相反,充装水的 U 形管压力计内的液柱面呈凹状曲面,应从它的凹状曲面顶点开始读数。

### 2. 斜管压力计

斜管压力计 (inclined-tube manometer) 的特点是具有放大压力或压力差的作用,工作液为较纯的酒精。其结构如图 4-12 所示,将玻璃管倾斜放置,以更好地显示微小压力值。斜管的刻度范围一般为 250mm。假设斜管的倾角为 $\alpha$,斜管内液体长度为 $l$,则与被测压力相平衡的液柱高度 $h$ 为

$$h = l(\sin\alpha + A_1/A_2) \tag{4-12}$$

其对应的压力为

$$p = \rho g l(\sin\alpha + A_1/A_2) = Kl \qquad (4\text{-}13)$$

式中，$A_1$、$A_2$ 分别为玻璃管和容器的横截面积；$\rho$ 为工作液体密度；$K$ 为常数，$K = \rho g(\sin\alpha + A_1/A_2)$。

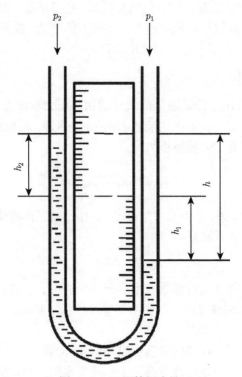

图 4-11　U 形管压力计

　　常用的斜管压力计上有一个弧形支架，上面有 0.2、0.4、0.6、0.8 刻度，即为 $K$ 的值，测量时只要将支管上的 $l$ 读出，乘以所对应的 $K$ 值，即为所测压力或压差的大小。此时测量单位为 $mmH_2O$，可依需要转换为国际单位 Pa。这种压力计的测量范围一般为 0~2000Pa。

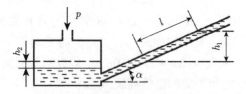

图 4-12　斜管式微压计结构示意图

### 4.3.2　弹性式压力计

顾名思义, 弹性式压力计是采用弹性元件 (elastic element) 作为敏感元件来感受压力, 并以其受压变形后所产生的作用力与被测压力相平衡的原理所制成的。

目前常用的弹性式压力计有: 弹簧管压力计、膜片式压力计、膜盒式压力计、波纹管压力计等。

#### 1. 弹簧管压力计

如图 4-13 所示, 弹簧管压力计 (spring-tube manometer) 由弹簧管、齿轮传动机构和指针等部件组成。其中, 弹簧管是一根一端固定的 C 形椭圆截面管子, 管子的自由端是封闭的, 在其内部加压以后, 其截面受力而变圆, 使得弹簧管伸展, 自由端产生位移, 借助拉杆和齿轮传动机构, 使得固定于齿轮上的指针旋转, 从而指示出被测量的压力值。弹簧管的端部位移量不能太大 (最大为 2~5mm), 为了增大该变形量, 可采用盘旋形或螺旋形的弹簧管。

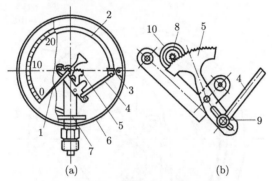

图 4-13　弹簧管压力计示意图
(a) 压力计; (b) 传动部分
1– 指针; 2– 弹簧管; 3– 接头; 4– 连杆; 5– 扇形齿轮;
6– 壳体; 7– 基座; 8– 齿轮; 9– 铰链; 10– 游丝

弹簧管压力计可分为普通型压力计、密封型压力计、充油型压力计、压差计、双针型压力计等。

为了保证弹簧管压力计正确指示和长期使用, 在应用中需要注意以下规定:

(1) 仪表应工作在正常允许的压力范围内;

(2) 仪表应在环境温度为 –40 ~60 ℃, 相对湿度大于 80% 的条件下使用;

(3) 仪表安装处与测定点之间的距离应尽量短, 以免指示滞后;

(4) 在振动情况下使用仪表时需要安装减振装置;

(5) 测量结晶或粘度较大的介质时, 需要加装隔离器;

(6) 仪表必须垂直安装, 而且无泄漏现象;

(7) 仪表的测定点与仪表安装处应在同一水平位置上, 否则将产生附加高度差, 必要时应加以修正;

(8) 如果测量易爆炸、腐蚀性和有毒的流体作用压力时, 应使用特殊的仪表。氧气压力表严禁接触油类, 防止爆炸;

(9) 仪表必须定期校验, 合格后方能使用。

### 2. 膜片式压力计

膜片式压力计 (diaphragm pressure gauge) 利用金属膜片作为压力感应元件, 膜片为四周固定的圆形薄片, 当膜片两侧面压力不同时, 膜片中部将产生朝向低压侧的变形, 该位移经过传动机构的放大使指针发生偏转。其结构如图 4-14 所示。膜片除了平面膜片外, 还有波纹膜片。波纹膜片是一种压有环状同心波纹的圆形薄膜, 其灵敏度较平面膜片高, 因此其应用较为广泛。

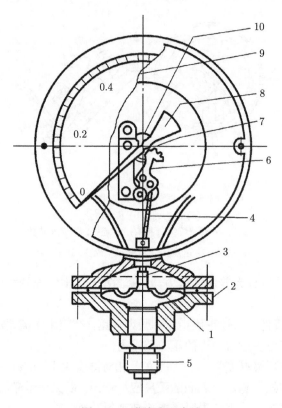

图 4-14   膜片式压力计

1– 膜片; 2– 凸缘; 3– 小杆; 4– 推杆; 5– 接头;

6– 扇形齿轮; 7– 小齿轮; 8– 指针; 9– 刻度盘; 10– 套筒

采用不锈钢膜片的膜片式压力计可用于测量对铜和钢及其合金有腐蚀作用或粘度较大的介质的压力或真空度。若采用敞开法兰式或隔膜式结构,还可测量高粘度、易结晶或高温介质的压力或真空度。膜片式压力计的测量范围一般为 0~6.0MPa,精度一般为 2.5 级。

### 3. 膜盒式压力计

膜盒式压力计 (capsule pressure gauge) 的压力感应元件是利用两个金属膜片相对焊接而成的,其特性因波纹形状和焊接方式的不同而不同。其与膜片式压力计相比,增加了中心位移量,从而提高了灵敏度。其示意图如图 4-15 所示。为了进一步提高其灵敏度,还可采用多个膜盒串联组合制成多膜盒式压力计。对于膜盒材料为磷青铜的压力计,使用时应保证被测介质对铜合金无腐蚀作用。

膜盒式压力计可用于气体微压和负压的测量,也可实现越限报警,其最大量程为 40000Pa,精度一般为 2.5 级。

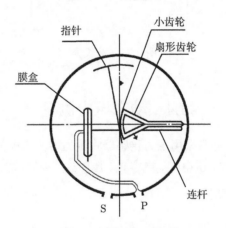

图 4-15 膜盒式压力计

### 4. 波纹管压力计

波纹管压力计 (bellows pressure gauge) 采用波纹管作为感压元件。波纹管是一种表面上有许多同心环状波形皱纹的薄壁圆管,如图 4-16 所示。波纹管分为单层和多层两种,多层波纹管内部应力小,可承受压力较高,耐久性好,但各层间存在摩擦力,增大了其迟滞误差。

由于波纹管容易变形,因此其灵敏度较高,在测量低压时它比弹簧管和膜片灵敏得多。但其缺点在于迟滞性强 (可达 5%~6%),为克服该缺陷,可将刚度比其大 5~6 倍的弹簧与其一起使用,将弹簧置于管内,这样可使迟滞性减弱至 1%。

采用铍青铜波纹管的压力计滞后性弱 (0.4%∼1%)，特性稳定，其工作压力可达 15 MPa，工作温度可达 150 ℃。当要求在高压或有腐蚀性的介质中工作时，应采用不锈钢波纹管制成的压力计。

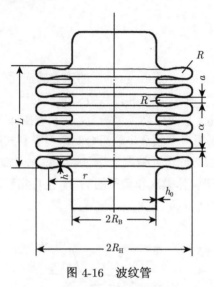

图 4-16　波纹管

# 4.4　动态压力测量

测量动态压力时，通常采用压力传感器将压力转变为电信号来进行测量。常见的压力传感器有应变式、压电式、电容式、压阻式、电感式等传感器。

### 4.4.1　应变式压力传感器

#### 1. 应变效应

金属导体或半导体在发生机械变形时，其电阻值均会发生变化，这种现象叫做应变效应 (strain effect)。由物理学可知，长度为 $l$，截面积为 $S$，电阻率为 $\rho$ 的导体，其电阻值为

$$R = \rho \frac{l}{S} \tag{4-14}$$

对上式进行全微分，可得

$$\mathrm{d}R = \frac{l}{S}\mathrm{d}\rho + \frac{\rho}{S}\mathrm{d}l - \frac{\rho l}{S^2}\mathrm{d}S \tag{4-15}$$

电阻的相对变化为

$$\frac{\mathrm{d}R}{R} = \frac{\mathrm{d}\rho}{\rho} + \frac{\mathrm{d}l}{l} - \frac{\mathrm{d}S}{S} \tag{4-16}$$

对于截面为圆形的金属丝，则有 $S = \pi r^2$（$r$ 为金属丝的半径），$\mathrm{d}S = 2\pi r \mathrm{d}r$，因而有

$$\mathrm{d}S/S = \frac{2\pi r \mathrm{d}r}{\pi r^2} = 2\mathrm{d}r/r \tag{4-17}$$

由材料力学可知，轴向应变与横向应变的关系为

$$\mathrm{d}r/r = -\mu \frac{\mathrm{d}l}{l} \tag{4-18}$$

式中，$\mu$ 为泊松系数。所以

$$\mathrm{d}S/S = -2\mu \frac{\mathrm{d}l}{l} \tag{4-19}$$

电阻率的变化是由压阻效应引起的，它和应力 $F$ 之间的关系为 $\mathrm{d}\rho/\rho = \pi_e F$（$\pi_e$ 为压阻系数）。由材料力学的胡克定律可得应变与应力之间的关系为

$$F = E\varepsilon = E\frac{\mathrm{d}l}{l} \tag{4-20}$$

式中，$E$ 是弹性模量；$\varepsilon$ 是应变。

综合上面各式，可得

$$\frac{\mathrm{d}R}{R} = \pi_e E\frac{\mathrm{d}l}{l} + \frac{\mathrm{d}l}{l} + 2\mu\frac{\mathrm{d}l}{l} = (1 + 2\mu + \pi_e E)\frac{\mathrm{d}l}{l} = (1 + 2\mu + \pi_e E)\varepsilon = K\varepsilon \tag{4-21}$$

式中，$K = 1 + 2\mu + \pi_e E$ 称为应变丝的灵敏度系数。对于一般的金属丝，$\pi_e E$ 值很小，可忽略，因此 $K \approx 1 + 2\mu$，一般 $K$ 介于 $1 \sim 2$。对于半导体材料，$\pi_e E$ 较大，$\pi_e E \geqslant 1 + 2\mu$，因此 $K \approx \pi_e E$。$K$ 值通常在 60~170。由此可见，半导体应变片 (semiconductor strain gage) 的灵敏度较高，但由于它受温度变化的影响较大，性能不稳定，所以一般仍采用金属材料制作应变片。

### 2. 应变片及其性能

金属电阻应变片一般分为两类，一类是丝式应变片，一类是箔式应变片。丝式应变片结构如图 4-17 所示，它以一根金属丝弯曲后贴在衬底上，电阻丝两端焊有引出线。

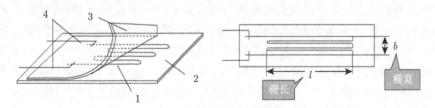

图 4-17　金属丝式应变片

1- 敏感栅；2- 基底；3- 盖片；4- 引线

应变片的几何尺寸为基长 $l$ 和栅宽 $b$。$l$ 一般在 3～75mm 范围内变动；$b$ 的变化范围是 0.03～10mm。常用于制作应变片的金属材料有：康铜、镍铬合金、铁镍铬合金及铂铱合金等。

箔式应变片是利用照相、光刻技术将金属箔腐蚀成丝栅制成的，如图 4-18 所示。由于它散热性强，能承载较大的工作电流，从而灵敏度较高，此外它耐蠕变和漂移的能力强，可做成任意形状，便于批量生产，成本较低，因此，箔式应变片较丝式应变片更受欢迎。

图 4-18  金属箔式应变片

半导体应变片具有灵敏度高，频率响应高的优点，目前国内半导体应变片商品的电阻值范围在 5～50Ω，由于它体积小，故可用于制作微型传感器。

3. 应变片的温度误差及其补偿

应变片的电阻变化受温度影响很大，在动态测量中，如果不排除这种影响，则将会给测量带来很大的误差。这种由于环境温度改变而导致的误差，称为应变片的温度误差，又称为热输出。造成温度误差的原因为①敏感栅的金属丝电阻本身随温度变化发生变化；②应变片材料和试件材料的线膨胀系数不一样，使应变片产生附加变形，从而造成电阻变化。为修正该误差，通常采用补偿的办法，如常用的电桥补偿法和应变片自补偿法。

(1) 电桥补偿法

最常用的和效果较好的是电桥补偿法，电桥补偿法有两种。对于第一种方法，准备一块与测试件相同材料的补偿件和两片参数相同的应变片，将其中的一片应变片贴于测试件上，另一片应变片贴在与试件处于同一温度场中的补偿件上，然后将两片应变片接入电桥的相邻两臂上，这样由于温度变化而引起的电阻变化就会互相抵消，电桥的输出将与温度无关而只与试件的应变有关。另一种方法是不用补偿件，而是将测试片和补偿片贴于试件的不同的部位，这样其既能起到温度补偿作用，又能提高输出灵敏度。当测试件变形时，测试片和补偿片的电阻将一增一减，因此电桥输出电压增加一倍，从而提高了灵敏度。

### (2) 应变片自补偿法

在无位置可以安放补偿件的情况下，出现了一种自身具有温度补偿作用的应变片，这种应变片称为温度自补偿应变片。温度自补偿应变片的应变丝是由两种不同的材料组成的，当温度发生变化时，它们所产生的电阻的变化相等。将它们接入电桥的相邻两臂，则电桥的输出就与温度无关。

### 4. 应变式压力传感器

应变式压力传感器是由应变片粘贴在感压弹性元件上构成的，它可将被测压力的变化转换成电阻的变化。感压弹性元件根据被测压力的不同可有不同的形式，通常有悬臂梁、圆形薄片、圆筒等形式，如图 4-19 所示。

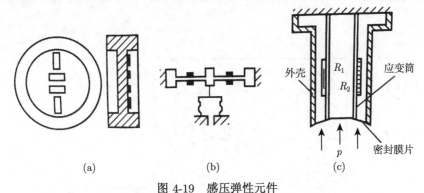

图 4-19 感压弹性元件

(a) 圆膜片；(b) 弹性梁；(c) 应变筒式压力传感器

### 5. 固态应变式压力传感器

固态应变式压力传感器是一种新型的压力传感器，严格来说也属于应变式压力传感器的一种。它是采用集成电路工艺在单晶硅膜片上扩散一组等值应变电阻制成的，硅膜片置于传感器的压力腔体内，当压力发生变化时，硅膜片产生应变，硅膜片上扩散形成的电阻将产生与被测压力成比例的变化。所以传感器的核心部分是单晶硅膜片，它既是压敏元件，又是变换元件。

固态应变式压力传感器的输出有两种形式：模拟电压和频率信号。固态传感器具有诸多优点，如精度高 (误差可小至 0.1%~0.05%)、灵敏度高 (灵敏度系数为 100~200)、重复性强、迟滞性弱、尺寸小、重量轻、结构简单、可靠性高、能在恶劣的环境下工作、抗干扰能力强。其缺点是对温度敏感，需要进行温度误差补偿。

## 4.4.2 压电式压力传感器

晶体是各向异性的，非晶体是各向同性的，某些晶体介质，当沿着一定方向受到压力作用发生变形时，内部就产生极化现象，同时在表面上产生电荷；当机械力撤掉之后，又会重新回到不带电的状态。也就是说，某些电介质材料，受到压力的时候会产生出电的效应，这就是所谓的压电效应 (piezoelectriceffect)。压电式压力传感器 (piezoelectric pressure transducer) 的工作原理正是这种压电效应。

目前压力传感器中使用的压电材料主要有三类：一类是压电晶体 (单晶)，如石英晶体、铌酸锂等；一类是压电陶瓷 (多晶半导瓷)，如钛酸钡、铌酸盐系、铌镁酸铅等；另一类是高分子压电材料，如聚氟乙烯等。

压电式压力传感器的结构如图 4-20 所示，其主要由感压弹性膜片、垫块、压电晶体及引出线、绝缘体等组成。被测压力通过感压膜片施加到压电晶体上，压电晶体产生的电荷由压在压电晶体间的垫片导出。整个传感器具有自保护功能，可以防止在被测压力的作用下产生破裂。传感器的头部具有螺纹，以便旋入被测压力腔内。

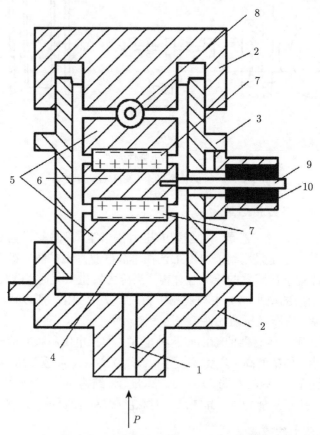

图 4-20　压电式压力传感器结构示意图

1- 压力接头；2- 压盖；3- 钢筒；4- 膜片；5- 钢垫块；

6- 铜垫块；7- 压电晶体；8- 压紧珠；9- 引出线；10- 绝缘体

压电式压力传感器输出的是电荷，只有在外电路负载无穷大，内部无漏电时，压电晶体表面产生的电荷才能长时间保持下来，但实际上负载不可能无穷大，内部也不可能完全不漏电，所以通常采用高输入阻抗的放大器来代替理想的情况，即引入外部的电荷放大器来实现电荷的有效测量。

压电式压力传感器具有体积小、结构简单、可测频带宽、无惯性、滞后小等优点，但由于无法避免漏电，故不宜测量频率太低的压力信号，特别是静态压力。

压电式压力传感器属于发电类传感器，它在外力作用下无需外界提供电源就有电压输出。这类传感器的最大特点是自振频率高，可达 200kHz。因此压电式压力传感器最适合于测量高频动态压力，如火箭发动机压力、飞机发动机燃烧室压力、火炮冲击波压力；也能用于测量高超声速脉冲气流的激波压力。在这些恶劣环境中，其他类型的传感器很难胜任，而压电式压力传感器则具备这样的条件。

压电式压力传感器的缺点是低频性能差，此外传感器壳体和压电元件的线膨胀系数相差很大，在温度改变时会引起晶体片原来所受的预紧力发生变化，导致传感器零点漂移，严重时会影响其灵敏度和线性度。

### 4.4.3 电容式压力传感器

#### 1. 工作原理

由绝缘介质分开的两个平行金属板组成的平板电容器，当忽略边缘效应影响时，其电容量可表示为

$$C = \varepsilon_0 \varepsilon_r \frac{A}{\delta} \tag{4-22}$$

式中，$\varepsilon_0$ 为真空介电常数，$\varepsilon_0 = 8.854 \times 10^{-12} \text{F/m}$；$\varepsilon_r$ 为极板间介质的相对介电常数，F/m；$A$ 为极板的有效面积，$\text{m}^2$；$\delta$ 为两极板间的距离 (极距)，m。

若被测量压力的变化使式中 $\delta$，$A$，$\varepsilon_r$ 三个参量中任意一个发生变化，都会引起电容量的变化，则通过测量电路即可将压力转换为电量输出。此即为电容式传感器 (capacitance pressure transducer) 的工作原理。

#### 2. 电容式压力传感器的类型

根据影响平行板电容器电容的因素如极板间的距离、极板间的遮盖面积和极板间介质的介电常数，可将平行板电容器分为变极距型、变面积型和变介质型三种类型。作为测压的电容式传感器一般只有变极距型和变面积型。

变极距型电容式压力传感器如图 4-21 所示。变极距型电容式压力传感器的灵敏度与极距平方成反比，极距越小，灵敏度越高。一般通过减小初始极距来提高灵敏度。由于电容量 $C$ 与极距呈非线性关系，故将引起非线性误差。为了减小这一误差，通常规定测量范围。

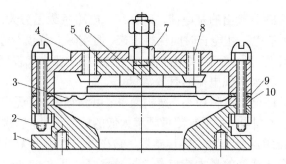

图 4-21　变极距型电容式压力传感器

1- 支座；2- 固定螺丝；3- 膜片；4- 定级片支座；5- 定级片陶瓷支架；6- 定级片；7- 定级片固定螺母；

8- 陶瓷支架的固定螺钉；9- 标准垫片；10- 垫片

变面积距型电容式压力传感器如图 4-22 所示。变面积距型电容传感器有角位移型和线位移型两种，线位移型又有平面线位移型和圆柱体线位移型两种。

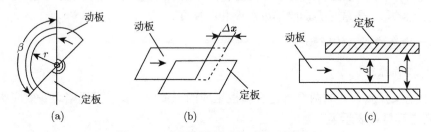

图 4-22　变面积距型电容式压力传感器

(a) 角位移型；(b) 平面线位移型；(c) 圆柱体线位移型

电容式压力传感器以感压弹性元件——金属膜片为电容器的活动极板，与固定在传感器壳体上的另一极板形成一电容器。当感受被测压力时，弹性膜片的变形就使得电容器极板之间的距离发生变化，从而导致了电容 $C$ 的变化，因此，通过测量电容 $C$ 的变化就可得到压力 $P$ 的变化。

电容式压力传感器的优点是灵敏度高，动态响应快，结构简单，输入能量低，不受磁场的影响。缺点是输出阻抗高，负载能力差，传感器与测量电路的连接导线的寄生电容影响大，输出为非线性。电容式传感器的测量电路通常有交流电桥、谐振电路和双 T 网络电路。

### 4.4.4　霍尔效应压力传感器

#### 1. 霍尔效应

若在某些金属或半导体薄片两端通以控制电流，并在此薄片的垂直方向上加上磁感应强度为 $B$ 的磁场，如图 4-23 所示。则在垂直于电流和磁场的方向上将产生一电动势, 这一现象称为霍尔效应 (Hall effect)。能产生霍尔效应的薄片称为霍尔元件。

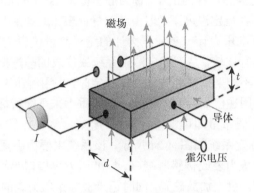

图 4-23　霍尔效应原理图

若霍尔元件的厚度为 $t$(mm), 磁感应强度为 $B$(T), 所加的控制电流为 $I_\mathrm{P}$(mA), 则霍尔电压 $V_\mathrm{H}$ 可用下式表示:

$$V_\mathrm{H} = \frac{R_\mathrm{H} I_\mathrm{P} B}{t} \tag{4-23}$$

式中, $R_\mathrm{H}$ 是霍尔系数。

霍尔元件一般采用半导体材料, 如锗、锑化铟、砷化镓、砷化铟等制作。

### 2. 霍尔效应压力传感器的结构及特性

霍尔效应压力传感器主要由感压弹性元件、霍尔元件及永久磁体等组成。霍尔元件与感压弹性元件相联接, 当被测压力使感压弹性元件变形时, 处在非均匀磁场中的霍尔元件就被带动, 产生位移, 使得施加于霍尔元件上的磁感应强度 $B$ 发生变化, 从而霍尔元件的输出电势发生变化。显然, 输出电势的变化与被测压力的大小有关。用霍尔效应压力传感器进行测量时应注意, 施加于霍尔元件上的控制电流必须是恒定的, 因此, 一般采用稳压电源供电。测量仪表可直接使用数字电压表。霍尔效应压力传感器具有较高的灵敏度, 测量仪表简单, 可配用通用的动圈仪表来指示结果, 能远距离指示或记录。霍尔效应压力传感器的缺点是受温度影响较大。

## 4.5　压力传感器及压力测量系统的标定

为了保证压力测量的精度, 测压仪表在首次使用前必须经过标定, 对于长期使用的仪表也要定期标定。标定可分为静态标定和动态标定两种。

### 4.5.1　静态标定

用实验的方法确定静态特性的工作，称为静态标定 (static calibration)。静态标定通常采用比较法，即在恒定温度下，把相对测量仪表 (如弹性式压力计和各种压力传感器) 的响应和标准压力计或参考压力计的绝对测量仪表 (如液柱式压力计、测压天平等) 的响应进行比较，从而确定测压系统或仪表的静态特性。

当标定压力很高，不能采用液柱式压力计标定时，采用测压天平的标定系统是理想的选择。用直接作用在已知活塞面积上的砝码重力来平衡待标定的压力，这样从已知的活塞面积和砝码重量即可求得待测压力值。

采用测压天平的标定系统如图 4-24 所示，该系统主要由手摇压力泵、带托盘的活塞、砝码、被标定压力表或传感器接口、标准压力表接口等组成。标定时，摇动手柄使托盘升起，在托盘上加放砝码，同时记录被标定压力表的读数或压力传感器的输出。另一种标定方法是，摇动压力泵的手轮，使系统内的压力逐渐升高，通过标准压力表读数，同时记录被标定压力表的读数或压力传感器的输出。用这种装置进行静标定，既方便又灵活，其标定范围为 $10 \sim 10^6 \text{kPa}$。

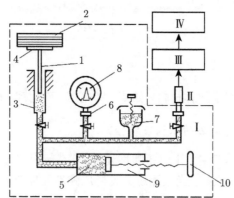

图 4-24　采用测压天平的静态压力标定系统

1- 活塞；2- 砝码；3- 活塞缸；4- 托盘；5- 工作液体；

6- 压力表接头；7- 油杯；8- 压力表；9- 加压泵；10- 手轮

### 4.5.2　动态标定

动态压力测量系统的标定就是要确定压力传感器或整个压力测量系统对试验信号 (通常是阶跃信号、脉冲信号和周期信号) 的响应，即求出传感器或整个压力测量系统的动态特性参数 (如频率响应函数、固有频率、阻尼比等)。确定测量系统的动态特性有两种方法：一是首先建立测量系统的数学模型，然后用试验函数来求解动态特性；二是用实验方法来确定动态特性。

这里只介绍用实验的方法进行动态标定的步骤。动态标定的压力源可分为两种形式,非周期性压力发生器和周期性压力发生器。下面以激波管 (shock tube) 为例对标定系统进行主要介绍。

激波管中有由膜片隔开的截面相同的两个空间,在一个腔内充以高压气体,另一个腔处于低压状态。当压差达到某一值时,膜片破裂,造成高压气体向低压腔膨胀,产生一个速度大于膨胀速度的冲击波,它和膨胀波相平行,一个压缩波在相反的方向行进。

利用激波可以得到压力脉冲,它的上升时间极短,约在 $10^{-9}$s,持续时间为几个微秒,压力幅值为几个帕到几十万帕。它是一个理想的阶跃压力信号发生器。

采用激波管进行动态标定的基本原理是由激波管产生一个阶跃压力来激励被标定的传感器,并将它的输出记录下来,经计算便可求得被标定压力传感器的传递函数。激波管型压力传感器动态标定系统原理如图 4-25 所示。它由激波管、高压气源、测速和记录几部分组成。气源部分用以给激波管高压腔提供高压压力,气瓶内的高压氮气是经过减压阀、控制阀调节后进入激波管的,控制阀用来控制进气量。膜片破裂后,立即关闭控制阀。减压阀和控制阀均装在操作台上。操作台上还装有放气阀和压力表。压力表用于读取膜片破裂时高压室和低压室的压力值。放气阀用于每次做完试验后将激波管内的气体放掉。

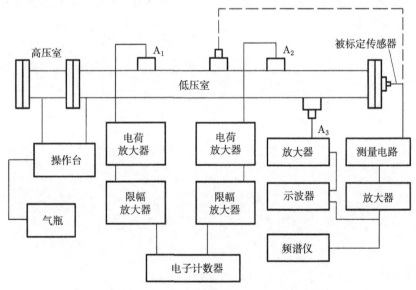

图 4-25　激波管型压力传感器动态压力标定系统示意图

用激波管标定压力传感器时,一般可以标定具有较高固有频率的传感器,其精度可达到 5%。

1) 根据压力的定义说明静止流体的静压和稳态运动流体的静压之间的差别。

2) 静压探针和总压探针在结构上有什么不同？它们分别是根据什么原理制成的？

3) 静压探针通常有哪几种型式？各有什么特点？

4) 总压探针通常有哪几种型式？总压探针选用的原则是什么？

5) 压力探针的测量误差是由哪些因素造成的？如何减小这些误差？

6) 常用的液柱式压力计有哪几种型式，各有什么特点？

7) 弹性式压力计通常有哪几种型式？试述它们的测压范围和使用注意事项。

8) 应变式传感器如何消除（或减小）由温度变化而引起的误差？

9) 试述压电式压力传感器的原理和特点。

10) 电容传感器的测量电路通常有哪几种？试述它们的工作原理和特点。

11) 试述霍尔传感器的原理和优缺点。

12) 试述压力传感器和压力测量系统静态标定的目的，并画出采用测压天平的静态标定系统原理图。

13) 如何确定压力传感器和压力测量系统的动态特性？常用的实验方法有哪几种？试述其原理。

# 第5章 流速测量

流体的流动速度 (flow velocity) 是一个矢量，它具有大小和方向，所以测量流体速度时，应同时测量其大小和方向。最为基本的测速方法为在测点上分别测得总压和静压，也可用速度探针直接测得总压和静压之差，然后用伯努利方程求得速度的大小。流体的方向可用方向探针来测量，根据流体速度的二维或三维特征，可以相应地用二元方向探针或三元方向探针测出流动的方向。

流速测量技术是能源与动力工程测试技术中最为丰富多彩的一个分支。正在应用的测速技术中，简单的与复杂的技术之间的跨度很大。

## 5.1　流体速度大小的测量

传统的流速测量方法以伯努利方程为基础，只要测出流体的总压，静压或者两者之差以及流体的密度，就可利用伯努利方程求出流体速度的大小。测压的方法在上一章已有详细的论述。

如图 5-1 所示的是常见的 L 形速度探针的最佳几何关系。探针头部临界点的中心孔用来测量流体的总压，侧面孔用来测量静压，如果把它们连接到同一个 U 形管上，便能得到确定流体速度的总压与静压之差。

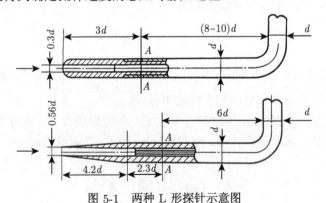

图 5-1　两种 L 形探针示意图

在平面流场中，流动方向与探针轴线的夹角称为流向偏斜角，用 $\alpha$ 表示，流向偏斜角 $\alpha$ 对 L 形速度探针的影响如图 5-2 所示，图中的压力系数分别为

$$K_{p_s} = (p_{s\alpha} - p_s)/(\rho c^2/2) \tag{5-1}$$

$$K_{p_0} = (p_{0\alpha} - p_0)/(\rho c^2/2) \tag{5-2}$$

$$K_{p动} = [(p_\alpha - p_{s\alpha}) - (p_0 - p_s)]/(\rho c^2/2) \tag{5-3}$$

式中，$p_0$，$p_s$ 分别为 $\alpha=0$ 时总压孔与静压孔的测量值；$p_{0\alpha}$，$p_{s\alpha}$ 分别为 $\alpha \neq 0$ 时总压孔与静压孔的测量值。

从图 5-2 中可以看出，对于头部为半球形的探针 (图中实线所示)，当流向偏斜角在 $\pm10°$ 的范围内变化时，探针的读数不改变，这是因为在这个范围内，总压和静压均下降，因而压差 $p_0 - p_s$ 保持不变。对于头部为锥形的探针 (图中虚线所示)，在流向偏斜角为 $\pm15°$ 时，总压保持不变，而静压却对流向偏斜角非常敏感，只要流向偏斜角 $\alpha \neq 0$，压力系数 $K_{p动} \neq 0$。

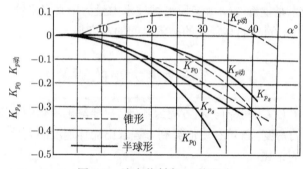

图 5-2　流向偏斜角 $\alpha$ 的影响

由此可见，L 形速度探针的头部形状对探针的特性影响很大。利用速度探针测量流体速度时，可按下式计算速度的大小：

$$c = [\alpha(p_0' - p_s')K_c/\rho]^{1/2} \tag{5-4}$$

式中，$K_c$ 是速度探针校正系数，由实验确定 $K_c = \dfrac{(p_0 - p_s)}{(p_0' - p_s')}$，它与探针头部形状、静压孔的位置以及感受部分的加工精度等有关。

除了使用最广泛的 L 形速度探针外，在一些特殊场合下，还可采用一些其他形式的探针如吸气式速度探针等。速度探针在使用前必须经过标定。

## 5.2　流动方向的测量

根据流体力学原理可知，如果在规则形状的物体表面开两个对称的小孔，当来流方向正对两孔的对称轴时，两孔感受的压力相等；若来流相对于对称轴有一不为零的偏角，则两孔感受的压力必然不相等。根据这一原理可设计出各类方向探针，来测量流动方向。

如果在两方向孔的对称轴上再开一个孔，则当流体按对称轴方向流向探针时此孔感受的压力为总压，而方向孔上感受的压力应为流体总压与静压之间的某一值。这样，只要预先将这种探针在校准风洞中进行标定，用开有三个测孔的探针就可以同时测出二维流场中流体的总压、静压、及流动速度和方向。

### 5.2.1　方向探针

如图 5-3 所示的是不同形式方向探针的简图。这类探针是基于流体对物体绕流时物体表面的压力与流动方向有确定关系的原理而工作的。

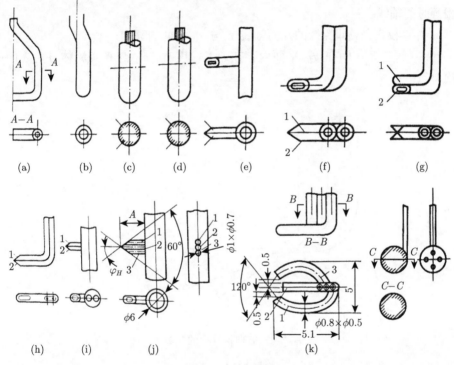

图 5-3　方向探针

方向测量通常有两种方法：对向测量和不对向测量。对向测量就是使探针绕其本身的轴转动，当两测孔所指示的压力相等时，两孔的对称中心就与流动方向一致。这时相对于一定的参考方向 (初始位置) 就可以决定流动方向角。不对向测量就是将两孔的对称轴固定在某一参考方向，测量两孔的压力差，根据校正曲线 (两孔压差与流动方向的关系) 确定流体方向。后面将对这两种测量进行详细介绍。

在三元流场中，有时要把对向测量和不对向测量结合起来使用，才能确定平面流向角和空间流向角。

在流动方向的测量中，要用到用来说明方向探针原理的一些参数，如图 5-4

所示。

图中:

$c$——速度;

$x,\ y,\ z$——参考轴;

$\alpha$——速度的平面流向角,即速度 $c$ 在 $xy$ 平面内的投影与 $x$ 轴的夹角;

$\delta$——速度的空间流向角,流向偏斜角,即速度与平面 $xy$ 的夹角;

$x$——探针两侧孔的几何对称轴;

$x_0$——探针的流体动力轴线,即在没有速度梯度的平面流场中,能使两孔压力相等时的轴线;

$\alpha_c$——校正角,即探针的几何轴线 $x$ 与 $x_0$ 之间的夹角;

$\varepsilon$——误差角,即在 $xy$ 平面内存在速度梯度时,$x_0$ 与真实流体方向之间的夹角。

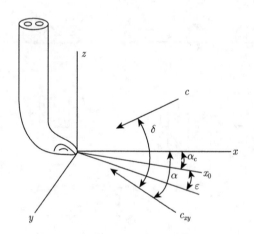

图 5-4　方向探针中的参数

对方向探针来说,灵敏度是一个很重要的指标,所谓方向探针灵敏度就是探针流体动力轴线 $x_0$ 与流动方向偏离单位角度时,在探针两侧孔之间产生的压差的大小,可用下式表示:

$$\Delta p = \frac{\mathrm{d}[(p_1 - p_2)/\frac{\rho}{2}c^2]}{\mathrm{d}\alpha} \tag{5-5}$$

如果流向偏斜角 $\alpha$ 较小,探针两侧孔压差 $p_1 - p_2$ 较大,则探针的灵敏度就高。每种方向探针,都可以找到一个用来测量流动方向的压力孔的最佳位置。

从流体绕流圆柱时在圆柱表面的压力分布曲线可以推得,在 $(p_1 - p_2)/(\rho c^2/2) = 0$ 的点,当流向偏斜角有微小变化时,两侧孔之间都会引起较大的压差。

### 5.2.2  二维流场中流向的测量

#### 1. 对向测量

在平面流场对向测量中，常用的方向探针有 L 形、U 形及圆柱三孔式探针。以圆柱形三孔式探针为例，其结构如图 5-5 所示，在一个圆柱形的杆上，离开端部一定距离 (一般大于 $2d$) 并在垂直于杆的轴线的同一平面上，开有三个孔，中孔用来测总压，两个侧孔以中孔为对称，并相隔 45°，用来测量流动方向。利用圆柱形三孔式探针测量流动方向的依据是：流体绕圆柱体流动时，在圆柱表面上任意一点的压力与流速的大小和方向有关，不同流动状态对应的压力分布曲线如图 5-6 所示。图中，理论和试验压力分布曲线之间发生差异的原因是在实际流体中，沿圆柱表面会产生边界层分离。层流时，分离点发生在最小压力点 ($\alpha = 90°$) 之前。而湍流时，流体的动量交换使最小压力点以后的流体边界层都不致分离。边界层的分离，使圆柱体表面的压力分布发生变化。如果分离是对称的，那么这个压力变化不会影响方向探针测量方向的精确性。从图 5-6 可以看出，在 $\alpha = 50°$ 之前，沿圆柱

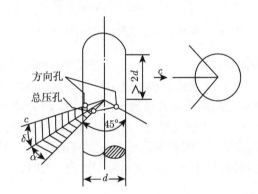

图 5-5  圆柱形三孔式探针

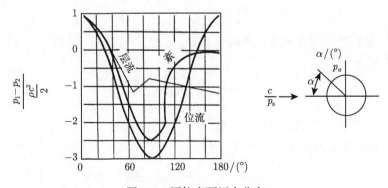

图 5-6  圆柱表面压力分布

表面的压力分布的理论曲线与试验曲线很接近。在 $\alpha$ 介于 $20° \sim 50°$，圆柱表面具有较大的压力梯度，所以方向孔应开在中间孔的两侧大约 $45°$ 角的位置，这时两孔对流动方向的变化特别敏感。

为了消除探针端部对测孔的影响，测孔离开端部的距离至少应为探针直径的 2 倍，图 5-7 所示的为探针头部形状和距离的影响。

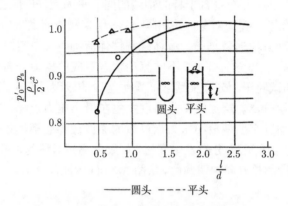

图 5-7 探针头部形状和距离对特性的影响

由于圆柱三孔探针结构简单，尺寸小 (压力感受部分的圆柱直径可小至 $2.5\text{mm}$)，使用安装方便，因此，广泛用于流体机械进出口处流体速度大小和方向的测量，它用于对向测量时，通常是把两个侧孔接到一个 U 形管压力计上，以测量两个侧孔的压差；探针中孔和其中一个侧孔接第二个压力计，以测量中孔和侧孔的压差；第三个压力计则与中孔连接，以测量中孔压力与大气压之差。当探针绕其本身轴转动，使得两侧孔压力相等时，探针中孔就对准了流向，这时，探针各孔所测的压力可以表示为以下形式：

中孔的压力为

$$p_2 = p_s + K_0 \rho c^2 / 2 \tag{5-6}$$

式中，$K_0$ 是探针中间孔的校正系数。

侧孔压力为

$$p_1 = p_s + K_1 \rho c^2 / 2 \tag{5-7}$$

式中，$K_1$ 是探针一个侧孔的校正系数。

中孔与侧孔压力差为

$$p_2 - p_1 = \left(p_s + \frac{K_0 \rho c^2}{2}\right) - \left(p_s + \frac{K_1 \rho c^2}{2}\right) = \frac{(K_0 - K_1)\rho c^2}{2} \tag{5-8}$$

由式 (5-6) 及式 (5-8)，得

$$p_s = p_2 - \frac{K_0}{K_0 - K_1}(p_2 - p_1) \tag{5-9}$$

将 $p_0 = p_s + \rho c^2/2$ 和式 (5-8) 代入式 (5-9)，得

$$p_0 = p_2 + (1 - K_0)(p_2 - p_1)/(K_0 - K_1) \tag{5-10}$$

流体速度的大小为

$$c = [2(p_2 - p_1)/(\rho(K_0 - K_1))]^{\frac{1}{2}} \tag{5-11}$$

因此，只要测得中孔压力 $p_2$ 及中孔与侧孔的压力差 $(p_2 - p_1)$，就可以用上述公式计算流体的静压、总压和速度。式中，压力 $p$ 都以表压来表示，当要求绝对压力时，加上当地大气压 $p_a$ 即可。$K_0$、$K_1$ 是探针校正系数，由实验确定，它们表征探针的总压和速度特性。实际上，在选用探针时，一般选用 $K_0 = 1$，这时中孔所测压力 $p_2$ 就是总压 $p_0$。

2. 不对向测量

(1) 基本原理

在圆柱三孔式探针中，流动方向、总压、静压和速度与三个测压孔所测出的压力有一定的函数关系，这些关系分别为探针的方向特性、总压特性、静压特性和速度特性。这些特性也称探针的校正曲线，它们都可在实验台上求得。

当势流横向流过绕流物体时，圆柱体表面上任意点的流体速度为

$$c_i = -2c \sin \alpha \tag{5-12}$$

把式 (5-12) 代入势流绕圆柱体流动的伯努利方程，有

$$\begin{cases} p_1 = p_s + [1 - 4\sin^2(\theta + \alpha)]\rho c^2/2 \\ p_2 = p_s + [1 - 4\sin^2 \alpha]\rho c^2/2 \\ p_3 = p_s + [1 - 4\sin^2(\theta - \alpha)]\rho c^2/2 \end{cases} \tag{5-13}$$

将上式变换就可得到流动方向与三孔压力的函数关系：

$$\frac{p_1 - p_3}{p_2 - \dfrac{p_1 + p_3}{2}} = -\frac{\sin(2\theta)tg(2\alpha)}{\sin^2 \theta} \tag{5-14}$$

又因 $p_s = p_0 - \dfrac{\rho c^2}{2}$，将其代入式 (5-13)，并变换可得流体总压 $p_0$、静压 $p_s$ 以

及代表速度特性的 $p_s/p_0$ 与 $\alpha$、$p_1$、$p_2$、$p_3$ 的函数关系：

$$\frac{p_2 - \dfrac{p_1 + p_3}{2}}{p_0 - \dfrac{p_1 + p_3}{2}} = \frac{(1 - tg^2\alpha)tg^2\theta}{tg^2\alpha + tg^2\theta} \tag{5-15}$$

$$\frac{p_2 - \dfrac{p_1 + p_3}{2}}{p_s - \dfrac{p_1 + p_3}{2}} = \frac{4\sin^2\theta}{\sec(2\alpha) - \cos(2\theta)} \tag{5-16}$$

$$\frac{p_1 + p_3}{2p_0} = 1 - 4(\sin^2\alpha\cos^2\theta + \cos^2\alpha\sin^2\theta)\left(1 - \frac{p_s}{p_0}\right) \tag{5-17}$$

当侧孔 1 和 3 与中心孔 2 的夹角 $\alpha=45°$ 时，表示方向、速度、静压和总压特性的函数式分别变为

$$(p_1 - p_3)/[p_2 - (p_1 + p_3)/2] = f_1(\alpha) \tag{5-18}$$

$$(p_1 + p_3)/2p_0 = 2p_s/p_0 - 1 = f_2(\alpha) \tag{5-19}$$

$$[p_2 - (p_1 + p_3)/2]/[p_s - (p_1 + p_3)/2] = f_3(\alpha) \tag{5-20}$$

$$[p_2 - (p_1 + p_3)/2]/[p_0 - (p_1 + p_3)/2] = f_4(\alpha) \tag{5-21}$$

流体速度较高时，要考虑可压缩性的影响，这时式 (5-18)~式 (5-21) 不仅是流体方向的函数，而且与 $Ma$ 数有关。式 (5-18)、式 (5-19)、式 (5-21) 的关系分别如图 5-8~ 图 5-10 所示。

(2) 测量方法

①根据圆柱形探针测孔 1、3 的压差和孔 1、2、3 的压力值，然后由方向特性曲线 (图 5-8) 决定 $\alpha$ 角。

②有了 $\alpha$ 角和 $p_1$、$p_2$、$p_3$ 的大小，利用总压特性就可以求出 $p_0$ 值。

③由已知的 $p_1$、$p_3$ 和 $p_0$ 值，计算 $\dfrac{p_1 + p_3}{2p_0}$ 的大小，根据这个比值和 $\alpha$ 角，利用速度特性 (图 5-9) 确定 $p_s/p_0$ 的大小，由式 $p_s=(p_s/p_0)p_0$，就可以求出静压 $p_s$。

④根据 $p_s/p_0$ 可以决定流体的速度系数 $\lambda$ 数，$Ma$ 和速度 $c$：

$$\lambda = \sqrt{\frac{k+1}{k-1}[1 - (p_s/p_0)^{\frac{k-1}{k}}]} \tag{5-22}$$

$$Ma = \sqrt{\frac{2}{k-1}[(p_s/p_0)^{\frac{k-1}{k}} - 1]} \tag{5-23}$$

$$c = \sqrt{\frac{2k}{k-1}\frac{p_s}{\rho_s}[(p_s/p_0)^{\frac{k-1}{k}} - 1]} \tag{5-24}$$

式中，$k$ 为等熵指数。

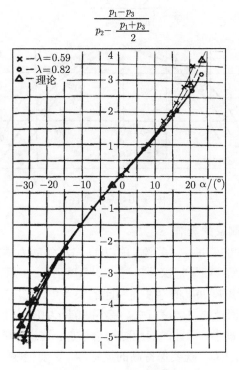

图 5-8 方向特性曲线

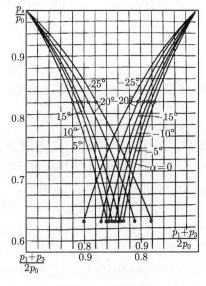

图 5-9 速度特性

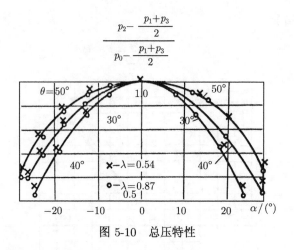

图 5-10　总压特性

(3) 速度梯度对测量的影响

在存在速度梯度的流场中，当流动的方向与流体动力轴线一致时，孔 1 和孔 3 所感受的压力不相等，如果把探针转过一个角度后 1、2 两孔所感受的压力相等，则这个角质就是由于速度梯度的存在而引起的误差角。它与速度梯度的大小、两侧孔中间距离、孔径及探针的灵敏度有关。减小两侧孔中间的距离或减小孔径可以使误差角变小。但孔径过小，探针的响应时间会增加，这也降低了探针的灵敏度，所以在设计探针时应当注意，既要保持高的灵敏度，又要使响应时间不致太长。

# 5.3　三维流场中流向的测量

## 5.3.1　测量方法

通常采用的测量方法是，在 $xy$ 平面内，采用对向测量方法测出 $\alpha$ 角，而在 $xz$ 平面内，采用不对向测量方法。根据压力孔的读数，由校正曲线确定 $\delta$ 角的大小。

## 5.3.2　测量探针

三维流场流向的测量是用三元探针进行的。五孔球形探针 (five-hole spherical probe) 为常用的三元探针之一。图 5-11 所示的是测量三维流体速度最常用的五孔球形探针，在球面上有五个孔，中间孔用来测总压，其他四个孔是方向孔，也可测量静压和流动速度。如图 5-11 中表示出了探针的基本尺寸。球的直径可以在 5~10mm 之间选取，测量孔直径为 0.5~1.0mm，中心孔轴线与侧孔轴线夹角为 45°。

五孔球形探针的工作原理是：在球面上任一测量孔的指示压力与绕圆球流动的流速方向有关，这可以由理想流体绕圆球的流动情况来说明。如图 5-12 所示，当速度为 $v$，静压为 $p_s$ 的流体绕圆球流动时，在圆球表面上任一点 $i$ 的速度和压力

系数分别为

$$v_i = -\frac{3}{2}c\sin\theta_i \tag{5-25}$$

$$K_p = \frac{p_i - p_s}{\rho v^2/2} = 1 - \frac{9}{4}\sin^2\theta_i \tag{5-26}$$

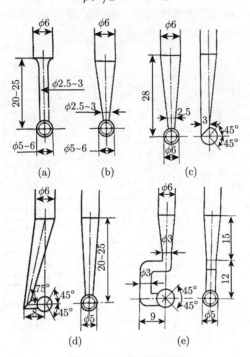

图 5-11 五孔球形探针

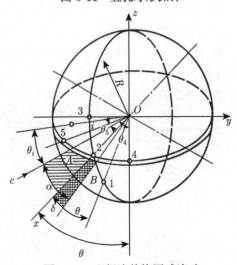

图 5-12 理想流体绕圆球流动

式中，$\theta_i$ 为流动方向与 $i$ 点和过球心连线的夹角，当 $\theta_i = 0°$ 时，$i$ 点为 $K_p = 1$ 的临界点，当 $\theta_i = 42°$ 时，$i$ 点为 $K_p = 0$ 的点。实际上为提高测量方向的灵敏度，一般取 $\theta_i = 45°$。

从图 5-13 所示的沿圆球表面的压力分布曲线也可看出 $\theta$ 角对流动方向敏感性的影响。理论上在 $\theta = 45°$ 时敏感性最强，而试验表明 $\theta = 50°$ 时敏感性最强，这个偏差与随 $Re$ 的变化而变化的边界层分离点的位置有关。

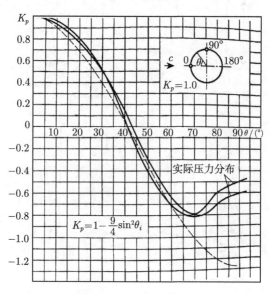

图 5-13  压力分布曲线

利用五孔探针测量流动方向角 $\alpha$ 和流体总压 $p_0$ 时，可在 $xy$ 平面内转动探针测得，而空间流动角 $\delta$、静压 $p_s$ 和速度 $c$ 则可由 1、2、3、4 孔的压力关系及图 5-14 所示的探针的校正曲线求出。

根据理想流体绕圆柱流动的伯努利方程：

$$p_1 = p_s + \frac{\rho c^2}{2}\left[1 - \left(\frac{c_1}{c}\right)^2\right] = p_s + K_1\frac{\rho c^2}{2}$$

$$p_2 = p_s + \frac{\rho c^2}{2}\left[1 - \left(\frac{c_2}{c}\right)^2\right] = p_s + K_2\frac{\rho c^2}{2}$$

$$p_3 = p_s + \frac{\rho c^2}{2}\left[1 - \left(\frac{c_3}{c}\right)^2\right] = p_s + K_3\frac{\rho c^2}{2}$$ 

$$p_4 = p_s + \frac{\rho c^2}{2}\left[1 - \left(\frac{c_4}{c}\right)^2\right] = p_s + K_4\frac{\rho c^2}{2}$$

(5-27)

得出

$$p_3 - p_1 = (K_3 - K_1)\frac{\rho}{2}c^2$$

$$p_2 - p_4 = (K_2 - K_4)\frac{\rho}{2}c^2 \qquad (5\text{-}28)$$

$$K_\delta = \frac{p_3 - p_1}{p_2 - p_4}$$

进而得

$$K_3 - K_1 = \frac{p_3 - p_1}{p_0 - p_s}$$

$$K_2 - K_4 = \frac{p_2 - p_4}{p_0 - p_s}$$

$$K_2 = \frac{p_2 - p_s}{p_0 - p_s}$$

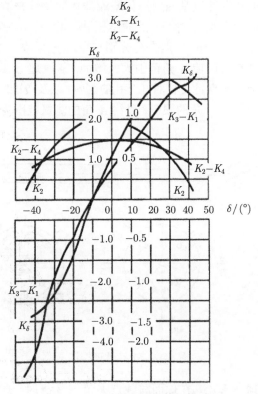

图 5-14　五孔球形探针校正曲线

上述的 $K_\delta$、$K_2$、$(K_3 - K_1)$ 及 $(K_2 - K_4)$ 均与 $\delta$ 角有关。在校正试验台上首先确定 $K_\delta = f(\delta)$、$K_2 = f(\delta)$、$(K_3 - K_1) = f(\delta)$ 和 $(K_2 - K_4) = f(\delta)$ 等关系，试

验时根据压力计在 1、2、3、4 孔所测得的压力 $p_1$、$p_2$、$p_3$ 及 $p_4$ 的值，按式 (5-28) 计算出 $K_\delta$ 值，因而利用 $K_\delta = f(\delta)$ 的曲线，就可找到空间流动方向角 $\delta$，再由相应的曲线查得 $(K_3 - K_1)$、$K_2$ 和 $(K_2 - K_4)$，然后利用下述公式决定速度 $c$ 和静压 $p_s$：

$$c = \left[ \frac{2(p_3 - p_1)}{\rho(K_3 - K_1)} \right]^{\frac{1}{2}} \tag{5-29}$$

或

$$c = \left[ \frac{2(p_2 - p_4)}{\rho(K_2 - K_4)} \right]^{\frac{1}{2}}$$

$$p_s = p_2 - K_2 \frac{p_2 - p_4}{K_2 - K_4} \tag{5-30}$$

测量三元流场中的流向时，还可以采用七孔球形探针，其结构如图 5-15 所示。与五孔探针一样，七孔探针也是应用流体绕流球体的特性来测量空间流场的流动参数。在 $\phi6$ 的球面上开设 7 个 $\phi0.5$ 的感压孔，4、2、6 三个孔在探针纵剖面上，2 孔在球头端部；1、3、5、7 四个孔分别与中心孔 2 成 45°。七孔探针相对于五孔探针的最大改进是可以使 $\alpha$ 角范围大大增加。从原理上 $\alpha$ 角的范围可以达到 $-90° \leqslant \alpha \leqslant +90°$，但由于探针支杆对 6 个孔的影响，以及校准时所用的风洞与探针支杆的位置对所能校得的 $\alpha$ 角的限制，最终 $\alpha$ 角的测量范围为 $-60° \leqslant \alpha \leqslant +75°$，可测角度达到了 135°。

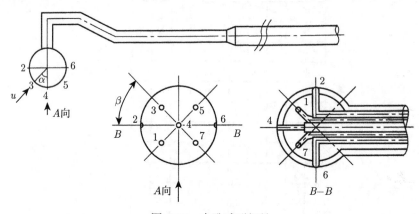

图 5-15   七孔球形探针

根据流体绕流球体理论，在球面与驻点夹角 $> 45°$ 时，球面点压力分布将受 $Re$ 的影响，当与驻点夹角 $< 45°$ 时，实际压力分布近似与理论压力分布相同。所以七孔探针在使用时，可以看成是三个分区使用的球面多孔测压管。当 $\alpha$ 角在 $-45° \sim +45°$ 范围内时，可采用中间的 (1, 3, 4, 5, 7) 五个孔，当 $\alpha$ 角在

$+45° \sim +75°$ 范围内时，可采用 (1, 2, 3, 4) 四个孔，当 $\alpha$ 角在 $-45° \sim -60°$ 范围内时可采用 (4, 5, 6, 7) 四个孔。这里取顺时针为正。

七孔球形探针的校正系数公式：

(1) 当 $-60° < \alpha < -40°$ 时，

$\alpha$ 角校正系数为

$$k_\alpha = \frac{p_6 - p_5}{p_4 + p_5} \tag{5-31}$$

动压校正系数为

$$k_{41} = \frac{p_6 - p_5}{\dfrac{\rho}{2} u^2} \tag{5-32}$$

全压校正系数为

$$k_4 = \frac{p_6}{p^*} \tag{5-33}$$

(2) 当 $-40° < \alpha < 0°$ 时，

$\alpha$ 角校正系数为

$$k_\alpha = \frac{p_4 - p_5}{p_4 + p_6} \tag{5-34}$$

动压校正系数为

$$k_{41} = \frac{p_4 - p_5}{\dfrac{\rho}{2} u^2} \tag{5-35}$$

全压校正系数为

$$k_4 = \frac{p_4}{p^*} \tag{5-36}$$

(3) 当 $0° < \alpha < 40°$ 时，

$\alpha$ 角校正系数为

$$k_\alpha = \frac{p_4 - p_1}{p_4 + p_2} \tag{5-37}$$

动压校正系数为

$$k_{41} = \frac{p_4 - p_1}{\dfrac{\rho}{2} u^2} \tag{5-38}$$

全压校正系数为

$$k_4 = \frac{p_4}{p^*} \tag{5-39}$$

(4) 当 $40° < \alpha < 75°$ 时，

$\alpha$ 角校正系数为

$$k_\alpha = \frac{p_2 - p_1}{p_4 + p_2} \tag{5-40}$$

动压校正系数为

$$k_{41} = \frac{p_2 - p_1}{\frac{\rho}{2}u^2} \tag{5-41}$$

全压校正系数为

$$k_4 = \frac{p_2}{p^*} \tag{5-42}$$

式中, $p^*$ 为来流的全压, Pa; $p_1$, $p_2$, $p_4$, $p_5$, $p_6$ 为各孔所对应的压力, Pa; $u$ 为来流速度, m/s。

每组的三个校正系数都可以在风洞中校验得到, 若七孔探针水平放置, 规定探针支杆轴为 $z$ 轴, 与 $z$ 轴水平垂直的为 $x$ 轴, 另外一个为 $y$ 轴, 则得到 $\alpha$、$\theta$ 和速度 $u$ 后可以按式 (5-43)、(5-44) 和 (5-45) 计算各速度分量, 各速度分量如图 5-16 所示。

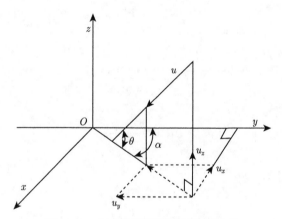

图 5-16　七孔探针所测速度分解示意

各速度分量的计算:

$$u_x = u \cos\theta \sin\alpha \tag{5-43}$$

$$u_y = u \cos\theta \cos\alpha \tag{5-44}$$

$$u_z = u \sin\theta \tag{5-45}$$

## 5.4　热线风速仪

热线风速仪 (hot-wire anemometer, HWA) 发明于 20 世纪 20 年代。它是将流体速度信号转变为电信号的一种测速仪器, 也可用于测量流体的温度。其基本原理是: 将一根细的金属丝放在流体中, 通过电流加热金属丝, 使其温度高于流体的温度, 因此将金属丝称为 "热线"。当流体沿垂直方向流过金属丝时, 将带走金属丝的一部分热量,使金属丝温度下降。显然热线在气流中的散热量与流速有关,散热将导致热线温度变化而引起金属丝电阻变化,如此则流速信号转变成为电信号。热线测速仪可用于测量流体的平均流速、脉动速度和流动方向。

### 5.4.1　探头及其型式

　　热线风速仪的关键部件是小尺寸的热线或热膜探头,由于探头的几何尺寸较小,对流场的干扰小,它经常用于一般探针难以布置的流场位置。另外,由于它热惯性小,特别适合脉动流场的测量。目前,热线风速仪的控制与数据采集完全可以由计算机实现,可以同时处理大量的流速数据。

　　作为热线的材料通常为铂、钨或铂铑合金等熔点高、延展性好的金属。金属铂的性能非常稳定,在 800 ℃以下,温度系数误差极小,可以忽略温度对其本身电阻的影响。另外铂具有良好的工艺性能,易于提纯,在高温介质中不易氧化,可以做成非常细的丝或极薄的铂箔,故常用于精密测量。热线测速仪的感受部分通常由 2根支架张紧 1 根短而细的热线做成。热线长度一般为 2mm,直径 5μm,最小的探头直径仅 1μm,长为 0.2mm。通常热线的长径比约为 300。热线焊在两根支杆上,热线两端涂覆以 12μm 厚的铜金合金,使敏感部分只有中间的那一段,并通过绝缘座引出接线。根据测量要求,热线探头可以做成一元探头、二元探头和三元探头,分别用于测量一元流动、平面流动和空间流动。由于热线的机械强度低,承受的电流较小,不适合在液体或带有颗粒的气体中工作。在这种情况下可用热膜代替热线。热膜是由铂或铬制成的金属薄膜,厚度小于 0.1μm。这种以热膜作为传感器的风速仪称为热膜风速仪 (hot-film anemometer),其功能与热线风速仪相似。图 5-17所示为典型的热线与热膜探头。

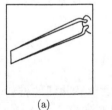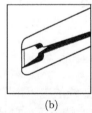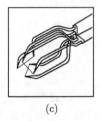

(a)　　　　　　　　(b)　　　　　　　　(c)

图 5-17　典型的热线和热膜探头

(a) 一元热线探头;(b) 热膜探头;(c) 三元热线探头

　　与测压管测量速度相比,热线测速仪的优点是:①频率响应高,可达 1MHz;②适用范围广,不仅可用于气体也可用于液体,在气体的亚声速、跨声速和超声速流动中均可使用;可以测量平均速度,也可测量脉动值和湍流量;还可以测量多个方向的速度分量;③体积小,对流场干扰小;④测量精度高,重复性好。热线测速仪的缺点是：①探头对流场环境有一定要求，比如，测试环境要较洁净；②测试探头对环境温度有一定要求；③探头对流场有一定干扰，热线容易断裂。

### 5.4.2　工作原理和测速的数学表达式

热线风速仪测量速度的基本原理是热平衡原理。可以把热线看成是如图 5-18 所示的简单模型。

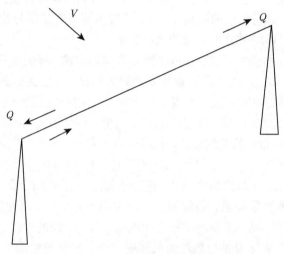

图 5-18　热线传感器模型

热线垂直于流动方向安置，它的两端固定在相对粗大的支架上，金属丝由电流加热，它的温度高于周围介质温度，由于热线的长径比 $l/d$ 较大，故可忽略热线对支杆的导热损失，又由于热丝加热温度与周围介质温度相差不是很大，故可忽略热辐射损失，这样单位时间的发热量与热线的对流换热量平衡：

$$I^2 R = K_a F(T_w - T_f) \tag{5-46}$$

式中，$I$ 为流经热线的电流；$R$ 为热线的电阻，其数值和热线的材料、几何尺寸有关，在热线的材料、几何尺寸一定的情况下，它是热线温度的函数；$K_a$ 为对流换热系数；$F$ 为热线的面积；$T_w$ 为热线的温度；$T_f$ 为流体的温度。

由传热学可知，对流换热系通常由经验公式确定，即

$$K_a = \frac{Nu\lambda}{d} \tag{5-47}$$

式中，$Nu$ 为努塞尔数，$Nu = a + bRe^n$，$a, b, n$ 为常数；$\lambda$ 为流体的导热系数；$d$ 为热线的直径。

对于各种不同流体和不同的流动情况下热线的散热常采用不同的经验公式, 例如

$$\text{King 公式 (1914 年)}: Nu = A + BRe^{0.5} \tag{5-48}$$

$$\text{Kramers 公式 (1946 年)}: Nu = 0.42Pr^{0.2} + 0.57Pr^{0.33}Re^{0.5} \tag{5-49}$$

式中, $Pr$ 为普朗特数; $A, B$ 为常数。

适用于液体时 $Pr = 0.71 - 1000; Re = 0.01 - 10^3$。

当热线材料和几何尺寸已定, 流体的物性已定, 则流体速度只是流过热线的电流和热线电阻 (热线温度) 的函数。当采用经验公式 (5-48) 时, 最后可推导获得流体的速度 $u$ 为

$$u = \left\{ \frac{I^2 R_0 \left[ 1 + \beta(T_w - T_f) + \beta(T_f - T_0) \right] - a'(T_w - T_f)}{b'(T_w - T_f)} \right\}^{\frac{1}{0.5}} \tag{5-50}$$

$$a' = \frac{A\lambda F}{d}$$

$$b' = \frac{B\lambda F d^{-0.5}}{\nu^{0.5}}$$

式中, $R_0$ 为热线在温度为 $T_0$ 时的电阻; $\beta$ 为热线的电阻温度系数; $\nu$ 为流体的运动黏度。

式 (5-50) 中, 分子中第三项可以看成流体温度 $T_f$ 和热线标定电阻的温度 $T_0$ 不同时的修正值, 当 $T_f = T_0$ 时修正值为 0。因此, 只要固定 $I$ 和 $T_w$ 两个参数的任何一个, 就可以获得流体速度与另一参数的单值函数关系。

### 5.4.3 热线测速的方法

当人为地用恒定电流对热丝加热时, 由于流体对热线有冷却作用, 同时流体冷却能力随流速的增大而增强, 因此, 可根据热线温度的高低 (即热丝电阻值的大小) 来测量流体的速度, 这便是等电流法测量流体流速的原理。在恒定电流条件下, 流体流速和热线电阻的关系, 可事先在校准风洞上标定出来。如果保持热线的温度一定 (即电阻一定), 则可建立热线电流和流体速度的关系, 这就是等温法的原理。由于热线电阻是热线温度的单值函数, 所以等温法又称为等电阻法。但无论采用哪种方法都需要对流体温度 $T_f$ 值进行修正。热线与流动方向正交时, 流体对热线的冷却能力最强, 随着二者交角不断减小, 流体对热线的冷却能力将不断下降。

(1) 等电流型热线风速仪

等电流型热线风速仪原理如图 5-19 所示, 当流体流速增加时, 热线的温度下降, 即热线电阻 $R$ 下降, 此时电桥将失去平衡, 热线电流将发生变化, 为保持通

过热线的电流不变, 可调节与它串联的控制电阻 $R_1$, 使热线所在桥臂的总电阻保持不变, 电桥将恢复原来的平衡状态, 这样就建立了电桥输出电压与热线电阻的关系, 也就是建立了控制电阻 $R_1$ 上的压降 $U_{R_1}$ 与流体流速的关系。

等电流型热线风速仪线路简单, 但由于桥路的输出电压受热线温度的影响较大, 若系统中不加专门的补偿线路, 就会导致较大的测量误差。

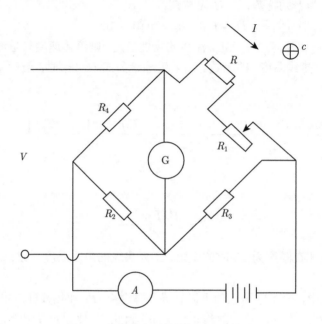

图 5-19    等电流型热线风速仪原理图

(2) 等温型热线风速仪

等温型热线风速仪是目前应用较广的一种型式, 因为它可以测量非常快的脉动速度, 而不用复杂的补偿电路。图 5-20 所示的是一个等温型热线风速仪工作原理图。热线探针置于流体中, 当流速发生变化时热线温度将随之升高或降低, 从而引起热线电阻变化, 热线电阻的变化又将导致 $U_{cz}$ 变化, 经差动放大后, 反馈至电桥输入端, 使 $U_{sr}$ 发生变化, 从而导致流经热线的电流发生变化, 最后使电桥失去平衡。进而操纵控制电阻器 $R_3$, 使 $R_3$ 值改变, 流过热线的电流也将减小或增大, 使电桥恢复平衡。热线温度保持恒定, 从而建立了输出电压 $U_{sc}$ 与流速的关系。

使用热线风速仪时, 在热丝强度和使用寿命允许的前提下, 应尽可能选用细的热线作探头, 以减少仪器的热惯性; 在热线材料许可的情况下, 尽量提高其加热温度, 以减小流体温度的影响, 提高仪器的灵敏度。

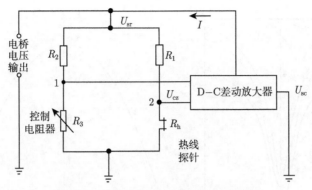

图 5-20 等温型热线风速仪原理框图

### 5.4.4 热线风速仪的方向特性

前面讨论热线的散热时,都认为是热线线轴与来流方向垂直,但实际测量时热线往往与来流成一定的角度。从传热学可知,热线与来流的对流换热系数与来流的角度有关。当热线线轴与来流方向垂直时,对流换热系数最大,如来流和热线线轴成一定倾角,其对流换热系数会逐渐减小 (见图 5-21)。图中纵坐标为对流换热系数比 $\varepsilon_\theta = K_{\alpha\theta}/K_{\alpha\theta=0}$。从图中曲线可看出,$\theta$ 在 $\pm15°$ 范围内变化时,$\varepsilon_\theta$ 的变化不明显,但当 $\theta$ 继续变大时,$\varepsilon_\theta$ 将急剧下降。在流速不变的条件下,随着 $K_{\alpha\theta}$ 值的减小,热线风速仪的电桥电压必然降低,将电桥电压与流速、流向角的关系称为方向特性。图 5-22 所示的是典型的热线探头方向特性,由图 5-22 可知,其方向特性接近 $\sin\theta$ 曲线,当 $\theta=45°$ 时,方向灵敏度最大。所以测量流动方向时,可选择 45° 热线。当 $\theta=0°$ 时,方向灵敏度最小,所以若测量速度,则应选择 0° 热线,从而热线风速仪的电桥压降也必然降低。

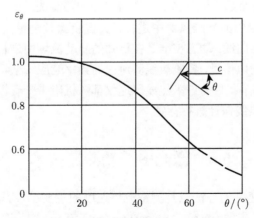

图 5-21 典型热线探头对流换热系数比 $\varepsilon_\theta$ 和流动方向角 $\theta$ 的关系

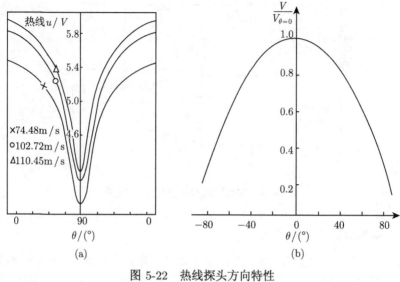

图 5-22  热线探头方向特性

(a) $V - \theta$ 曲线；(b) $V/V_{\theta=0} - \theta$ 曲线

### 5.4.5  热线风速仪的校准

热线探头在使用前必须进行校准。探头的制造工艺和金属材料影响热线探头的性能；流体温度变化也会引起热线测量值的改变，这主要是因为温度变化会引起流体物性参数 (导热系数、密度、黏度等) 及流体与热线之间温差的变化；热线探头对流体中的悬浮飞尘、油雾、烟雾等污染物相当敏感，这是因为流体中的这些微粒逐步堆积到热线上影响热线的散热。被污染的热线探头不仅会改变校准曲线的形状，而且还会改变其频率响应特性。为此应根据热线探头的工作条件定期对其进行清洗。清洗的方法有超声波清洗、化学清洗和加热清洗。

静态校准是在专门的标准风洞中进行，关键步骤是测量流速与输出电压之间的关系并绘制成标准曲线；动态校准是在已知的脉动流场中进行的，或在测速仪加热电路中加上一脉动电信号，校验热线测速仪的频率响应，若频率响应不佳可用相应的补偿线路加以改善。目前许多热线风速仪都随机附带一套标定装置，可以在室温和常压状态下对热线探针进行标定。

## 5.5  激光多普勒测速技术

前述测量流体速度的方法虽是测量流体速度的重要手段，它们存在着共同的缺点：都属于接触式测量 (intrusive measurement) 方法，因为有形的传感器本身会不可避免地对待测流场产生干扰，对于回流区的测量或小尺寸流道中流速的测量，传感器本身的影响可能会导致测量结果偏离物理真实。下面介绍非接触式速度测量 (non-intrusive velocity measurement) 方法。

### 5.5.1 基本原理

多普勒效应是一种常见的基础物理现象，它描述的是当光源与接收器之间存在相对运动时，接收器接收到的光波频率不等于光源与接收器相对静止时的频率。1842 年奥地利科学家多普勒 (Doppler) 发表论文首次论述了该现象，证明了波源、接收器、传播介质或散射体的运动会使频率发生变化，即多普勒频移 (Doppler shift)。

设在光源与接收器连线方向上，二者相对速度为 $v$，真空中的光速为 $c$，则由相对论可得接收器接收到的光的频率为

$$f = f_0 \sqrt{\frac{1 + v/c}{1 - v/c}} \tag{5-51}$$

其中，$f_0$ 为光源与接收器相对静止时光源发出的光的频率。一般情况下 $v \ll c$，上式可取一级近似，得

$$f \approx f_0 \left(1 + \frac{v}{c}\right) \tag{5-52}$$

当光源与接收器相互趋近时，$v$ 取正值，$f > f_0$，接收频率变高，反之，$v$ 取负值，$f < f_0$，接收频率变低。这种现象称为光的纵向多普勒效应。当光在介质中传播时，光速应为 $c/\mu$，其中 $\mu$ 为介质的折射率，此时式 (5-52) 可写作

$$f = f_0 \left(1 + \frac{v}{c/\mu}\right) \tag{5-53}$$

当光源与接收器之间的相对速度在垂直于二者连线方向时，同样会出现接收频率与静止频率之间的差异，此时的频率公式为

$$f = f_0 \sqrt{1 - \left(\frac{v_\perp}{c}\right)} \tag{5-54}$$

式中，$v_\perp$ 为垂直于光源与接收器连线方向的相对速度，这种现象称为横向多普勒效应，一般横向多普勒效应大大弱于纵向多普勒效应，可以忽略。

1964 年，Yeh 和 Commins 首次观察到水流中粒子的散射光有频移，证实了可以利用多普勒频移技术来确定粒子流动的速度。随后多普勒测速技术得到了不断发展与实践，据统计，在 1964~1981 年间，在各类期刊上发表的与激光多普勒技术相关的论文近千篇，1971~1978 年间召开的相关国际会议达 21 次。目前该技术已成为能源与动力工程专业中普遍应用的光学测速技术之一，相关的产品激光多普勒测速仪 (laser Doppler velociemeter, LDV) 和相位多普勒粒子分析仪 (phase Doppler particle analyzer, PDPA) 也已得到了成功应用。

激光多普勒测速技术的特点：

(1) 为非接触式测量，测量过程对流场基本无干扰，在恶劣环境下，如流体有腐蚀性时可使用该技术进行测量；

(2) 空间分辨率高，测量体尺寸可小达 $10^{-4}$mm$^3$，这使其适用于边界层、小尺寸流道内的流速测量，例如可以测量毛细管内的液体流速；

(3) 动态响应快。速度信号以光速传播，惯性小，可实现实时测量，测量脉动速度的优势明显；

(4) 测量精度高。测量仪器的输出特性基于明确的物理关系，与温度、压力、密度、粘度等参数无关，在光路计算正确和仪器制造精度得到保证的前提下，光路系统误差可忽略。激光测速仪常被用来校准其他类型的测速仪器；

(5) 测量范围宽。由于频差与速度呈简单的线性关系，低速和高速测量均不需校正，频移很大，理论上可测量 0.1~2000 m/s 范围的流速；

(6) 测量速度的灵敏度高。可以测量任何方向的速度分量。

激光多普勒测速实质上通过测量随流体一同运动的微小颗粒的散射光来获得速度，其局限性在于：

(1) 被测流体要透明，固体壁面要开设透明窗口或全透明；

(2) 一般需加入示踪粒子；

(3) 流速高时相应的激光功率要高；

(4) 有防振动要求，保证激光会聚点的稳定。

### 5.5.2   激光器

从原理上来看，普通的单色光源也会发生多普勒效应，也可以用来测量流速。但在低速条件下，多普勒效应造成的频率变化远小于单色光的频宽，所以速度信息难以获得。激光的频宽较单色光的频宽小得多，且比一般速度下造成的多普勒频率展宽 (Doppler frequency broadening) 也小。

激光 (laser, light amplification by stimulated emission of radiation) 是 20 世纪的重大科技发明之一，对科学技术的发展产生了深刻的影响，甚至在人类生产和生活的许多方面得到了广泛的应用。

激光的发展史可追溯到 1917 年，爱因斯坦提出光的受激辐射的概念，预见到受激辐射光放大器即激光的产生。光的受激辐射使处于激发态的原子受到外来光的激励作用而跃迁到低能级，同时发出一个与外来激励光子完全相同的光子，从而实现光的放大。

与普通光源的光的自发辐射不同，激光是靠介质内的受激辐射向外发出大量的光子而形成的。受激辐射产生的光子与外来光子性质完全相同，使入射光放大。用这种原理制成的光源称为受激辐射的光放大器，其输出光称为激光。激光与普通光源相比较有三大优点：方向性好、相干性好、亮度高。

激光器是产生激光的设备。受激辐射产生激光的三个基本条件为：

(1) 有提供放大作用的激光工作物质，其激活粒子有适合于产生受激辐射的能级结构；

(2) 有外界激励源，将下能级的粒子抽运到上能级，使激光上下能级之间产生粒子数反转；

(3) 有光学谐振腔，增长激光工作介质的工作长度，控制光束的传播方向，选择被放大的受激辐射光频率以提高单色性。

光学谐振腔是激光器的重要组成部分。激光是在光学谐振腔中产生中，光在谐振腔内来回多次反射以增长激活介质作用的工作长度，提高腔内的光能密度。激光器能否输出稳定的激光与光学谐振腔的结构密切相关，一种最简单的光学谐振腔是在激光工作物质两端各加一块平面反射镜，如图 5-23 所示。

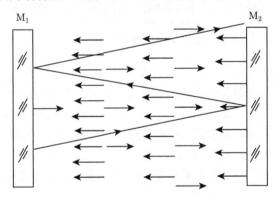

图 5-23　受激光在谐振腔内的放大

两块平面反射镜中的一块的反射率为 1，为全反射镜，光射到它上面，它将把光全部反射回介质中继续放大。另一块反射镜的反射率小于 1，为部分反射镜，光射到该反射镜上时，一部分反射回原介质继续放大，另一部分透射出去作为输出激光。将该两块反射镜调整到严格平行，并且垂直于激光工作物质的轴线，就构成了平行平面光学谐振腔。

按激光工作物质分，常用的激光器有固体激光器 (solid-state laser)、气体激光器 (gas laser)、半导体激光器 (semiconductor laser) 和染料激光器 (dye laser)。固体激光器是以掺杂离子的绝缘晶体或玻璃作为工作物质的激光器，是激光发展历史上最早的激光器类型。目前已发现的工作物质超过 100 种，最常用的固体工作物质为红宝石、钕玻璃、掺钕钇铝石榴子石三种。

与其他类激光器相比，固体激光器的输出能量高 (可达数万焦)，峰值功率高 (连续功率可达数个 kW，脉冲峰值功率可达 GW)，结构紧凑、牢固耐用。

固体激光器一般由工作物质、泵浦系统、谐振腔、冷却系统和滤光系统构成，图 5-24 为固体激光器的基本结构示意图。

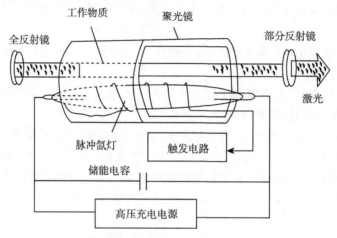

图 5-24　固体激光器基本结构图

固体激光工作物质是固体激光器的核心，影响固体激光器工作特性的关键是固体激光工作物质的物理和光谱性质，主要指吸收带、荧光谱线、热导率等。下面介绍以掺钕钇铝石榴子石 (neodymium-doped yttrium aluminium garnet, Nd:YAG) 为工作物质的固体激光器。掺钕钇铝石榴石是将一定比例的 $Al_2O_3$、$Y_2O_3$ 和 $Nd_2O_3$ 在单晶炉内进行熔化并结晶而得到的，呈淡紫色，它的激活粒子为钕离子，其在紫外、可见光和红外区内有几个强吸收带，可激发脉冲激光或连续式激光，Nd:YAG 激光的波长为 1064 nm。

Nd:YAG 激光器的突出优点是阈值低和热学性质优良，能够在室温条件下连续正常工作，在中小功率脉冲器件和高重复率器件中很受欢迎。

由于固体激光器的工作物质是绝缘晶体，所以一般采用光泵浦 (optical pumping) 进行激励，目前的泵浦光源多为工作于弧光放电状态的惰性气体放电灯。作为泵浦光源应满足两个基本条件：有很高的发光效率；辐射光的光谱特性应与激光工作物质的吸收光谱相匹配。氙灯在低电流密度放电时的辐射光的光谱特性与 YAG 的主要泵浦吸收带相匹配，所以低能脉冲 YAG 激光器多采用氙灯泵浦。泵浦系统还需要冷却，因为激光器工作时，泵浦光谱中仅有少部分与工作物质吸收带相匹配的光能是有用的，其余大部分光谱能量被基质材料吸收转化为热量，器件温度会升高。对于固体激光器，尤其是连续和高重复率的激光器，热效应将影响工作物质的特性，甚至导致激光器性能下降。一般的冷却系统为液体冷却和气体冷却，其中以液体冷却应用较多。

固体激光器的转换效率低，转换效率可间接定义为激光输出与泵浦灯的电输入之比，YAG 激光器的转换效率通常在 3% 以下。20 世纪 80 年代以来出现了几种新型固体激光器，如半导体激光器泵浦的固体激光器、高功率固体激光器等。半导体激光器泵浦的固体激光器的电光转换效率高达 50%，且工作时产生的无功热量少，介质温度稳定。高功率固体激光器的输出平均功率在几百瓦以上，可做成连续式和脉冲式。

气体激光器是以气体或蒸气为工作物质的激光器，其优点是输出光束的单色性、相干性、光束方向性和稳定性强。出现最早、也是目前应用最广泛的气体激光器为氦-氖 (He-Ne) 激光器，其结构简单、光束质量高、工作可靠。另外还有氩离子激光器、二氧化碳激光器等气体激光器。

半导体激光器以半导体材料作为激光工作物质，具有体积很小、效率高、结构简单、价格低的优势，且可以高速工作。目前半导体激光器已成为光通信系统的重要光源之一，在 CD、VCD、DVD 播放机、计算机光盘驱动器、激光打印机等方面得到了成功应用。

### 5.5.3 激光多普勒测速的实现原理

#### 1. 运动微粒散射光的频率

用一束单色激光照射到随流体一起运动的微粒上，测出其散射光相对于入射光的频率偏移，即多普勒频移，进而确定流体的速度。首先要考查由光源入射到运动微粒上的光和接收器接收到的由运动微粒散射出的光之间的频率差，然后再分析测量该频差的方法。

(1) 运动微粒上接收到的光源入射光的频率

如图 5-25 所示，静止光源 $O$ 发生一束频率为 $f_i$ 的单色光，该单色光入射到随着被测流体一起运动的微粒 $Q$ 上。若被测流体相对于光源的速度为 $v$，则反之光源相对于接收器的速度为 $-v$。根据多普勒效应式 (5-53)，微粒 $Q$ 接收到的光的频率为

$$f_Q = f_i \left( 1 + \frac{-\boldsymbol{v} \cdot \boldsymbol{e}_i}{c/\mu} \right) = f_i \left( 1 - \frac{\boldsymbol{v} \cdot \boldsymbol{e}_i}{c/\mu} \right) \tag{5-55}$$

式中，$\boldsymbol{e}_i$ 为光束射向微粒方向上的矢量。

(2) 静止接收器上接收到的运动微粒散射光的频率

微粒 $Q$ 接收到频率为 $f_Q$ 的光后，向各个方向散射，在与微粒保持相对静止的观察者看来，散射光的频率就是 $f_Q$，但对于和光源保持静止的观测点 $S$ 来说，散射光源 $Q$ 对它的相对速度为 $\bar{v}$，因此在 $S$ 处接收到的散射光的频率为

$$f_S = f_Q \left( 1 + \frac{\boldsymbol{v} \cdot \boldsymbol{e}_S}{c/\mu} \right) \tag{5-56}$$

式中, $\vec{e}_S$ 为散射方向 (沿 $Q$ 到 $S$) 上的单位矢量, 如图 5-26 所示。

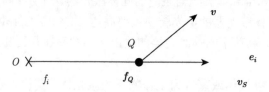

图 5-25   单色光入射到速度为 $\bar{v}$ 的微粒 $Q$

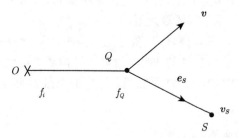

图 5-26   $S$ 处接收到的微粒散射光的频率

将式 (5-55) 代入式 (5-56), 得到光源 $O$ 发出的入射光和观测点 $S$ 接收到的散射光之间的频率关系为

$$f_S = f_Q \left(1 + \frac{\boldsymbol{v} \cdot \boldsymbol{e}_S}{c/\mu}\right) = f_i \left(1 - \frac{\boldsymbol{v} \cdot \boldsymbol{e}_i}{c/\mu}\right)\left(1 + \frac{\boldsymbol{v} \cdot \boldsymbol{e}_S}{c/\mu}\right) \tag{5-57}$$

整理并略去平方项, 得

$$f_S = f_i + \frac{\boldsymbol{v}}{c/\mu} \cdot (\boldsymbol{e}_S - \boldsymbol{e}_i) f_i \tag{5-58}$$

只要测出 $f_S$, 就可推知 $\boldsymbol{v}$ 在 $\boldsymbol{e}_S - \boldsymbol{e}_i$ 方向上的矢量。实际上在区别散射光和入射光频率时常采用差频法。

**2. 差频法测速**

差频测速方法大致可分为两类, 一类是检测散射光和入射光之间的多普勒频移, 该方法常称为参考光束型多普勒测速法, 另一类是检测两束散射光之间的多普勒频差, 该方法一般称为双散射光束型多普勒测速法。下面对这两种方法进行简要说明。

(1) 参考光束型多普勒测速法

该方法中的测速光路以入射光为参考光束, 测量散射光对于入射光的多普勒频移。图 5-27 为该方法的光路原理图。激光束入射到分束器 M₁ 后被分成两束, 一束从 M₁ 透过, 直接到达会聚透镜 L₁, 而后经 L₁ 会聚后照射散射微粒, 产生散射光。这束光用于照明散射微粒,因此也称为照明光束。另一束光经 $M_1$、$M_2$ 反射后,又经过中性密度滤光片 $M_3$ 滤光,形成衰减了的弱光束。该光束是为检测散射光的多普勒频移提供比较标准,因此称参考光束。照明光束和参考光束经透镜 $L_1$ 聚焦于流场中的被测对象 Q,强度较大的照明光束照射到散射微粒后向各个方向散射,其中沿参考光束方向前进的散射光和未经散射而透过测量区域的参考光,同时通过光阑和透镜 $L_2$ 会聚到光电倍增管的光阴极上相叠加。

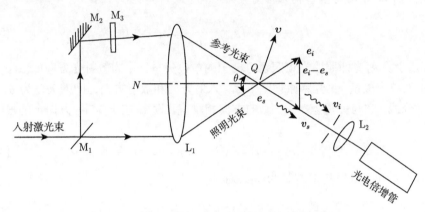

图 5-27　参考光束型多普勒测速法光路原理图

设 $E_i(t)$ 和 $E_s(t)$ 分别为参考光和散射光的电矢量的瞬时值,$E_i$ 和 $E_S$ 分别为参考光和散射光电矢量的振幅,$\varphi_i$ 和 $\varphi_s$ 分别为参考光和散射光的初相位,则

$$E_i(t) = E_i \exp[-j(2\pi f_i t + \varphi_i)] \tag{5-59}$$

$$E_s(t) = E_s \exp[-j(2\pi f_s t + \varphi_s)] \tag{5-60}$$

合成光强 $I$ 正比于合成电矢量的模的平方:

$$I \propto |E_i(t) + E_s(t)|^2 \tag{5-61}$$

合成电矢量的模的平方可展开成:

$$\begin{aligned}|E_i(t) + E_s(t)|^2 = E_i^2(t) + E_s^2(t) &+ E_i E_s \exp\left\{-j\left[2\pi\left(f_i + f_s\right)t + \left(\varphi_i + \varphi_s\right)\right]\right\}\\ &+ E_i E_s \exp\left\{-j\left[2\pi\left(f_i - f_s\right)t + \left(\varphi_i - \varphi_s\right)\right]\right\}\end{aligned} \tag{5-62}$$

等号右侧前三项产生的光电信号是其时间平均值,为常数,第四项的信号频率即为多普勒频移。光电倍增管实际感受到的合成光强为

$$I \propto I_0 + E_i E_s \exp\left\{-j\left[2\pi\left(f_i - f_s\right)t + \left(\varphi_i - \varphi_s\right)\right]\right\} \tag{5-63}$$

光电倍增管输出的光电流正比于它接收到的光强,用复指数函数的实部表达它的规律为

$$i = i_0 + I_m \cos\left[2\pi f_D t + (\varphi_i - \varphi_s)\right] \tag{5-64}$$

式中,$f_D = f_i - f_s$ 为多普勒频移; $i_0$ 为光电流的直流分量; $I_m$ 为光电流交流分量的最大值。通过光电倍增管输出的光电流的波动频率就可得到多普勒频移 $f_D$。

由式 (5-58) 可得多普勒频移为

$$f_D = f_i - f_S = \frac{\boldsymbol{v}}{c/\mu} \cdot (\boldsymbol{e}_s - \boldsymbol{e}_i) f_i \tag{5-65}$$

式中, $\boldsymbol{e}_i$ 为入射光即照明光束照射方向上的单位矢量, $\boldsymbol{e}_s$ 为散射光方向即参考光束方向上的单位矢量,见光路原理图 5-27。入射方向和散射方向之间的夹角为 $\theta$, $QN$ 为角平分线,它与矢量差 $\boldsymbol{e}_s - \boldsymbol{e}_i$ 的方向相垂直,设 $\boldsymbol{v}$ 在 $\boldsymbol{e}_s - \boldsymbol{e}_i$ 方向上的投影为 $u$,则

$$\boldsymbol{v} \cdot (\boldsymbol{e}_s - \boldsymbol{e}_i) = u|\boldsymbol{e}_s - \boldsymbol{e}_i| = 2u\sin\frac{\theta}{2} \tag{5-66}$$

若入射光在真空中的波长为 $\lambda_i$,则

$$\lambda_i = \frac{c}{f_i} \tag{5-67}$$

于是

$$f_D = \frac{2u\mu}{\lambda_i}\sin\frac{\theta}{2} \tag{5-68}$$

故

$$u = \frac{\lambda_i f_D}{2\mu\sin\frac{\theta}{2}} \tag{5-69}$$

式 (5-69) 中,折射率 $\mu$、波长 $\lambda_i$、角度 $\theta$ 均为已知。$f_D$ 可以通过光电倍增管输出的光电流的频率测出,因此被测速度可以通过垂直于参考光和入射光方向夹角平分线上的投影 $u$ 得到。由于测得的 $f_D$ 为绝对值,因此得到的 $u$ 也是绝对值。若 $\boldsymbol{v}$ 的方向已知,则其可以完全确定。

(2) 双散射光束型多普勒测速

双散射光束型多普勒测速方法是通过检测在同一测点上的两束散射光的多普勒频差来确定被测点处的流速。散射光束的选取方法有两种:干涉条纹型和差动型,此处以干涉条纹型为例进行讨论。

如图 5-28 所示,在干涉条纹型多普勒测速的光路中,入射光束通过由 $M_1$、$M_2$ 组成的分束系统和透镜 $L_1$ 后,形成两束互相交叉的入射光束,交叉点即为测量点 $Q$。两束光均被 $Q$ 点处的微粒散射,它们的散射光经透镜 $L_2$ 后会聚在光电倍增管的光电阴极上。由于微粒运动速度 $\boldsymbol{v}$ 和两束入射光的夹角不同,所以它们在同一

方向上的散射光的多普勒频移也不同，故光电倍增管的光电阴极上接收到的是两个不同频率的散射光合成的相干光。

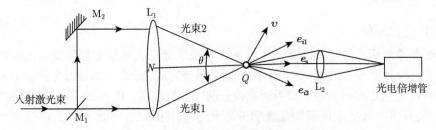

图 5-28 双散射光束型多普勒测速光路原理图

设频率为 $f_i$ 的两束入射光，光束 1 和光束 2，在它们各自前进方向上的单位矢量分别为 $e_{i1}$ 和 $e_{i2}$，所选取的散射方向上的单位矢量为 $e_s$，光束 1 和光束 2 在 $e_s$ 方向上的散射光的频率分别为 $f_{s1}$ 和 $f_{s2}$，则

$$f_{s1} = f_i + \frac{\boldsymbol{v}}{c/\mu} \cdot (\boldsymbol{e}_s - \boldsymbol{e}_{i1}) f_i \tag{5-70}$$

$$f_{s2} = f_i + \frac{\boldsymbol{v}}{c/\mu} \cdot (\boldsymbol{e}_s - \boldsymbol{e}_{i2}) f_i \tag{5-71}$$

频率为 $f_{s1}$ 和 $f_{s2}$ 的两束光在光电倍增管的光电阴极上合成后，可以使光电倍增管输出频率为 $f_{DS} = f_{s1} - f_{s2}$ 的交变电流，这就是光电倍增管的差频作用。这里的 $f_{DS}$ 为两个散射光的频差。为了与多普勒频移 $f_D$ 相区别，称 $f_{DS}$ 为多普勒频差。上两式相减后可得

$$f_{DS} = \frac{\boldsymbol{v}}{c/\mu} \cdot (\boldsymbol{e}_{i2} - \boldsymbol{e}_{i1}) f_i \tag{5-72}$$

令 $e_{i2}$ 和 $e_{i1}$ 的夹角为 $\theta$，则

$$f_{DS} = \frac{2u\mu}{\lambda_i} \sin \frac{\theta}{2} \tag{5-73}$$

及

$$u = \frac{\lambda_i f_{DS}}{2\mu \sin \frac{\theta}{2}} \tag{5-74}$$

上式中的 $f_{DS}$ 为多普勒频差，$\mu$ 为流体的折射率，$\lambda_i$ 为入射光在真空中的波长，$u$ 是速度矢量 $v$ 在垂直于两束入射光夹角平分线方向上的投影。实际上测量到的是 $f_{DS}$ 的绝对值，所以得到的 $u$ 也是绝对值。当流速方向与入射光夹角平分线相垂直时，$u$ 即是流体流动的速率。

### 5.5.4　激光多普勒测速仪的光路系统与信号处理系统

#### 1. 光路系统

(1) 分光系统

在参考光束法测量和上述的干涉条纹双散射光束型测量中都需要先把激光器产生的一束激光分为两束，这个工作由分光系统完成。分光可以通过分光器 (beam splitter)，也可以通过折射、双折射或偏振的方法来实现。图 5-29 所示为常用的四种分光器：图 5-29(a) 所示的是光学平晶分光器，图 5-29(b) 所示的是由三个直角棱镜组成的分光器，图 5-29(c) 所示的是由直角棱镜和平行四边形棱镜组成的分光器，图 5-29(d) 所示的是考斯特棱镜分光器。各种分光器的工作原理从图上就可以了解。为使由分光器出来的两束激光经透镜聚光后在测点位置相交，要求由分光器出来的两束激光必须平行。

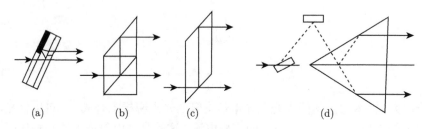

|       |       |       |       |
| :---: | :---: | :---: | :---: |
| (a)   | (b)   | (c)   | (d)   |

图 5-29　分光器的种类

(2) 聚焦系统

聚焦系统的作用首先是为了使入射光能量集中，以提高入射光的功率密度，这样散射光的强度也随之提高；另一个作用是减小测量体 (即两束入射光的相交区) 的体积，以提高测量的空间分辨率。利用会聚透镜 (convergent lens) 即可实现光束的聚焦。在理想的情况下，两束与透镜光轴平行的入射光，通过透镜后应聚焦在透镜的焦点处。实际上由于光束不完全平行或透镜球差的影响，光束的相交处并不在焦点，为此必须调整光束的平行度及采用消球差透镜。

(3) 收集和检测系统

收集系统的主要任务是收集包含有多普勒频移的散射光，并让它聚焦在光检测器的阴极表面上。一个好的收集系统应只允许信号散射光落到阴极面上，而阻止其他带有噪声的散光进入阴极面，为此必须在收集系统中设置孔径光阑和小孔光阑，以保证信号质量，提高激光多普勒测量的空间分辨率。

在激光多普勒测速中常用光电二极管或光电倍增管作为光检测器。在选用光检测器时应注意其光谱灵敏度，使之适合所采用的激光波长。

2. 信号处理系统

光检测器输出的既有具有幅度和频率的调制信号，也有宽频带的噪声信号，而速度的信息只由频率分量提供。信号处理系统的任务就是从光检测器输出的信号中提取反映流速的频率信号。

多普勒信号是一个不连续的信号。在激光多普勒测速中，多普勒信号是靠跟随流体一起运动的粒子散射得到的，而测量体中散射粒子是不连续的，粒子在测量体中的位置、速度和数量都是随机的，因此多普勒信号是不连续的，粒子浓度越低，这种不连续性就越严重；粒子浓度越高，连续性反而越好。通常用无信号的持续时间与总时间之比表示信号的不连续程度，称其为脱落率。显然，测量体体积的大小和散射微粒的浓度是影响脱落率的主要因素。降低脱落率就要求增大测量体体积或粒子浓度，但这往往会影响测量空间的分辨率或流动特性。因此针对多普勒信号不连续的特点，应选择合适的脱落率并在信号处理系统中采取适当的措施，例如增设脱落保护线路，以消除信号不连续的影响。

光检测器接收的是测量体体积内散射粒子的散射光束信号的总和。对于定常流动，由于各粒子流入测量体的时刻不同，对应的相位也不同，这相当于在多普勒频移中叠加了一项扰动量。在非定常流动中，测量体内粒子的瞬时速度不同，从而会引起附加的相位起伏和频移变化。因此当测量体中的粒子多于一个时，其多普勒频移是一个有限的带宽，称为频率加宽。妥善处理频率加宽是多普勒信号处理的重要内容之一。

多普勒信号弱，而整个测量系统又不可避免地会带入各种噪声，所以多普勒频移的信噪比低。在多普勒信号处理中要充分考虑这一特点。

如果流场中某点存在一定强度的湍流度，则对应的多普勒信号就是一个调频信号。如图 5-30 表示流场中速度 $u$ 和多普勒频率 $f_D$ 随时间的变化。

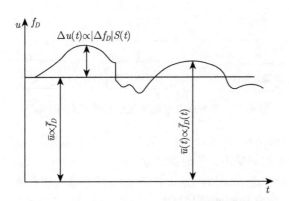

图 5-30　流场中速度和多普勒频率随时间的变化

多普勒信号还是一个变幅信号，由于激光光强的高斯分布、测量体光强分布也是不均匀的，其截面上的光强分布也近似于高斯分布 (见图 5-31)。当粒子横穿测量体时，由于测量体边缘光弱，中心光强，粒子穿越边缘时，散射光弱；粒子穿越中心时，散射光强，即粒子穿越测量体时，其散射光强也近似按高斯曲线规律变化。因此，多普勒信号也是一个近似呈高斯曲线规律变化的变幅信号。

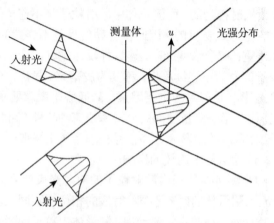

图 5-31　测量体横截面上的光强分布

多普勒激光测速仪的信号处理系统方框图如图 5-32 所示。

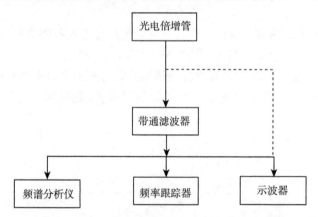

图 5-32　多普勒激光测速仪信号处理系统方框图

光电倍增管 (photomultiplier) 输出的波形包含直流成分、宽频率范围的多普勒信号以及与信号无关的噪声。带通滤波器 (band-pass filter) 能滤掉一切与调频信号无关的噪声。示波器 (oscilloscope) 接于滤波器的输入端和输出端，用来观察滤波器的工作情况，粗略地判断信号概况。在测定稳态流场某点的平均速度时，需使用频谱分析仪 (spectrum analyzer)，它能在所需要扫描的时间内给出多普勒频率的概率分布曲线, 在频域中能提取对应于最大概率的频率, 用它作为多普勒频移, 从而求得该点流体的平均速度。在进行频率变化较大的瞬时脉动值的测量时, 要使用频率跟踪器 (frequency tracker), 它的功能是将多普勒频移信号转换成电压模拟量, 输出与瞬时流速成正比的瞬时电压, 这个瞬时电压由数字式电压表测得, 它反映了多普勒频移的变化。

关于多普勒频移信号处理方法的详细解释, 感兴趣的读者可参见激光多普勒技术的专门书籍。

### 5.5.5 测量体

测量体 (measurement volume), 有的文献中将其看作是控制体 (control volume), 是激光多普勒测速的关键, 测量体的尺寸和光学特性决定了测量结果的准确度与质量。一般情况下, 将两个激光束在各自的腰部相交以建立测量体。一方面, 这样有利于获得测量体内高的光强, 对于检测通过测量体的微小粒子很有必要, 另一方面, 激光束腰部平面波阵面可以在测量体建立均匀的干涉条纹, 从而增强测量的可靠性和准确性, 否则测量体内可能出现条纹畸变, 从而引起测量误差。

如图 5-33 所示为测量体区域示意图。

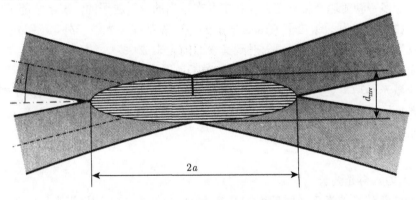

图 5-33 测量体区域示意图

图 5-33 中所示的测量体是一个近似的椭球体, 测量体的厚度, 即图中的 $d_{mv}$, 可以用腰部的激光束厚度表示:

$$d_{mv} = \frac{2w_0}{\cos \alpha} \tag{5-75}$$

式中, $\alpha$ 为两条激光束之间的夹角的一半。

测量体的厚度与激光束的厚度成正比, 因此测量体的厚度取决于光学系统的布置方案, 这与使用的光学透镜焦距相关。通常, 测量体的厚度在 0.05~0.1 mm 量

级。根据条纹间距与波长相光束叠加的交角之间的关系:

$$\Delta x = \frac{\lambda}{2\sin\alpha} \tag{5-76}$$

可计算测量体内的条纹数:

$$N = \frac{d_{\mathrm{mv}}}{\Delta x} = 4\frac{w_0}{\lambda}\tan\alpha \tag{5-77}$$

同样，测量体的长度取决于激光束腰厚度和两束激光之间的夹角，可由下式计算:

$$2a = \frac{d_{\mathrm{mv}}}{\tan\alpha} = \frac{2w_0}{\sin\alpha} \tag{5-78}$$

与测量体的厚度相比，测量体通常有 0.5~3mm 的有限长度，取决于光学系统的布置。测量粒子的尺寸最好与条纹间距相当或更小，对于较大的粒子，即使粒子中心位于测量体外，有效检测体大于独立的几何测量体时，粒子仍然可以散射激光而被检测。然而在需检测粒径时，如应用 PDPA 系统检测喷雾中的雾滴粒径，粒径的尺寸与测量体的匹配性就很重要。

### 5.5.6   示踪粒子

激光多普勒测速系统只有在流体中存在适当的散射粒子的情况下才能工作,这些散射粒子又称为示踪粒子 (tracer particles)。除某些荧光粒子外，示踪粒子本身不会发光，只有散射其他光源入射到其表面的光来成像。

激光测速的可靠性在很大程度上取决于散射光的光强，合理地选择示踪粒子比增加激光器功率更为有效而且节约成本。粒子散射光的强度不但取决于粒子的折射率 (refraction index) 和直径 $d_p$，而且与环境介质 (surrounding medium) 的折射率相关。粒径参数的表达式为

$$q = \frac{\pi d_p}{\lambda} \tag{5-79}$$

式中，$\lambda$ 为入射光波长。

1908 年建立的米氏散射理论 (Mie's scattering theory) 适用于直径大于入射光波长的球形粒子。散射光的强度随着粒子直径增加而增加。图 5-34 为在水中不同直径的玻璃球的散射光强分布极坐标图，共中入射光波长 $\lambda$ 为 532 nm，采用了对数坐标，所以相邻圆之间的光强相差 100 倍。

从图中可以看出，光沿各个方向散射，在不同方向上光强分布不均匀，在 180° 方向上的散射光强最大，在此处接收光应取得最佳的接收效果，然而实际的入射光强度有限，故常采用 90° 方向、即垂直于入射光方向接收的方式。随着粒径的增大，各个方向散射光强增大，所以在保证跟随性的前提下选择大尺寸示踪粒子对成像有促进作用。

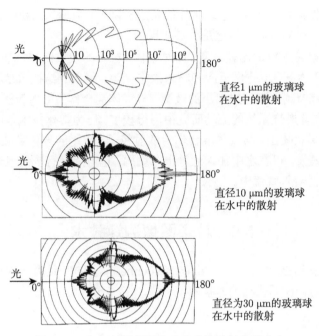

图 5-34 水中不同直径的玻璃球的散射光强分布

由于水的折射率远大于空气的折射率，相同尺寸的粒子在空气散射的光强较其在水中至少高出一个数量级，所以在水中要选用比空气中尺寸大的粒子。

一般而言，为了实现正确的多普勒测速，流体中的散射粒子既要有良好的跟随性，又要有较强的散射光的能力，粒子的形状最好是球形的，为了能更好地跟随流体运动，粒子的直径不宜过大，但如直径过小的话，则粒子会在没有外力的作用下作随机的布朗运动，引起信号失真。

综上所述，激光多普勒测速中散射粒子都有一个合适的尺寸范围。在实际应用中，流体中自然存在的运动粒子都不足以产生较强的散射光和获得较高的信噪比。大多数情况下都需要人为地加入散射粒子 (示踪粒子)。经验表明，对于气体，合适的粒子尺寸是 $0.1\sim1.0\mu m$；对于液体是 $1\sim10\mu m$。当流体为水时，通常用高分子化合物制成的直径为 $1\mu m$ 左右的小球为示踪粒子，按一定比例投入水中作为散射粒子，常用的高分子材料有聚乙烯、聚苯乙烯等。高分子化合物小球尺寸均匀，浓度容易控制。对于液体还有一个粒子密度和流体密度匹配的问题，最好是采用所谓"中性"粒子，即粒子的密度和流体的密度相等。当然在实际应用中这一点很难严格做到，只能尽可能接近。

测量体中粒子浓度应视测量的具体情况而定，粒子数量过多，测量体内各个粒子之间的速度差和相位差会引起频带变宽，测量精度下降。粒子数量太少，会使频率跟踪器脱落保护时间延长,系统工作的稳定性降低。最理想的粒子数量是使测量体内始终保持一个粒子,当然这是很难实现的。

液体中散射粒子投放比较方便,而对气体,粒子的投放比较复杂。常用的方法有蒸汽凝结、压力雾化、化学反应和粉末液态化等。蒸汽凝结技术是利用某些材料产生的蒸气,有控制地凝结成细小的液滴,与气体混合作为散射粒子,常用的材料是二辛脂,它在非燃烧系统的流动研究中用得较多。压力雾化技术是用高压使液体从喷嘴中成细雾状喷出,与气体混合作为散射粒子,常用的液体是硅油和水。为了防止雾化水滴蒸发,可在水中加入适量十二烷醇;也可用混有少量聚苯乙烯小球的水由压力雾化器喷入气流中。

## 5.6   粒子图像测速技术

粒子图像测速技术 (particle image velocimetry,PIV) 是另一种重要的激光测速技术,同样是一种无扰动测速技术。

### 5.6.1   基本原理

图 5-35 所示为二维 PIV 的测量原理图。在流场中撒播示踪粒子,以充当流体质点的作用。采用双脉冲激光器发出片光,片光照亮测量区域,在很短的时间间隔内,位于流动平面上的粒子被照亮至少两次。相机垂直于片光拍摄照亮的流动区域,粒子散射的光通过单帧或帧序列进行记录。从两幅与激光脉冲发光对应的图像上,根据示踪粒子在两个不同时刻的位置可判断其位移,根据激光脉冲发光的时间间隔,可以求解示踪粒子的速度。

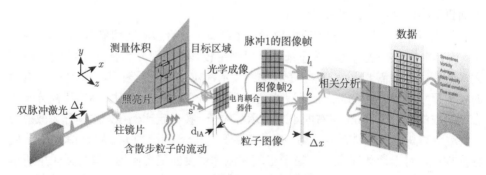

图 5-35   二维 PIV 的测量原理图

将相机拍摄的图像分割成大小适中的区域,利用图像处理算法求得粒子图像在已知时间间隔内的位移 $\Delta X$ 和 $\Delta Y$,由粒子图像和实际流场的放大系数即可算

出实际流场中对应区域的位移 $\Delta x$ 和 $\Delta y$, 进而得出速度矢量。计算公式为

$$\Delta x = \frac{\Delta X}{M} \tag{5-80}$$

$$\Delta y = \frac{\Delta Y}{M}$$

$$u = \frac{\Delta x}{\Delta t} \times 10^3 \tag{5-81}$$

$$v = \frac{\Delta y}{\Delta t} \times 10^3$$

式中, $\Delta x$ 和 $\Delta y$ 为流场中粒子实际位移, 单位为 mm; $\Delta X$ 和 $\Delta Y$ 为粒子图像位移, 单位为像素 (pixel) 为 $M$ 为比例系数, 单位为 pixel/mm; $\Delta t$ 为片光源时间间隔, 单位为 μs; $u$、$v$ 为 $x$ 和 $y$ 方向速度, 单位为 m/s。

通过 PIV 的原理可以看出, 这是一种间接测量速度的方法, 其通过测量示踪粒子位移和时间来求解速度。借助示踪粒子的速度来推测流体的速度, 这一点与激光多普勒测速相似。

PIV 最大的优点为整场测量, 这相对于 LDV 具有明显的优势。但是相对于 LDV, PIV 的时间分辨率较低。目前常规的 PIV 系统的时间分辨率均较低, 近年来随着高速激光器和相机的出现, 出现了时间分辨的 PIV, 其可以达到较高的时间分辨率。

Grant 在 1997 年主编的 *Particle Image Vecimetry : AReview* 一书中参考了 188 篇与 PIV 相关的文章或著作, 详细描述了 PIV 技术的发展过程。近 10 年间, PIV 技术得到了迅速的发展, 目前已提到了成功的应用。

### 5.6.2　分析方法

PIV 记录粒子图像的方式与激光器和相机的同步控制有关, 可分为两类: ①将两次脉冲曝光图像记录在一幅图片中; ②对应每一次脉冲曝光图像记录在不同的图片里。对应这两类不同的图像记录方式, 相应的称其为单幅/双曝光模式和双幅/双曝光模式。

PIV 系统从两次曝光的粒子图像中提取速度场时将粒子图像分成若干查问 (分辨) 区 (interrogation window), 其划分原则要求满足如下前提假设: 同一小区内的粒子有相同的移动速度, 并且作直线运动。

在早期的 PIV 技术中, 采用的是单幅/双曝光的胶片记录, 通常利用杨氏干涉条纹法来分析, 但该方法分析速度慢, 对粒子要求的粒径和浓度要求高, 否则很难得到杨氏干涉条纹, 另外由于图像记录在一幅图像上, 速度的方向存在 180° 的方向不确定性需要添加额外的手段确定速度方向。当前通常使用的是结合双幅/双曝

光的互相关分析法。互相关分析方法函数为：

$$f(x,y) = \sum_{x=0,y=0}^{x<n,y<n} I_1(x,y) \cdot I_2(x+\mathrm{d}x, y+\mathrm{d}y) - \frac{n}{2} < \mathrm{d}x, \;\; \mathrm{d}y < \frac{n}{2} \qquad (5\text{-}82)$$

式中，$I_1$, $I_2$ 为两次曝光的粒子图像的光强函数，$n$ 表示查问区域的大小。

互相关分析方法是 PIV 技术的核心方法之一，关于该方法的详细论述请读者参考 PIV 的专门著作。

### 5.6.3　PIV 技术的应用

在液相和气相介质流场中应用 PIV 技术的可行性早在 20 世纪 80 年代初期就由 von Karman 研究所论证过。目前，PIV 技术已经成为流动测量中的常规技术，该技术已经相当完整和成熟。

(1) 目前市场上常见的 PIV 产品为二维测量仪器，即测量流动平面上的二维速度，而三维测量则需要采用层析 PIV(tomo-PIV) 或多相机 PIV 等。同时，PIV 技术的分辨率不断提高，近几年发展起来的微 PIV(micro-PIV) 将 PIV 的分辨率从毫米级提升到微米级，使 PIV 能够用于测量小尺度流动。目前的高频相机和高功率激光器的联合应用产生了时间分辨的 PIV(time-resolved PIV)，在一定程度上克服了 PIV 不能捕捉瞬变现象的弱点。

(2) PIV 技术在多相流动中的应用一直是研究的热点问题之一。在固液两相流动中，固相粒子已存在，测量这些粒子的速度将得到固相的速度，如需测量液相的速度，则需额外加入示踪粒子。在汽液两相流动和多相流动中，根据气泡的尺寸和体积份额，PIV 技术实施的难易程度差异很大，有时无法获得可信的数据。例如，气泡尺寸较大时，片光照射后气泡会反光，导致气泡附近的示踪粒子成像模糊，直接导致测量失效。

(3) PIV 技术可以用于测量流体机械内部流动，然而限于流体机械内部流道的几何复杂性，对流动进行整体测量较难。将整个流体机械过流部分制造成为透明装置，从技术上是可行的，但需考虑强度、折射率、空间分辨率、介质、同步性等诸多因素的影响。所以目前在流体机械内部流动、尤其是以液体为输送介质的流动测量中应用 PIV 技术仍存在着局限性。

(4) PIV 实验时涉及的参数很多，然而很多参数是系统固有的，如相机分辨率、相机和激光器最大频率、激光最小可调时间间隔等；另外一些参数调整起来很不方便，或对测量结果影响不大，如光片厚度、相机焦距等，该类参数通常在设计试验时充分考虑，调节好了后在实际实验中不经常变动。在实际测量中，激光脉冲时间间隔以及查问区域大小是人为设定的，这两个实验参数对测量结果精度有重要影响，而且调整起来非常方便。

另外，与 LDV 不同，PIV 技术是用片光照亮测量区域，此时若增加粒子数，多个粒子将产生多重散射，增强了粒子散射的光强，粒子数越多，散射光强越强。然而，当粒子数密度增加时，背景噪声会加剧，另外，仅增加粒子数并不能确定一定能增加有效粒子的数量，因为粒子直径不同，就无法估计有效粒子的尺寸和粒子之间的速度差。

图 5-36、图 5-37 和图 5-38 分别为采用 PIV 测量的流场实例，其中图 5-36 为圆管内的截面速度分布曲线，测量时采取在圆管外设置方形水套的方式以防止曲面折射率的影响。图 5-37 为水流绕过一圆柱后的尾流场，流动方向自右向左。图 5-38 为一旋流泵叶片流道内的大尺度涡形态，泵轴为水平放置，叶片为直叶片。

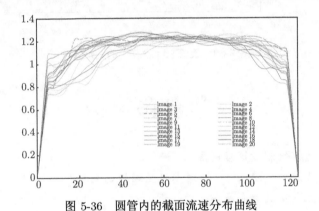

图 5-36  圆管内的截面流速分布曲线

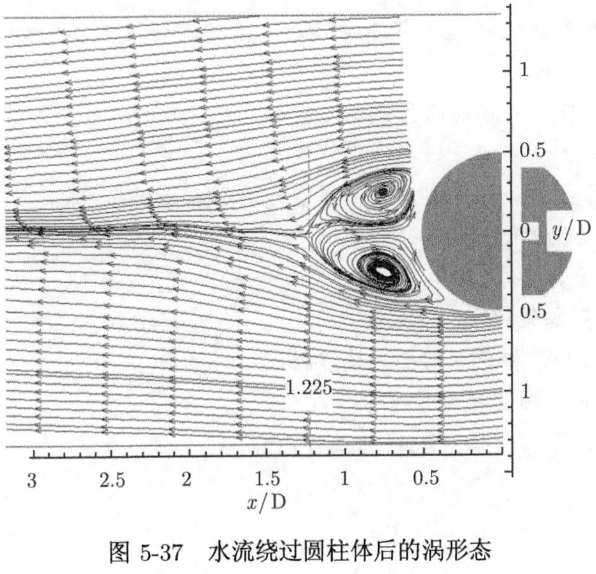

图 5-37  水流绕过圆柱体后的涡形态

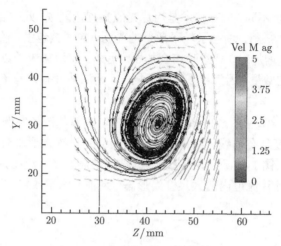

图 5-38　旋流泵叶轮腔内的涡形态

1) 简述测速探针测量速度的原理。

2) 在高速气流中测速，为何要考虑可压缩性的影响？

3) 简述二元气流的测向原理。

4) 简述圆柱形三孔探针测量气流方向、总压、静压和速度的方法及步骤。

5) 如何利用球形五孔探针测量空间气流方向？

6) 简述热线风速仪测速的基本原理；测量气流速度大小和方向时，热线与气流方向的夹角应为多少度？

7) 受激辐射与自发辐射的区别。

8) 光的相干性。

9) 如何利用多普勒激光测速仪测量管道中液流速度？

10) 激光多普勒测速原理。

11) 示踪粒子的要求。

12) PIV 的基本原理。

13) PIV 与 LDV 相比，优点与缺点。

14) PIV 中的互相关技术。

15) 气体激光器和固体激光器的工作原理。

# 第6章 流量测量

## 6.1 流量测量方法概述

### 6.1.1 流量的定义

在能源与动力工程领域, 流体的流量 (flow rate) 是指单位时间内通过某一位置或截面的流体的量, 可以用质量或体积表示, 对应的流量称为质量流量 (mass flow rate), 用 $q_m$ 表示, 和体积流量 (volume flow rate), 用 $q_V$ 表示, 它们之间的关系为

$$q_m = \rho q_V \tag{6-1}$$

由于流体的密度 $\rho$ 随流体的其他状态参数 (压力、温度) 变化而变化, 所以在说明体积流量时, 必须同时指明流体的压力和温度, 特别是, 流体为气体时。为了便于比较, 常需把它在工作状态下的体积流量折算到标准状态 (压力为 101325Pa、温度为 0 ℃) 下的体积流量。

在工程实际中, 有时需要知道某段时间间隔内通过某流通截面的流体总量, 这就是所谓的累计流量 (accumulated flow rate)。累计流量除以相应的时间间隔即为该时间段内的平均流量。

流量测量方法也可分为直接测量法和间接测量法两种。直接测量法就是准确地测量出某一间隔时间内流过的流体总量, 然后算出平均流量。流量测量的另一种方法就是测量与流量 (或流速) 有关的物理量, 再利用相应的关系式求得流量的间接测量法, 如节流法、速度法、力矩法等。目前工程上和科学实验中多数采用间接测量流量的方法。

流量计的工程应用极为广泛。流量计的准确度的提高并没有速度测量和压力测量那样快。以孔板流量计为例, 其商业化始于 20 世纪初, 至今其典型的准确度仅为 ±2%, 但在很多国家仍然是天然气输送过程中的主流流量计。高精度的流量计, 如科里奥利流量计的技术已经相当成熟, 但传统的流量计仍然占据市场的主流。

目前, 国际流量计市场上传统的和现代的流量计共存, 不同国家的主流流量计不同, 如许多发达国家的电磁流量计应用非常普遍, 而许多发展中国家还以节流式流量计为主。流量计的应用与应用场合密切相关, 如化工、食品行业对流量计的要求就远高于普通的供水系统所用的流量计。

### 6.1.2　流量计分类

依据流量仪表的测量方式，可将其划分为如下三类：

#### 1. 容积型流量计

该型流量计通过测量在单位时间内进入或排出某定容容器的次数来计算流量，即

$$q_V = nV \tag{6-2}$$

式中，$V$ 为定容容器的容积；$n$ 为单位时间内被测流体进入或排出定容容器的次数。

容积型流量计工作原理简单，测量结果受流动状态影响较小，精度较高，尤其适合于测量高黏度和低雷诺数的流体，但不适宜测量高温高压和脏污介质的流量。常见的容积型流量计有：椭圆齿轮流量计、腰轮 (罗茨) 流量计、刮板式流量计、伺服式容积流量计、皮膜式流量计和转筒流量计等。

#### 2. 速度型流量计

当流通截面确定以后，流体的体积流量便是截面面积和平均速度的乘积了，速度型流量计便是依据此原理工作的，通过测量流通截面的流速或是与速度相关的物理量便可换算成流量。该类流量计可用于高温高压流体流量的测量，精度较高。然而，由于其采用平均速度作为测量基准，因此，极易受到流动状态变化的影响，如雷诺数、涡流、截面速度分布等，这使得其较难实现精确测量。

常用的速度型流量计有节流式流量计、转子流量计、涡轮流量计、电磁流量计和超声波流量计等。

#### 3. 质量型流量计

质量型流量计利用与流体质量相关的物理效应来测量流量，如科里奥利质量流量计。

流量计的种类繁多、适用范围各异，正确地选择流量计对于保证流量测量精度十分重要，因此，要根据被测流体的性质、测量用途和工况条件合理选择流量计。

## 6.2　节流式流量计

### 6.2.1　基本原理

当流体流经孔板、喷嘴或文丘里管等节流元件 (throttling element) 时，受限于急剧收缩的局部截面，将会产生速度增加和静压下降的节流现象。流体的流速越大，即相同流通截面下的流量越大，则其节流压降也越大。通过测量节流元件前后

的静压差，就可以间接算出流量，所以节流装置也称为压差式流量计 (differential pressure flowmeter)。据统计，目前世界上近 40% 的流量计市场仍被压差流量计统治，即孔板、文丘里、喷嘴流量计等。

节流式流量计由节流装置、压差信号管道 (导压管) 和压差计三部分组成。流体通过节流元件所产生的压差信号经导压管传入压差计，压差计则将压差信号以不同形式传送给显示仪表，完成被测流体压差或流量的显示、记录和自动控制。

流体经各种节流装置时压力分布和速度分布是类似的。图 6-1 所示的是流体流经管道内的孔板时的压力分布，在 I-I 截面以后，管道表面上各点的静压力是不同的，图中实线表示管壁处的压力，虚线表示来流中心的压力。在流体收缩最严重的截面 II-II 处，压力降至最低，流速达到最大，在 II-II 截面以后，流体逐渐充满管道，压力又逐渐恢复。但由于阻力损失，压力不可能恢复到孔板前的压力值。这种测量流量的方法是以能量守恒定律和流体的连续性方程为基础的。

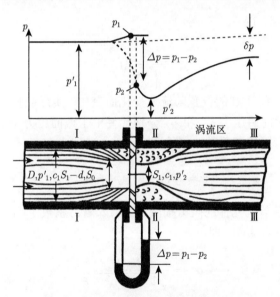

图 6-1　流体流经节流孔板时的流动状况

对于理想流体和水平安装的管道，I-I 和 II-II 截面间的伯努利方程为

$$\frac{p_1'}{\rho_1} + \frac{v_1^2}{2} = \frac{p_2'}{\rho_2} + \frac{v_2^2}{2} \tag{6-3}$$

式中，$p_1'$，$p_2'$ 分别是截面 I-I 及 II-II 的绝对压力，单位为 Pa；$v_1$，$v_2$ 分别是截面 I-I 及 II-II 的平均流速，单位为 m/s；$\rho_1$，$\rho_2$ 分别是截面 I-I 及 II-II 流体密度，单位为 kg/m³。

如果忽略可压缩性，即 $\rho_1 = \rho_2 = \rho =$ 常数，则式 (6-3) 可写成：

$$(p_1' - p_2')/\rho = (v_1^2 - v_2^2)/2 \tag{6-4}$$

$$S_1 v_1 = S_2 v_2$$

根据连续性方程

$$令 S_2 = \mu S_0, \quad S_0 = m S_1$$

式中，$S_1$ 是管道的横截面积，单位为 $\mathrm{m}^2$；$S_2$ 为在 II-II 截面上，流束收缩到最小处的截面面积，单位为 $\mathrm{m}^2$；$S_0$ 是节流元件的开孔面积，单位为 $\mathrm{m}^2$；$\mu$ 是流束收缩系数，$\mu = S_2/S_1$；$m$ 是节流元件开孔面积与管道横截面积之比，$m = S_0/S_1$。

有

$$v_1 = \mu m v_2$$

将上式代入式 (6-4)，得

$$c_2 = \frac{1}{\sqrt{1 - \mu^2 m^2}} \sqrt{\frac{2}{\rho}(p_1' - p_2')} \tag{6-5}$$

由于截面 I-I 和 II-II 的位置随流速变化而变化，实际测量中，取压位置是在孔板前后，用孔板前后压力 $p_1$ 和 $p_2$ 分别代替 I-I 截面压力 $p_1'$ 及 II-II 截面压力 $p_2'$ 将引起误差，可用修正系数 $\psi$ 进行修正：

$$\psi = (p_1' - p_2')/(p_1 - p_2)$$

考虑流体流经节流元件的阻力损失，可引入阻力系数 $\xi$，最后用流量系数 $\alpha^*$ 表示这些系数的综合影响，即

$$\alpha^* = \frac{\mu\sqrt{\psi}}{\sqrt{1 - \mu^2 m^2 + \xi}} \tag{6-6}$$

由此得流体的体积流量：

$$Q = S_2 c_2 = \alpha^* S_0 \sqrt{\frac{2(p_1 - p_2)}{\rho}} \tag{6-7}$$

当考虑到流体的可压缩性时，在流量公式中引入流束膨胀系数 $\varepsilon$ 进行修正，这时体积流量为

$$Q = \alpha^* \varepsilon S_0 \sqrt{2(p_1 - p_2)/\rho} \tag{6-8}$$

用标准节流元件测流量时，系数 $\alpha^*$、$\varepsilon$ 都与系数 $\beta$ 有关，而

$$\beta^2 = (d/D)^2 = m$$

式中, $d$ 是节流元件开孔直径; $D$ 是管道直径。

为了用压差 $(p_1 - p_2)$ 表示流量, $\alpha^*$、$\varepsilon$ 之值必须已知。为此, 国内外都定有标准, 明确地规定了各种标准节流元件的结构和尺寸要求, 并以图线或表格的形式给出了 $\alpha^*$ 及 $\varepsilon$ 值。这样, 就可以根据节流元件前后的压差确定被测流量。

### 6.2.2 标准节流装置

标准节流装置由节流元件、取压设备和节流元件前后的直管段组成, 只要其结构、加工和使用条件符合国家标准规定, 流量就可由压差通过计算确定, 而不用另行标定。

标准孔板 (standard orifice plate) 和标准喷嘴 (standard nozzle) 的结构和装置分别如图 6-2 和图 6-3 所示。孔板和喷嘴的开孔直径 $d$ 是主要尺寸, 它们的加工应符合国家有关标准的规定。孔板加工简单、造价低廉, 但压力损失大。喷嘴价格较高, 但压力损失较小。

孔板取压方法有角接取压、法兰取压和径距取压三种。角接取压时, 在紧靠孔板两侧取 $p_1$、$p_2$, 并可使用环形取压室; 法兰取压时, $p_1$、$p_2$ 分别在孔板前后 $25.4 \pm 0.8$mm 之处测取; 径距取压时, $p_1$ 和 $p_2$ 分别在孔板前后 D 和 0.5D 处测取。不同的取压方法所适用的 $\beta$ 值范围是不同的。喷嘴的取压只能采用角接方式。

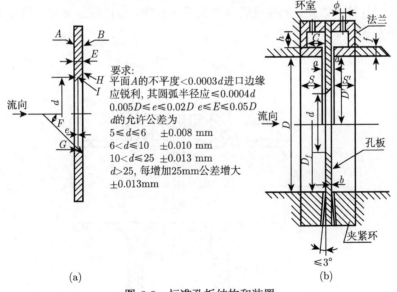

要求:
平面 $A$ 的不平度 $< 0.0003d$ 进口边缘
应锐利, 其圆弧半径应 $\leqslant 0.0004d$
$0.005D \leqslant e \leqslant 0.02D$  $e \leqslant E \leqslant 0.05D$
$d$ 的允许公差为
$5 \leqslant d \leqslant 6$  $\pm 0.008$ mm
$6 < d \leqslant 10$  $\pm 0.010$ mm
$10 < d \leqslant 25$  $\pm 0.013$ mm
$d > 25$, 每增加25mm公差增大
$\pm 0.013$mm

(a)                                    (b)

图 6-2 标准孔板结构和装置

(a) 标准孔板; (b) 标准孔板装置

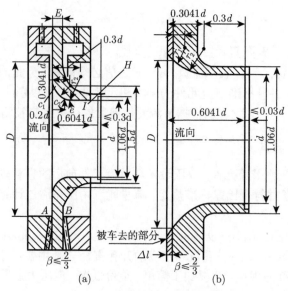

图 6-3　标准喷嘴结构和装置

(a) 标准喷嘴；(b) 标准喷嘴装置

根据节流装置取压口位置可将取压方式分为理论取压、角接取压、法兰取压、径距取压与损失取压五种。目前广泛采用的是角接取压法，其次是法兰取压法。角接取压法比较简便，容易实现环室取压，测量精度较高。法兰取压法结构较简单，容易装配，计算也方便，但精度较角接取压法低些。角接取压装置见图 6-4。法兰取压装置如图 6-5 所示。

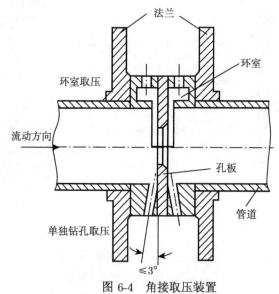

图 6-4　角接取压装置

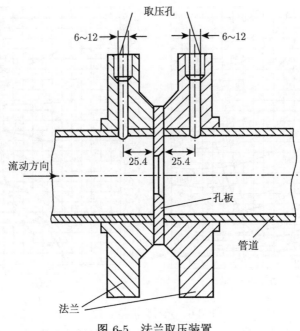

图 6-5　法兰取压装置

　　节流装置一般安装在水平管道内，节流元件前后的直管段长度，对于不同类型的节流装置是不同的，但为了保证测量精度，安装在管道内的节流元件前后应有足够长的直管段，否则流量系数 $\alpha$、膨胀系数 $\varepsilon$ 就不等于国家标准中所给出的数值。另外，如果欲测量节流前流体的温度，需要在管道上安装带有保护套的温度计。

### 6.2.3　标准节流装置的有关参数

#### 1. 流量系数 $\alpha^*$

　　$\alpha^*$ 除与 $\beta$、$Re_D$ 有关外，还受管道壁面粗糙度 (surface roughness) 的影响。管道越粗糙，截面上速度分布越不均匀，$\alpha^*$ 就越大。管道粗糙度用绝对粗糙度 $K_c$ 或相对粗糙度 $K_c/D$ 来表示，常用管道的粗糙度可查找有关标准。

　　为了使用方便，对于标准节流装置，在光滑管道的 $K_c/D \leqslant 0.0004$ 部分，往往用式 (6-6) 计算 $\alpha^*$ 值，此值称为光滑管流量系数或原始流量系数。光滑管的相对粗糙度的允许值与 $\beta$ 值有关。当采用角接法取压时，其 $\alpha_0^* = f(\beta, Re_D)$ 的值 $Re_D$ 是流体流经管道时的雷诺数，由图 6-6 查找。由图 6-6 可知，不同的节流装置的 $\alpha_0$ 不同。对于同一节流装置在某一 $\beta$ 值条件下，$\alpha_0^*$ 随 $Re_D$ 变化，但 $Re_D$ 大到某一值时，可认为 $\alpha_0^*$ 是常数。

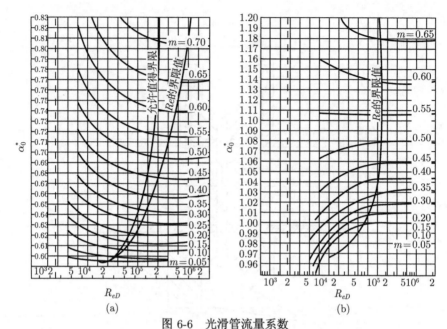

图 6-6　光滑管流量系数

(a) 标准孔板的流量系数；(b) 标准喷嘴的流量系数

如果实际管道的粗糙度没有超过光滑管的允许值，则可取 $\alpha_0^*$ 作为 $\alpha^*$ 值。若实际管道的粗糙度不满足这一要求，则需对 $\alpha_0^*$ 进行修正，修正公式为

$$\alpha^* = \alpha_0^* \gamma_c \tag{6-9}$$

式中，$\gamma_c$ 为管道粗糙度修正系数，其值用下式计算：

$$\gamma_c = (\gamma_0 - 1)\left(\frac{\lg Re_D}{n}\right)^2 + 1$$

式中，$n$ 是系数，对于标准孔板，$n = 6$，对于标准喷嘴，$n = 5.5$；$\gamma_c$ 是由 $\beta$ 和 $D/K_c$ 决定的对管道粗糙度的原始修正系数。当 $\lg Re_D \geqslant 1$ 时，取 $\gamma_c = \gamma_0$。

2. 流量膨胀校正系数 $\varepsilon$

可压缩流体流经节流元件时，压力的变化将引起流体体积的变化。因此，应用节流装置测量可压缩流体流量时，应考虑流体体积变化对流量测量结果的影响，为此引入流量膨胀校正系数 $\varepsilon$。

标准节流装置的 $\varepsilon$ 是与节流元件前后的压比 $p_2/p_1$(或 $\Delta p/p_1$)、被测流体的等熵指数 $\kappa$ 以及直径比 $\beta$ 等因素有关的函数。与流量测量装置有关的国标 GB2624 给出的有关经验公式如下：

(1) 采用角接取压标准孔板时，在 $p_2/p_1 \geqslant 0.75$、$50\text{mm} \leqslant D \leqslant 1000\text{mm}$ 和 $0.22 \leqslant \beta \leqslant 0.8$ 范围内，可压缩流体的膨胀校正系数 $\varepsilon$ 为

$$\varepsilon = 1 - (0.3707 + 0.3184\beta^4) \left[ 1 - \left( \frac{p_2}{p_1} \right)^{\frac{1}{\kappa}} \right]^{0.935} \tag{6-10}$$

(2) 采用法兰取压标准孔板时，在 $p_2/p_1 \geqslant 0.75$、$50\text{mm} \leqslant D \leqslant 750\text{mm}$ 和 $0.1 \leqslant \beta \leqslant 0.75$ 范围内，可压缩流体的膨胀校正系数 $\varepsilon$ 为

$$\varepsilon = 1 - (0.41 + 0.35\beta^4) \frac{\Delta p}{p_1} \frac{1}{\kappa} \tag{6-11}$$

(3) 对于标准喷嘴，在 $p_2/p_1 \geqslant 0.75$、$50\text{mm} \leqslant D \leqslant 750\text{mm}$ 和 $0.1 \leqslant \beta \leqslant 0.75$ 范围内，可压缩流体的膨胀校正系数 $\varepsilon$ 为

$$\varepsilon = \left[ \left( 1 - \frac{\Delta p}{p_1} \right)^{\frac{2}{\kappa}} \frac{\kappa}{\kappa - 1} \frac{1 - \left( 1 - \frac{\Delta p}{p_1} \right)^{\frac{\kappa-1}{\kappa}}}{\frac{\Delta p}{p_1}} \frac{1 - \beta^4}{1 - \beta^4 \left( 1 - \frac{\Delta p}{p_1} \right)^{\frac{2}{\kappa}}} \right]^{\frac{1}{2}} \tag{6-12}$$

也可由图 6-7 所示曲线查得。

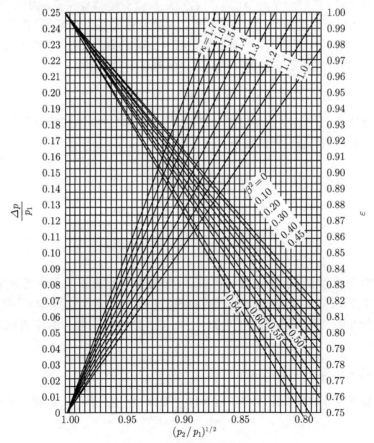

图 6-7  标准喷嘴的 $\varepsilon$ 值

上述三式适用于气体介质, 分别是根据空气、水蒸气和天然气实验得出。

在实际测量中, 由于 $\Delta p/p_1$ 在一定范围内变化, 即使用同一标准节流装置测量同一流体, 其 $\varepsilon$ 值也会产生波动, 从而引起测量误差。因此, 在一般设计计算时, 应当取常用流量 $q_u$ 下的 $(\Delta p/p_1)_u$ 计算 $\varepsilon$。常用流量所对应的压差 $\Delta p_u$ 为

$$\Delta p_u = \left(\frac{q_u}{q_{\max}}\right)^2 \Delta p_{\max} \tag{6-13}$$

式中, $q_{\max}$ 和 $\Delta p_{\max}$ 分别为选用流量计的流量刻度上限值以及与此对应的压差计的刻度上限值。在没有给出常用流量值 $q_u$ 的情况下, 可取流量计流量刻度上限的 70% 作为常用流量进行计算。

### 6.2.4   节流式流量计测量结果的修正

采用节流式流量计进行流量测量时, 对于装置的设计、制造、安装和使用都有十分严格的要求, 任何一个环节的不符合规定都会引起测量误差。为此, 选用该类流量计时务必要严格遵照有关标准和规程。如果某些要求无法满足, 则必须根据实际情况对测量结果进行修正。下面主要介绍当被测流体的成分、工作状态 (温度和压力) 偏离流量计的设计条件时, 测量结果的修正方法。

1. 节流元件开孔尺寸 $d$ 因温度变化的修正

被测流体的工作温度偏离室温较多时, 应该考虑材料热胀冷缩现象对节流元件开孔尺寸的影响, 修正方法如下:

$$d' = d[1 + \alpha_l(T' - T)] \tag{6-14}$$

$$c_d = \left(\frac{d'}{d}\right)^2 \tag{6-15}$$

$$q'_V = c_d q_V \tag{6-16}$$

式中, $T$、$T'$ 分别为节流元件在设计状态下的温度和被测流体的实际工作温度; $d$、$d'$ 为节流元件分别在 $T$、$T'$ 温度下的开孔直径; $\alpha_l$ 为节流元件材料的线膨胀系数; $c_d$ 为节流元件孔径变化的流量修正系数; $q_V$、$q'_V$ 分别为流量计的流量指示值和修正值。

2. 被测流体密度 $\rho$ 变化的修正

引起被测流体密度变化的主要因素包括成分、温度和压力, 该项修正系数可统一表达为

$$c_\rho = \sqrt{\frac{\rho}{\rho'}} \tag{6-17}$$

$$q'_V = c_\rho q_V \tag{6-18}$$

式中，$\rho$、$\rho'$ 分别为设计状态下的流体密度和被测流体在工作状态下的实际密度；$c_\rho$ 为被测流体密度变化的修正系数。

对于被测流体，其工作状态下的实际密度可用下式计算：

$$\rho' = \rho_0 \frac{T_0 p'}{T' p_0} \frac{Z_0}{Z'} \tag{6-19}$$

式中，$\rho_0$、$T_0$、$p_0$ 和 $Z_0$ 分别为被测流体在标准状态下的密度、温度、压力和压缩系数；$\rho'$、$T'$、$p'$、$Z'$ 分别为被测流体在工作状态下的密度、温度、压力和压缩系数。

当流量计按流体的标准状态设计时，$\rho = \rho_0$，则修正系数为

$$c_\rho = \sqrt{\frac{T' p_0}{T_0 p'} \frac{Z'}{Z_0}} \tag{6-20}$$

**3. 综合修正系数**

当综合考虑上述开孔尺寸和密度的影响因素时，流量测量结果可按下式修正：

$$q'_V = c q_V \tag{6-21}$$

$$c = c_d c_\rho \tag{6-22}$$

式中，$c$ 为考虑被测流体的工作状态参数偏离设计值时的流量综合修正系数。

### 6.2.5 节流式流量计的使用要求

节流式流量计历史悠久、技术成熟，因没有移动部分，易于使用，故应用广泛；其结构简单、使用寿命长；几乎能测量各种工况下的流体流量，包括常压、高压、真空、常温、高温、低温等不同工作状态；测量对象亦可涵盖单相和混相流体，不但适用于洁净流体，对脏污流体也有一定的适应性，可用于测量大多数液体、气体和蒸汽的流速；此外它还能测量亚声速流、临界流、脉动流；测量的管径可从几毫米到几米。节流式流量计的缺点是节流元件堵塞或磨损后，会产生压力损失，影响测量精确度。

除标准喷嘴和标准孔板外，常用的节流差压式流量计还有文丘里流量计 (Venturi flowmeter)，其关键部件文丘里管如图 6-8 所示。

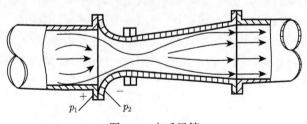

图 6-8  文丘里管

文丘里管的压力损失最低,有较高的测量精度,对流体中的悬浮物不敏感,可用于污脏流体介质的流量测量,在大管径流量测量方面应用得较多;但尺寸大、笨重,加工困难,成本高,一般用在有特殊要求的场合。为了测量精确,在文丘里管前面应该至少设有长度为管道直径的 5~10 倍的直管段,具体的直管段长度取决于进口断面的条件。随管径比增加,进口断面处流动影响增大。压力差测量应该用管道周围的环形测压管,并保证在两个被测断面处有适当的开孔数。

测量管道截面应为圆形,节流件及取压装置安装在两圆形直管之间。节流件附近管道的圆度应符合标准中的具体规定。当现场难以满足直管段的最小长度要求或有扰动源存在时,可考虑在节流件前安装流动整流器,以消除流动的不对称分布和旋转流等情况。安装位置和使用的整流器型式在标准中有具体规定。

# 6.3   涡轮流量计

### 6.3.1   工作原理

涡轮流量计 (turbine flowmeter) 可以测液体或气体的流量,且能达到很高的精度。涡轮流量计的叶轮是轴流式的。涡轮流量计的雏形来自于 Woltman 在 1790 年的发明。在 20 世纪 40 年代末,美国的天然气工业的发展提出了在大口径、高压、长距离的输送管道内精确测量流量,给予了涡轮流量计发展的动力。今天,各式各样的涡轮流量计已被成功应用于石油、化学工业、低温工程、食品、航空等重要工业领域。

涡轮流量计是一种典型的速度型流量计,图 6-9 和图 6-10 分别给出了涡轮流量变送器结构图和系统框图。涡轮用导磁的不锈钢做成,两端由轴承支承。磁电转换装置多用磁阻式的,它是把磁钢放在感应线圈内,当流体流过流量计时便推动涡轮旋转,当涡轮旋转时,周期性地改变磁电装置的磁阻值,这样,感应线圈磁通量的变化就会感应出脉冲电信号。导流器是将流入变送器的流体在到达涡轮前进行整流,以消除涡流,保证仪表精度。

根据涡轮的旋转运动方程可以推出,涡轮的转速 $n$ 与被测流体的平均速度 $v$ 成正比,即与被测量流量的大小成正比。涡轮的旋转使得导磁的叶片周期性地改变检测器中磁路的磁阻值,从而使通过感应线圈的磁通量发生变化,在感应线圈的两端即感生出电脉冲信号,在一定的流量范围内,该电脉冲频率 $f$ 与流经流量计的流体的体积流量成正比,即

$$q_V = \frac{f}{K} \tag{6-23}$$

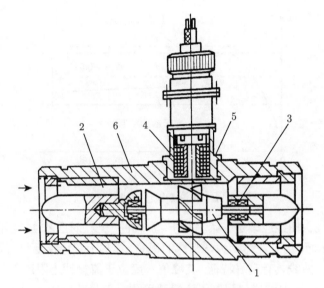

图 6-9 涡轮流量变送器结构图

1-涡轮；2-导流器；3-轴承；4-感应线圈；5-永久磁钢；6-壳体

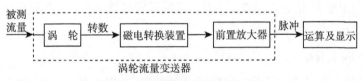

图 6-10 涡轮流量变送器系统框图

式中，$f$ 的单位为 Hz；$K$ 为流量计的仪表常数，其单位为次/$m^3$，它与涡轮流量变送器的结构以及被测流体的性质等因素有关，一般通过实验方法进行标定；$q_V$ 为流量，单位为 $m^3/s$。

由此可见，测量出涡轮流量变送器输出的电脉冲频率，并进行相应的运算，就可以得到被测流量的值。

### 6.3.2 涡轮流量计的基本特性

#### 1. 线性特性

从转换器输出的电脉冲频率与被测体积流量之间的关系表达式不难发现，只有当涡轮流量计的仪表常数 $K$ 为一恒定不变的常数时，才能保证被测体积流量 $q_V$ 与脉冲频率 $f$ 之间具有理想的线性关系；否则该函数关系即为非线性的。因此，仪表常数 $K$ 在流量范围内的变化特性反映了涡轮流量计的线性特性，以 $K$-$q_V$ 曲线表示，如图 6-11 所示。

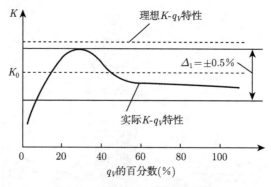

图 6-11　涡轮流量计的线性特性

理想的 $K$-$q_V$ 曲线应该是一条平行于 $q_V$ 轴的直线, 对应着 $K$ 为不随流量大小变化的常数。然而, 由于流体动力学性能的影响, 再加上涡轮承受阻力矩的作用, 使得实际的 $K$-$q_V$ 曲线具有高峰特征, 其峰值一般位于流量计上限流量的 20%~30% 范围处。明显地, 该曲线峰值限制了流量计可测量流量范围的下限。为了拓展流量计的测量下限, 设计流量计时, 应该尽量减轻涡轮质量, 减少涡轮转动部分的摩擦阻力矩, 使得 $K$-$q_V$ 曲线高峰的位置尽可能前移、峰谷压平, 以拓展线性工作段, 使小流量范围的 $K$ 值也为常数。另外, 选用涡轮流量计时, 应尽量使测量范围位于流量计 $K$-$q_V$ 曲线的线性段。

**2. 压力损失特性**

当流体流经涡轮流量计推动涡轮转动时, 需要克服各种阻力矩, 必然产生压力损失。流量越大, 涡轮的转速越高, 相应的惯性力矩和摩擦阻力矩也就越大, 引起的压力损失相应增加; 同时, 流体的黏度越大, 产生的黏滞阻力矩越大, 压力损失也就越大。此外, 压力损失还与流量计的结构尺寸和制造工艺水平有关。

### 6.3.3　影响涡轮流量计测量结果的主要因素

涡轮流量计的仪表常数 $K$ 是流体物性参数和涡轮变送器结构特征尺寸的函数。对于确定的涡轮变送器, 其 $K$ 值是在特定状态下, 采用特定的介质标定的。当被测量流体的性质和工作状态偏离标定条件时, 流量计的特性将发生变化, 从而引起测量结果的误差。因此, 应该对影响涡轮流量计测量结果的主要因素进行考察, 并对测量结果进行相应修正。

**1. 流体黏度的影响**

涡轮流量计的仪表常数 $K$ 与流体的黏度密切相关, 随着流体 (尤其是液体) 黏度的增大, 流量计的线性测量范围缩小。对用于测量液体的涡轮流量计, 仪表制造厂所提供的仪表常数通常是用常温的水标定的。试验表明, 这种仪表用于测量黏度

为 $1 \times 10^{-6} \mathrm{m}^2/\mathrm{s}$ 左右的轻质油和其他液体介质时，可获得满意的结果，不必再做单独标定；用于测量黏度大于 $1 \times 10^{-6} \mathrm{m}^2/\mathrm{s}$ 而小于 $15 \times 10^{-6} \mathrm{m}^2/\mathrm{s}$ 的液体时，尽管流量计的仪表常数与标定时的数值有所偏离，但其测量精度尚能满足工业测量的要求。但是，当被测液体的黏度大于 $15 \times 10^{-6} \mathrm{m}^2/\mathrm{s}$ 时，流量计的测量误差明显增大，其变送器特性必须在实际工作条件下重新标定。

### 2. 流体密度的影响

涡轮流量计是一种速度型流量计，它根据流体速度的大小测量流体的体积流量。由其工作原理可见，流体推动涡轮旋转的过程实际上是将流体的动能转换为机械能的过程，也就是说，推动涡轮转动的力矩不仅与流动速度成正比，还与流体的密度成正比。当被测流体的流速不变时，流体密度的变化也会引起涡轮转速的变化，因而引起涡轮流量计读数的测量误差。所以，当被测流体的密度值受状态参数(温度、压力) 的影响而发生显著改变时，需要加入补偿器以补偿相应的测量误差。

### 3. 流体压力和温度的影响

当被测流体的压力和温度与流量计标定时的状态有较大偏离时，将使涡轮变送器的结构尺寸及其内部的流体体积发生变化，从而影响到流量计的特征。对此，有关修正方法如下。

(1) 压力变化引起涡轮变送器结构尺寸变化的修正系数为

$$K_1 = 1 + \Delta p \frac{(2 - \mu)2R}{E\left(1 - \dfrac{A}{ER}\right)2h} \tag{6-24}$$

式中，$\Delta p$ 为涡轮变送器工作压力与标定压力之差；$\mu$ 为涡轮变送器壳体材料的泊松比；$R$ 为涡轮变送器的公称半径；$E$ 为涡轮变送器壳体材料的拉伸弹性模量；$A$ 为涡轮变送器叶轮的截面积；$h$ 为涡轮变送器壳体厚度。

(2) 温度变化引起涡轮变送器结构尺寸变化的修正系数为

$$K_2 = (1 + \alpha_1 \Delta T)^2 (1 + \alpha_2 \Delta T) \tag{6-25}$$

式中，$\alpha_1$、$\alpha_2$ 分别为涡轮变送器壳体和叶轮材料的线膨胀系数；$\Delta T$ 为涡轮变送器工作温度与标定温度之差。

(3) 压力变化引起涡轮变送器内部流体体积变化的修正系数为

$$K_3 = \frac{1 - p_0 Z_0}{1 - pZ} \tag{6-26}$$

式中，$p_0$、$p$ 分别为涡轮变送器的标定压力和工作压力；$Z_0$、$Z$ 分别为被测流体在流量计标定温度和工作温度下的压缩系数。

(4) 温度变化引起涡轮变送器内部流体体积变化的修正系数为

$$K_4 = (1 + \alpha \Delta T) \tag{6-27}$$

式中，$\alpha$ 为被测流体的热膨胀系数。

因此，在流体压力和温度同时变化的情况下，对流量计测量结果的综合修正公式为

$$q'_V = K_1 K_2 q_V \tag{6-28}$$

$$q'_m = \rho \frac{K_3}{K_4} q'_V = \rho K_1 K_2 \frac{K_3}{K_4} q_V \tag{6-29}$$

式中，$q'_V$、$q'_m$ 分别为修正后的被测流体的体积流量和质量流量；$q_V$ 为未经修正的流量计读数；$\rho$ 为被测流体在流量计标定状态下的密度。

#### 4. 流动状态的影响

涡轮流量计的仪表特性直接受流体流动状态的影响，其中对涡轮变送器进口处的流速分布尤为敏感。进口处流速的突变和流体的旋转可能导致明显的测量误差，而这些流动状态的形成主要取决于该处的管道结构。为了改善进口处的流动状态，除了在涡轮变送器上游安装导流器外，还必须保证其前后均有一定长度的直管段，一般要求上游直管段长度为 $20D$，下游为 $5D$。

涡轮流量计只能水平安装，流体的主流流动方向必须与流量计壳体上指示的方向一致。当流体中含有杂质时，流量计的上游侧可安装过滤器，滤网的目数一般为 $20\sim60$ 目，且不引起明显的阻力损失。涡轮流量计内必须充满介质。涡轮流量计的使用应避开高温、振动强烈、磁场干扰和腐蚀性强的场合。涡轮流量计同样需要标定，一般标定时间间隔为一年。

# 6.4　电磁流量计

## 6.4.1　电磁流量计的测量原理

电磁流量计 (electromagnetic flowmeter) 是基于法拉第电磁感应原理制成的一种流量计，如图 6-12 所示。当被测导电流体在磁场中沿垂直磁力线方向流动而切割磁力线时，在对称安装在流通管道两侧的电极上将产生感应电势，此电势与流速成正比。流体流量方程为

$$q_V = \frac{1}{4}\pi D^2 u = \frac{\pi D}{4B}E = \frac{E}{k} \tag{6-30}$$

式中，$B$ 为磁感应强度；$D$ 为管道内径；$u$ 为流体平均流速；$E$ 为感应电势；$k$ 为电磁流量计的仪表常数。

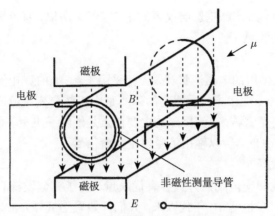

图 6-12　电磁流量计原理示意图

　　应用电磁流量计时，磁场需是均匀分布的恒定磁场；被测流体的流速呈轴对称分布；被测流体是非磁性的，被测流体的电导率均匀且各向同性；测量管道应由非导磁材料制成，如果是金属管道，管道内壁上要装有绝缘衬里。

### 6.4.2　电磁流量计的结构

　　电磁流量计的结构如图 6-13 所示。

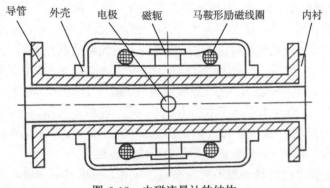

图 6-13　电磁流量计的结构

电磁流量计有以下几种励磁方式。

(1) 直流励磁

直流励磁 (direct current excitation) 方式用直流电产生磁场或采用永久磁铁，它能产生一个恒定的均匀磁场。这种直流励磁的最大优点是受交流电磁场干扰影响很小，因而可以忽略液体中的自感现象的影响。但是，使用直流磁场易使通过测量管道的电解质液体被极化，即电解质在电场中被电解，产生正、负离子，在电场力的作用下，负离子跑向正极，正离子跑向负极。这样，将导致正、负电极分别被相反极性的离子所包围,严重影响仪表的正常工作。所以,直流励磁一般只用于测量非电解质液体的流量。

(2) 交流励磁

目前,工业上使用的电磁流量计,大都采用工频 (50Hz) 电源交流励磁 (alternating current excitation) 方式,即它的磁场是由正弦交变电流产生的,所以产生的磁场也是一个交变磁场。交流励磁的主要优点是消除了电极表面的极化干扰。另外,由于磁场是交变的,所以输出信号也是交变信号。

(3) 低频方波励磁

直流励磁方式和交流励磁方式各有优缺点,为了充分发挥它们的优点,尽量避免它们的缺点。20 世纪 70 年代以来,人们开始采用低频方波励磁 (square wave excitation) 方式。其频率通常为工频的 0.1~0.25。在半个周期内,磁场是恒稳的直流磁场,它具有直流励磁的特点,受电磁干扰影响很小。从整个时间过程看,方波信号又是一个交变的信号,所以它能克服直流励磁易产生的极化现象。因此,低频方波励磁是一种比较好的励磁方式,目前已在电磁流量计上广泛应用。

### 6.4.3　电磁流量计的使用特点

电磁流量计有以下特点:①测量管道内没有可动部件或突出于管内的部件,所以几乎没有压力损失,可以测量各种腐蚀性液体以及带有悬浮颗粒的浆液 (如泥浆、纸浆、化学纤维、矿浆) 等溶液的流量,也可用于各种有卫生要求的医药、食品等部门的流量测量 (如血浆、牛奶、果汁、卤水、酒类等),还可用于大型管道自来水和污水处理厂流量测量等;②输出电流与介质流量呈线性关系,且不受液体物理性质 (温度、压力、黏度、密度) 或流动状态的影响。流速的测量范围大,测量管径小到 1mm,大到 2m 以上;③一般精度为 0.5 级到 1.5 级;④被测介质必须是导电液体,电导率一般要求不小于水的电导率;⑤不能测量气体、蒸气及石油制品等的流量;⑥信号较弱,满量程时只有 2.5~8mV,抗干扰能力差;⑦电源电压的波动会引起磁场强度的变化,从而影响测量信号的准确性。

由于测量管内衬材料一般不宜在高温下工作,所以目前一般的电磁流量计还不能用于测量高温介质。视采用的内衬材料不同,其适应的温度范围也不一样:采用普通橡胶衬里,被测介质温度为 −20~+60 ℃;采用高温橡胶衬里,被测介质温度为 −20~+90 ℃;采用聚四氟乙烯衬里,被测介质温度为 −30~+100 ℃;采用高温型四氟乙烯衬里,被测介质温度为 −30~+180 ℃。

电磁流量计所测量的流体的速度分布必须符合设定条件,否则将会产生较大的测量误差。因此,在电磁流量传感器的前后,必须有足够的直管段长度,以消除各种局部阻力对流速分布对称性的影响。感应电势与流速有关,电磁流量计的满量程流速下限一般不得低于 0.3m/s。

使用电磁流量计应注意以下问题:

(1) 安装要求。电磁流量计安装位置应选择在任何时候测量导管内都能充满液体的地方,以防止由于测量导管内没有液体而指针不在零位所造成的错觉。最好是垂直安装,使被测液体自下向上流经仪表,这样可以避免在导管中有沉淀物或在介质中有气泡而造成的测量误差。如不能垂直安装时,也可水平安装,但要使两电极在同一平面上。

(2) 接地要求。电磁流量计的信号比较弱,流量很小时,输出只有几微伏,外界略有干扰就能影响测量的精度。因此其外壳、屏蔽线、测量导管以及电磁流量计两端的管道都要接地,并且要求单独设置接地点,绝对不要连接在电机、电器等的公用地线或上、下水管道上。

(3) 安装地点。电磁流量计的安装地点要远离一切磁源 (例如大功率电机、变压器等),不能有振动。

(4) 电磁流量计相对于其他流量计,其在小流量工况下也能获得 2% 的分辨率,在大流量工况下相对于其他体积流量计,电磁流量计的前后直管段相对较短,可以节省试验空间,但是管路中的介质流动应稳定,且在流量计上游直管段的入口处,液流应呈轴对称状态,不允许有明显的脉动和涡旋。管道内要充满介质。但电磁流量计仅能测量导电的并且是非磁性的液态介质,且介质内不允许夹杂空气和磁性颗粒。

(5) 精度可能会达 ±0.125%。首先保证流量计上游直管段的长度,一般至少 5 倍传感器的直径,以保证流动充分发展。流量计的下游也要有 3 倍传感器直径的直管段,一般要安装调节阀门。

尽管电磁流量计的精度较高,仍要经过标定才能使用。标定电磁流量计的方法一般有两种,一种是通过提供恒定水头的水塔 (水头恒定,则势能转化为动能后的速度恒定),另一种方法是通过激光测量断面流速分布,对其积分可获得流量,该种方法需要激光测速仪器和相应的透明实验装置。由于真空可能引起对电磁流量计衬套的损害,所以电磁流量计不允许安装在泵的抽吸侧。

# 6.5 浮子流量计与涡街流量计

## 6.5.1 浮子流量计

### 1. 基本原理

浮子流量计 (rotameter) 是依据浮子在垂直锥形管中随着流量变化而升降来测量流量的,又称为变面积流量计、转子流量计。与节流压差式流量计不同,转子流量计在测量过程中是通过改变流通面积、保持节流元件前后的压降不变的方式测量流量的,因此它也称为恒压降流量计。浮子流量计在小流量、低雷诺数场合有着广泛的应用，图 6-14 所示的是它的基本结构，它由一个垂直的锥形管作本体，锥形管细端在下，管中放置一个可以上、下自由浮动的浮子。被测流体从下向上经过锥形管和转子形成的环形空间时，浮子上、下端产生差压形成转子上升的力，当转子所受上升力大于浸在流体中转子重量时，浮子便上升，环形空间面积随之增大，环形空间处流体流速立即下降，浮子上、下端差压降低，作用于浮子的上升力亦随着减少，直到上升力等于浸在流体中的转子重量时，浮子便稳定在某一高度。因此浮子在锥形管中高度和通过的流量有对应关系。

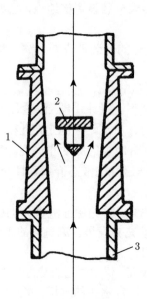

图 6-14　浮子流量计

1-锥形管；2-浮子；3-管道

　　当流体流动使浮子升高时，浮子与锥形管之间环形通道面积发生变化，当浮子处于平衡状态时，浮子就停留在某个高度，此时，浮子受力情况为：向上的浮力为 $\rho V g = \rho m g / \rho_1$，向下的重力为 $mg$，压力差引起向上的力为 $(p_1 - p_2)S$，这样力的平衡方程式为

$$p_1 - p_2 = m(1 - \rho/\rho_1)g/S \tag{6-31}$$

式中，$p_1$ 是浮子受到向上的总压力；$p_2$ 是浮子受到向下的总压力；$m$ 是浮子的质量；$\rho$ 是流体的密度；$\rho_1$ 是浮子材料的密度；$S$ 是浮子的最大截面面积。

　　通过环形截面 $S_1$ 的流体速度：

$$c = K\sqrt{2(p_1 - p_2)/\rho} \tag{6-32}$$

式中，$K$ 是系数，它与浮子形状和介质黏性有关。这样通过截面 $S_1$ 的体积流量：

$$Q = cS_1^2$$

面积：

$$S_1 = \frac{\pi}{4}[(d_0 + nh)^2 - d^2] \tag{6-33}$$

式中，$d_0$ 是刻度标尺零点处锥管直径；$n$ 是浮子升高单位长度时，锥管内径的变化值；$h$ 是浮子升起的高度；$d$ 是浮子的最大直径。

由式 (6-31) ~ 式 (6-33) 可以看出，当浮子流量计和所测量的流体确定后，流量 $Q$ 只与浮子上升的高度 $h$ 有关。

浮子流量计通常是根据被测量的介质种类来进行标定的，大多数情况是在常温常压下，用空气或水作介质进行标定，如果使用时被测介质和使用条件不同，则应重新标定，或对浮子流量计的刻度进行修正。

2. 浮子流量计的特点

浮子流量计有两种主要形式：①玻璃管浮子流量计，它主要由玻璃锥形管、转子和支撑结构组成，流量示值刻在锥形管上；②金属管浮子流量计，它的锥形管采用金属材料制成，其流量检测原理与玻璃管转子流量计相同。金属管转子流量计有就地指示型和电气信号远传型两种。

浮子流量计具有结构简单，使用方便，价格便宜，测量范围比较宽，刻度均匀，直观性好，对仪表前、后直管段长度要求不高，压力损失小且恒定，工作可靠且线性刻度、适用性广等特点。可测量各种液体和气体的体积流量，并可将所测得的流量信号就地显示或变成标准的电信号或气信号远距离传送；其缺点是管壁大多为玻璃制品，不能受高温和高压，易破碎。

3. 浮子流量计的刻度换算

浮子流量计是一种非通用性仪表，出厂时其刻度需单独标定。仪表厂在工业标准状态下，以空气标定测量气体流量的浮子流量计，以水标定测量液体流量的浮子流量计。若被测介质不是水或空气，则流量计的指示值与实际流量值之间存在差别，必须对流量指示值按照实际被测介质的密度、温度、压力等参数的具体情况进行刻度修正，其修正公式为

液体介质：

$$q_V' = q_V\sqrt{\frac{(\rho_f - \rho')\rho}{(\rho_f - \rho)\rho'}} \tag{6-34}$$

气体介质：

$$q_V' = q_V\sqrt{\frac{\rho'}{\rho} \cdot \frac{T}{T'}} \tag{6-35}$$

式中，$q_V'$ 为实际流量；$q_V$ 为标定时的流量；$\rho'$、$\rho$ 分别为实际流体和标定流体的密度；$p'$、$p$ 分别为实际流体和标定流体的压力；$T'$、$T$ 分别为实际流体和标定流体的温度。

### 6.5.2  涡街流量计

涡街流量计 (vortex-shedding flowmeter) 是一种流体振动式流量计，输出信号是一种与流量成正比的脉冲信号，并可远距离输送。

涡街流量计是利用流体流过置于其中的非流线形阻流体所产生的规则旋涡的变化规律而制成的。众所周知，在流体中设置旋涡发生体 (非流线形阻流体，如圆柱或三角柱形等)，在某一 $Re$ 范围内，在旋涡发生体两侧会交替地产生有规则的旋涡，这种旋涡称为卡门涡街，如图 6-15 所示。

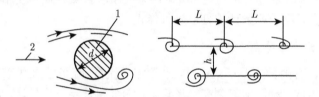

图 6-15   卡门涡街示意图

1-圆柱体 (旋涡发生体)；2-被测流体

$d$-圆柱体直径；$h$-两侧旋涡列间的距离；$L$-同列的两旋涡之间的距离

由于旋涡之间的相互影响，其形成通常是不稳定的。冯·卡门对涡列的稳定条件进行了研究，于 1911 年得到结论：只有当两旋涡列之间的距离 $h$ 和同列的两旋涡之间的距离 $L$ 之比满足 $h/L = 0.281$ 时，涡街才是稳定的，且有规则。根据斯特劳哈尔实验得知旋涡产生的频率与流体流速成正比，因此测出旋涡频率即可得出体积流量。

旋涡分离的频率与流速成正比，与柱体的宽度成反比。设旋涡的发生频率为 $f$，被测介质来流的平均速度为 $U$，旋涡发生体迎面宽度为 $d$，管道内径为 $D$，根据卡门涡街原理，关系式为

$$f = Sr\frac{U_1}{d} = Sr\frac{U}{md} \tag{6-36}$$

$$m = 1 - \frac{2}{\pi}\left[\frac{d}{D}\sqrt{1 - \left(\frac{d}{D}\right)^2} + \sin^{-1}\frac{d}{D}\right] \tag{6-37}$$

式中，$U_1$ 为旋涡发生体两侧平均流速，m/s；$Sr$ 为斯特劳哈尔数；$m$ 为旋涡发生体两侧弓形面积与管道横截面面积之比。

管道内流体的体积流量可表示为

$$q_V = \frac{\pi}{4}D^2 U = \frac{\pi D^2}{4Sr}mdf \tag{6-38}$$

由上式可见，通过测量旋涡频率便可测出流体流速和瞬时流量。斯特劳哈尔数 $(Sr)$ 是可通过试验确定的无因次数，图 6-16 中表示出了 $Sr$ 与 $Re$ 的关系。在一定 $Re$ 范围内，$Sr$ 可视为常数。

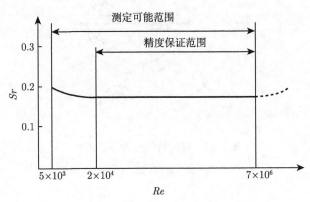

图 6-16　斯特劳哈尔数与雷诺数的关系曲线

线的平直部分对应涡街流量计测量流量的范围。只要检测出频率 $f$ 即可求得管内流体的流速，由流速可求出体积流量。一段时间内输出的脉冲数与流过流体的体积量之比，称为仪表的系数 $K$

$$K = \frac{N}{Q} \tag{6-39}$$

式中，$K$ 为仪表系数，单位为脉冲/$m^3$；$N$ 为脉冲个数；$Q$ 为体积总量，单位为 $m^3$。

涡街流量计可用来测量流体的瞬时流量 (流率)，也可以用来测量累积流量 (总量)。当用来测量瞬时流量时，其测量值可用式 (6-40) 表示：

$$Q = \frac{f \times 3600}{K} \tag{6-40}$$

式中，$Q$ 为体积流量值，单位为 $m^3/h$；$f$ 为涡街流量计输出信号频率，单位为 Hz；$K$ 为涡街流量计流量系数，单位为次/$m^3$。

当用来测量累积流量 (总量) 时，其测量值可用下式表示：

$$Q_s = \frac{N}{K} \tag{6-41}$$

式中，$Q_s$ 为累积流量，单位为 $m^3$；$N$ 为累积总量对应的脉冲个数；$K$ 为涡街流量计流量系数，单位为脉冲/$m^3$。

图 6-17 所示的是旋涡发生体和检测元件成为一体的传感器。涡街流量计 (如图 6-18) 沿传感器的轴向开有数个导压孔，导压孔与传感器内部的腔室相通，腔室内装有检测流体位移的铂电阻丝和温度补偿用的铂热敏电阻丝。

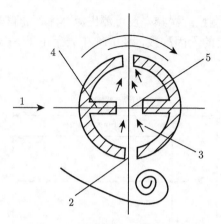

图 6-17　旋涡检测元件与传感器

1-流体；2-导压孔；3-空腔；4-隔墙；5-热丝

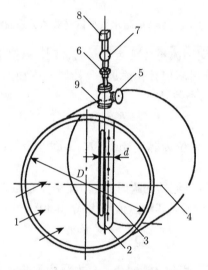

图 6-18　涡街流量计安装示意图

1-被测流体；2-传感器；3-导压孔；4-管道；5-闸阀；6-管接头；7-密封机构；8-端子盒；9-法兰

　　卡门旋涡的存在，造成有涡一面和无涡一面的压力差。此压差促使传感器腔内的流体产生流动，结果流体从导压孔一侧吸入，在另一侧排出，随着一侧涡的脱落，另一侧涡的形成，两侧导压孔的吸、排介质过程交替。

　　检测时，铂电阻丝被加热到比被测流体的温度高出 20℃ 左右，这样，当流体经过导压孔时，铂丝受到冷却，铂丝电阻值发生变化，如果把铂丝接到电桥上，则将产生相应变化频率的脉冲信号，由于电阻丝变化频率与传感器两侧旋涡产生的频率相对应，因此，铂丝电阻变化的频率应等于传感器单侧旋涡产生频率的两倍。

涡街流量计主要用于工业管道介质流体的流量测量,如气体、液体、蒸汽等多种介质。其特点是压力损失小,量程范围大,精度高,在测量工质体积流量时几乎不受流体密度、压力、温度、黏度等参数的影响。无可动机械零件,维护量小,仪表参数能长期稳定,因此可靠性高,可在 −20℃∼250℃ 的工作温度范围内工作;有模拟标准信号,也有数字脉冲信号输出。其缺点是不适用于低雷诺数测量,需较长的前后直管段。

# 6.6  容积式流量计

## 6.6.1  概述

容积式流量计又称排量流量计,在流量仪表中是精度最高的一类。其工作原理是:液体在一定容积的空间里充满后,随流量计内部的运动元件的移动而被送出流量计出口,测量这种送出流体的次数就可以求出通过流量计的流体体积。

根据容积式流量计中已知体积的机械运动部件,可分为腰轮型、齿轮型、椭圆齿轮型、螺杆型、刮板型、活塞型等流量计。容积式流量计的最大特点是对被测流体的黏度不敏感,常用于测量重油等黏稠流体。

## 6.6.2  椭圆齿轮流量计

椭圆齿轮流量计 (oval gear flowmeter) 工作原理:两个椭圆齿轮具有相互滚动并进行接触旋转的特殊形状 (见图 6-19)。图中 $p_1$ 和 $p_2$ 分别表示入口压力和出口压力,显然 $p_1 > p_2$。在图 6-19(a) 位置时,上方齿轮为主动轮,下方齿轮则为从动轮;当旋转到图 6-19(c) 位置时,则下方齿轮变为主动轮,上方齿轮变为从动轮。一次循环动作排出四个由齿轮与壳壁间围成的新月形空腔的流体体积,该体积称作流量计的 "循环体积"。

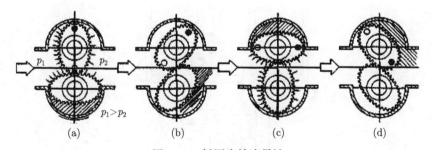

(a)            (b)            (c)            (d)

图 6-19  椭圆齿轮流量计

如果流量计 "循环体积" 为 $V'$,一定时间内齿轮转动次数为 $N$,则在该时间内流过流量计的流体体积 $V$ 为

$$V = NV' \tag{6-42}$$

### 6.6.3  腰轮流量计

腰轮流量计又称罗茨流量计 (Roots flowmeter)，其工作原理与椭圆齿轮流量计相同。其特点是腰轮上没有齿，它们不是直接相互啮合转动，而是通过安装在壳体外的传动齿轮组进行传动。即腰轮流量计的转子是一对不带齿的腰形轮，在转动过程中，依靠套在壳体外的与腰轮同轴的啮合齿轮来完成驱动，其结构类似于图 6-19。腰轮流量计除可测液体外，还可测量气体，精度可达 ±0.1%，并可做标准表使用；最大流量可达 1000m³/h。

此外腰轮流量计能就地显示累积流量，并有远传输出接口，与相应的光电式电脉冲转换器和流量积算仪配套，可进行远程测量、显示和控制。它精度高，重复性好，范围度大，对流量计前、后直管段要求不高。适用较高黏度流体，流体黏度变化对示值影响较小。适用于无腐蚀性流体，如原油和石油制品 (柴油，润滑油等)。

还有一种伺服式腰轮流量计 (见图 6-20)。在流量计工作时，腰轮由伺服电机通过传动齿轮带动，伺服电机转动的快慢，随流体入、出口压力差的大小而改变。

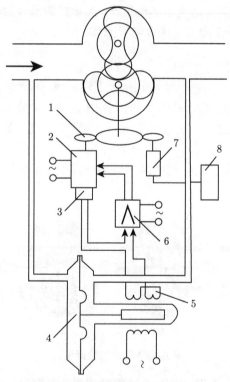

图 6-20   伺服式腰轮流量计工作原理
1-传动齿轮；2-伺服电机；3-反馈测速发电机
4-微压变送器；5-差动变压器；6-伺服放大器；7-DC 测速发电机；8-显示记录器

导压管将入、出口压力引至差压变送器以测量入、出口压差的变化,当入、出口压差大于零时,差压变送器输出信号经放大后驱动伺服电机带动腰轮加快旋转,使流量计排出较大流量的流体,从而使压差趋近于零。这种近于无压差的流量计,可使泄漏量减小到最低限度,因而能实现小流量的高精度测量,而且测量误差几乎不受流体压力、黏度和密度的影响。

# 6.7  超声波流量计

### 6.7.1  基本原理

与常规流量计相比,超声波流量计 (ultrasonic flowmeter) 具有以下特点:
(1) 非接触测量,不扰动流体的流动状态,不产生压力损失;
(2) 不受被测流体物理、化学特性 (如黏度、导电性等) 的影响;
(3) 流量计的输出–输入特性为线性。

超声波流量计的测量原理是基于超声波在介质中的传播速度与该介质的流动速度相关这一现象。如图 6-21 所示为超声波在流动介质的顺流和逆流中的传播情况,从中可见,超声波在顺流中的传播速度为 $c+v$,逆流中的传播速度为 $c-v$。即超声波在顺流和逆流中的传播速度差与介质的流动速度 $v$ 有关,测出这一传播速度差就可以求得流速,进而可换算为流量。测量超声波传播速度差的方法很多,常用的有时间差法、相位差法和频谱差法,因此也就形成了所谓的时间差法超声波流量计、相位差法超声波流量计和频率差法超声波流量计等。

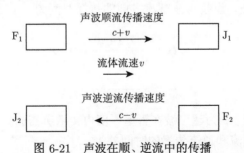

图 6-21  声波在顺、逆流中的传播

$F_1$、$F_2$-超声波发射换能器;$J_1$、$J_2$-超声波接收换能器;$c$-声波在静止介质中的传播速度

图 6-22 描述了超声波在管道壁面之间的传播情况。当管道内的介质呈静止状态时,超声波在管壁间的传播轨迹为实线,其传播方向与管道轴线之间的夹角为 $\theta$(由流动方向逆时针指向传播方向),传播速度为声速 $c$。当管道内的介质为平均流速为 $v$ 的流体时,超声波的传播轨迹如虚线所示 (其传播方向偏向顺流方向,也简称顺流传播)。这时,超声波传播方向与管道轴线之间的夹角为 $\theta'$,传播速度 $c_v$ 为 $v$ 和 $c$ 的矢量和。通常 $c \gg v$,故可认为 $\theta \approx \theta'$,即传播速度的大小为

$$c_v = c + v\cos\theta \qquad (6\text{-}43)$$

同样可以推导出超声波在管壁间逆流传播的速度大小为

$$c_v = c - v\cos\theta \qquad (6\text{-}44)$$

上述两式是超声波流量计中普遍采用的传播速度简化算式。下面以时间差法超声波流量计为例，具体说明超声波流量计的工作原理。

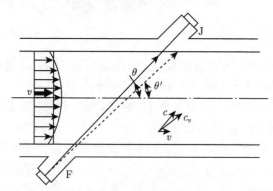

图 6-22   超声波在管壁之间的传播

### 6.7.2   时间差法超声波流量计

图 6-23 为时间差法超声波流量计测量系统框图。安装在管道两侧的换能器交替发射和接收超声波，设超声波顺流方向的传播时间为 $t_1$，逆流方向的传播时间为 $t_2$，则有

$$t_1 = \frac{D/\sin\theta}{c + v\cos\theta} + \tau$$
$$t_2 = \frac{D/\sin\theta}{c - v\cos\theta} + \tau \qquad (6\text{-}45)$$

式中，$D$ 为管道直径；$\tau$ 为超声波在管壁厚度内传播所需的时间。

因此，超声波顺流和逆流传播的时间差为

$$\Delta t = \frac{2D\cot\theta}{c^2}v \qquad (6\text{-}46)$$

则

$$v = \frac{c^2\tan\theta}{2D}\Delta t \qquad (6\text{-}47)$$

管道内被测流体的体积流量为

$$q_V = Av = \frac{\pi Dc^2\tan\theta}{8}\Delta t \qquad (6\text{-}48)$$

式中, $A$ 为管道的流动截面积。

对于已经安装好的换能器和确定的被测流体, 上式中的 $D$、$\theta$ 和 $c$ 都是已知的常数, 所以测得时间差 $\Delta t$ 就可换算得到体积流量 $q_V$。

如图 6-23 所示的测量系统中, 主控振荡器以一定的频率控制切换器, 使安装在管道两侧的两个换能器以相应的频率交替发射和接收超声波。输出门得到超声波发射和接收的信号后, 以方波的形式输出超声波发射与接收的时间间隔, 即传播时间 (方波的宽度与相应的传播时间成正比)。在输出门信号的控制下, 锯齿波电压发生器产生相应的锯齿波电压, 其电压峰值与输出门的方波宽度成正比。由于超声波顺流和逆流的传播时间不等, 故输出门输出的方波宽度不同, 相应产生的锯齿波电压峰值也不相等, 显然是顺流时的电压峰值低于逆流时的电压峰值。峰值检波器分别将两种电压峰值检出后送到差分放大器中进行比较放大, 最后输出与超声波顺、逆流传播时间差成正比的信号, 并显示相应的流量值。

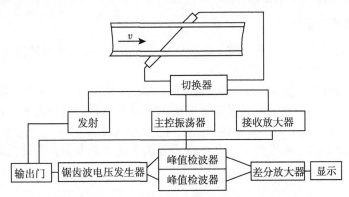

图 6-23 时间差法超声波流量计测量系统框图

超声波流量计属大管径流量测量仪表, 一台仪表可适应多种管径测量和多种流量范围测量。测量准确度几乎不受被测流体温度、压力、黏度、密度等参数的影响。如果超声波流量变送器安装在管道外侧, 就无须插入。它几乎适用于所有的液体, 包括浆体等, 测量精确度高, 但管道内壁的污浊会影响测量精确度。

## 6.8 质量流量计

### 6.8.1 概述

质量流量计 (mass flowmeter) 是测量质量流量的流量计。在许多非牛顿流体流动中, 需要的都是质量, 并非体积, 所以在测量工作中, 常需将测出的体积流量, 乘以密度换算成质量流量。但由于密度随温度、压力而变化, 所以在测量流体体积流量时, 要同时测量流体的压力和密度, 进而求出质量流量。在温度、压力变化比较频繁的情况下，难以达到测量的目的。这样便希望用质量流量计来测量质量流量。

质量流量计大致分为三大类：

(1) 直接式。即直接检测与质量流量成比例的量，检测元件直接反映出质量流量。

(2) 推导式。即用体积流量计和密度计组合的仪表来测量质量流量，同时检测出体积流量和流体密度，通过运算得出与质量流量有关的输出信号。

(3) 补偿式。同时检测流体的体积流量和流体的温度、压力值，再根据流体密度与温度、压力的关系，由计算模块计算得到该状态下流体的密度值，最后再计算得到流体的质量流量值。补偿式质量流量测量方法，是目前工程中普遍应用的一种测量方法。

### 6.8.2　推导式质量流量计

推导式质量流量计一般是采用体积流量计和密度计或两个不同类型的体积流量计组合，实现质量流量的测量。

### 6.8.3　直接式质量流量计

直接式质量流量计的输出信号直接反映质量流量，有热式质量流量计、差压式质量流量计、动量矩式质量流量计等。

科里奥利质量流量计 (Coriolis mass flowmeter) 是利用流体在直线运动的同时，处于一个旋转系中，产生与质量流量成正比的科里奥利力而制成的一种直接式质量流量传感器。然而，通过旋转运动产生科里奥利力实现起来比较困难，目前的流量计均采用振动的方式来产生，图 6-24 所示为科里奥利质量流量计的结构原理示意图。

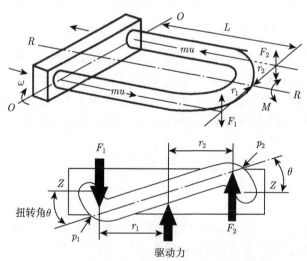

图 6-24　科里奥利质量流量计的结构原理示意图

　　流量计的测量管道是两根两端固定平行的 U 形管，在两个固定点的中间位置由驱动器施加产生振动的激励能量，在管内流动的流体产生科里奥利力，使测量管两侧产生方向相反的扭曲。位于 U 形管两个直管管端的两个检测器用光学或电磁学方法检测扭曲量以求得质量流量。当管道内充满流体时，流体也成为转动系的组成部分，流体密度不同，管道的振动频率会因此而有所改变，而密度与频率有一个固定的非线性关系，因此科里奥利质量流量计也可测量流体密度。

　　U 形管受到一个力矩的作用，其管端绕轴扭转而产生扭转变形，该变形量的大小与通过流量计的质量流量具有确定的关系，即

$$q_m = \frac{K_s}{8r^2}\Delta t \tag{6-49}$$

$$\Delta t = \frac{2r\sin\theta}{u_p} = \frac{2r\theta}{\omega L} \tag{6-50}$$

式中，$\omega$ 为转动角速度；$k_s$ 为转弹性模量。科里奥利流量计可用于液体、浆体、气体或蒸汽、多相流体的质量流量的测量，精确度高，可以测量多种参数，包括温度、密度、浓度等，且不需要直管段整流，但要对管壁进行定期的维护，防止腐蚀。

### 思 考 题 与 习 题

1) 累积流量与瞬时流量的区别。

2) 体积流量与质量流量。

3) 分析进入节流流量计的流体的流动状态对测量结果的影响。

4) 简述文丘里流量计的工作原理。

5) 简述孔板测流量的基本原理，说明它的使用条件。

6) 电磁流量计的工作原理与优点。

7) 涡轮流量计的工作原理。

8) 超声波流量计的工作原理。

9) 浮子流量计的工作原理。

10) 涡街流量计的测量原理，与其他流量计相比它有哪些优点？

11) 体积流量计如何校准？

12) 科里奥利流量计的工作原理。

13) 列举其他类型的流量计。

# 第7章　转速、转矩与功率测量

## 7.1　概　　述

汽轮机、叶片泵、风机等叶轮机械依靠关键部件的旋转而工作，它们的性能与转速密切相关，所以转速是这些机械的重要参数之一。另外，测量叶轮机械功率时用测量扭矩 (torque) 和转速来计算其功率 (power) 的方法是其中的方法之一。而叶轮机械的振动、流场中的脉动、甚至部件的磨损状态等都与转速密切相关，因此掌握转速的测量方法是很重要的。需要指出的是，工程中的转速通常是指单位时间内叶轮机械转轴的平均旋转速度，而不是瞬时旋转速度。转速的单位是 r/min。转速一般采用间接的方法测量，即通过各种各样的传感器将转速变换为其他物理量，如机械量、电磁量、光学量等，然后再用模拟和数字两种方法显示。

转速测量的方法很多，转速计 (tachometer) 也多种多样，其使用条件和测量精度也各不相同。根据转速测量的工作方式可分为两大类：接触式转速测量仪表与非接触式转速测量仪表。前者在使用时必须与被测转轴直接接触，如离心式转速表、钟表式转速表及测转速发电机等；后者在使用时不必与被测转轴接触，如光电式转速表、电子数字式转速仪、闪光测转速仪等。机械式转速计的结构简单，但精度低且有扭矩损失，现已较少采用。目前广泛使用的是非接触式的电子与数字化的测速仪表。这类仪表测量精度高、使用方便，能实现远距离的数据传输和显示。

### 7.1.1　机械式转速测量方法

机械式转速测量方法以离心式最为常用。离心式转速表 (centrifugal tachometer) 是一种古老的仍在应用的转速测量装置。它是利用旋转质量 $m$ 所产生的离心力 $F$ 与旋转角速度成比例这一原理制成的测量仪表 (见图 7-1)。

当旋转轴随被测旋转体一起转动时，沿径向固定在其上的两个重块感受旋转速度 $\omega$ 而产生离心力 $F_c$，使重块向外张开并带动指针杆向上移动而迫使弹簧变形。当弹簧反作用力 $F_s$ 与离心力平衡时，指针杆即停留在一定位置，这样就把转速转换成相应的线位移，从而测量出转速：

$$F_c = m\omega^2 r = mr\left(\frac{2\pi n}{60}\right)^2 \tag{7-1}$$

式中，$m$ 为旋转体的质量，单位为 kg；$r$ 为重块的重心至旋转轴中心的距离，单位为 m；$\omega$ 为旋转轴的角速度，单位为 $\text{s}^{-1}$；$n$ 为旋转轴的转速，单位为 r/min。

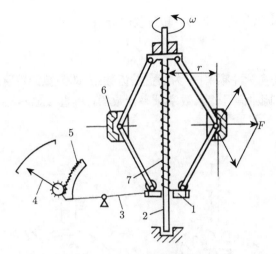

图 7-1　离心式转速测量装置

1-滑块；2-转轴；3-杠杆；4-指针；5-齿条；6-重块；7-弹簧

由式 (7-1) 可知，离心力 $F_c$ 的大小与转速的平方成正比，在某一稳定转速下，弹簧 7 的作用力与拉杆所受离心力 $F_c$ 沿轴向分力相平衡，使滑块 1 处于某一平衡位置。在该位置上，指针 4 对应一定转角，在经过标定的刻度盘上便可读出该转速值。这种转速表测速范围为 30~20000r/min，测量误差为 ±1%。

离心式转速测量装置的特点是结构简单、测量范围较宽，可达 20000r/min 以上，但测量精度不高，一般在 1%~2%，且由于重球质量大，惯性大而动态特性不好，不适合转速变化较快的场合。

另外一种机械式转速表，其表轴的接触头直接顶入转轴端部的中心顶头孔内，表轴与被测轴同步旋转，然后转速表表轴通过蜗轮、蜗杆及齿轮在刻度盘上直接显示出转速，这种转速表的测量值与触头与轴中心的接触程度紧密关联。

值得注意的是，上述机械式转速计是接触式测量，它们的探头必须与被测旋转体直接可靠地联接而同步旋转，它们要从被测对象中获取能量而推动仪表工作。在某些高转速、小转矩及旋转轴不允许装上转速测量装置等场合，机械式转速计就不再适用，必须采用非接触方式测量转速。

### 7.1.2　电磁式转速测量方法

最简单的电磁感应式转速仪的工作原理：转动部件上若有凸起的铁磁物，如齿轮，则可在其近旁安装绕有线圈的磁铁，如图 7-2(a) 所示。当齿轮的齿经过磁极时，气隙磁阻的变化引起磁通变化，在线圈上产生感应电动势 $e$，经过放大整形送入脉冲计数器，在一定时间间隔内累计脉冲数，便可得到转速。齿盘的齿槽可制成梯形或矩形。显然齿轮的齿数越多，转速仪的分辨力越强。

$$f = z\frac{n}{60} \tag{7-2}$$

式中，$f$ 为传感器变换脉冲频率；$z$ 为齿盘的齿数；$n$ 即为被测转速，单位为 r/min。

　　上述感生出的脉冲信号输入数字频率计数器，可直接显示出 $f$ 值，从而可求转速。

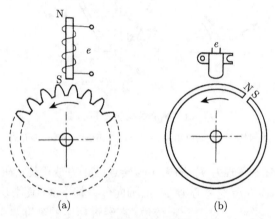

(a)　　　　　　　　　　　　(b)

图 7-2　电磁感应转速传感器示意图

　　由于感应电压与磁通的变化率成比例，故随着转速下降输出电压幅值减小，当转速低到一定程度时，电压幅值将会减小到无法检测出的程度，故这种传感器不适合于低转速测量。为了提高低转速的测量效果，可采用霍尔式转速传感器或磁敏二极管转速传感器，它们的共同特点是输出电压幅值受转速影响很小。

### 7.1.3　霍尔式转速传感器

　　霍尔效应如前所述，指磁场作用于载流金属导体、半导体中的载流子时，产生横向电位差的物理现象。霍尔元件可用多种半导体材料制作，其优点是结构牢固、体积小、重量轻、寿命长、功耗小、频率高（可达 1MHz），耐振动，不怕灰尘、油污、水汽及盐雾等的污染或腐蚀。霍尔式转速传感器原理如图 7-3 所示。它是利用霍尔传感器的开关特性工作的。图 7-3(a) 是把永磁体粘贴在采用非磁性材料制作的圆盘上部；图 7-3(b) 则把永磁体粘贴在圆盘的边缘。霍尔传感器的感应面对准永磁体的磁极并固定在机架上。机轴旋转便带动永磁体旋转。每当永磁体经过传感器位置时，霍尔传感器便输出一个脉冲。用计数器记下脉冲数，便可知转轴转过了多少转。为提高测量转速或转数的分辨率，可以适当增加永磁体数。在安装磁体时一定要注意极性，即相邻两永磁体的极性相反，因为集成开关霍尔传感器的正常工作需要磁极的对应。

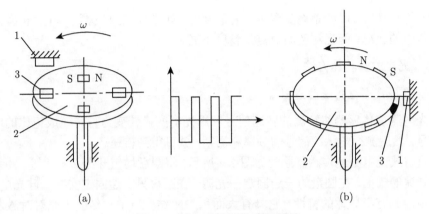

图 7-3　霍尔式转速传感器原理

1-霍尔元件；2-被测物体；3-永磁体

### 7.1.4　闪光测速法

闪光测速法又称频闪测速法 (stroboscopic tachometer)，闪光测速仪是用已知频率的闪光去照射被测轴，利用频率比较的方法来测量转速。它的原理是基于人的"视觉暂留现象"。一个闪光目标，当闪动频率大于 10Hz 时，人眼看上去就是连续发亮的。根据这一原理，用一个频率连续可调的闪光灯照射被测旋转轴上的某一固定标记 (如齿轮的齿、圆盘的辐条或在旋转轴上涂以黑白点)，并调节闪光频率 $f$，当频率是被测转数 $N$ 的 $n$ 倍或 $1/n$ 时 ($n$ 为整数)，标记就会在每转到同一位置时被照亮一次，当照亮次数大于每秒 10 次时，旋转的标记看上去就停留于固定位置不动。但只有当 $n = l$，也就是灯泡闪光频率 $f$ 等于被测转数 $N$ 时，标记图像才最清楚。这样就可以通过闪光灯的闪光频率来测量转速，而闪光频率可从刻度盘上直接读出。

通常灯泡的闪光频率为每分钟 110~25000 次，对于大于 25000r/min 的转速可通过下述办法来测量。首先从最高闪光频率往下调，当第一次看到标记不动时，得到闪光频率 $f_1$。接着继续减小闪光频率，直到再次看到标记不动时，记录闪光频率。重复上述过程，当第 $m$ 次看到标记不动时得到频率 $f_m$，则被测转数 $N$ 可通过式 (7-3) 计算，即

$$N = \frac{f_1 f_m (m - 1)}{f_1 - f_m} \tag{7-3}$$

闪光测速仪的优点是非接触式测量，测量精度高，量程范围宽，可完成每分钟几百至几万转的转速测量。特别适用于测量高转速机械，还可以用来作为观察运动部件工作情况的一种手段。当运动机件的旋转频率或往复运动频率 $f_x$ 与闪光频率 $f_0$ 相等或成整数倍时，人们可以看到运动部件停留在某一位置，好像是原地静止

不动一样，因此可以清楚地观察运动着的部件，如进排气阀、弹簧、叶片和齿轮等在工作中的状况。闪光测速的缺点是精度不高。

### 7.1.5　光电式测转速方法

#### 1. 直射式光电测速传感器

光电测速传感器将被测的转速信号利用光电变换转变为与转速成正比的电脉冲信号，然后测得电脉冲信号的频率和周期，就可得到转速。

直射式光电测速传感器原理如图 7-4 所示，将圆盘均匀开出 z 条狭缝，并装在欲测转速的轴上，在圆盘的一边固定一光源，在圆盘另一边固定安装一硅光电池。硅光电池具有半导体的特性，它具有大面积 PN 结，当 PN 结受光照射时激发出电子、空穴，硅光电池 P 区出现多余的空穴，N 区出现多余的电子，从而形成电动势。只要把电极从 PN 结两端引出，便可获得电流信号。

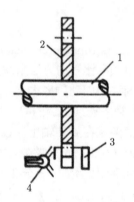

图 7-4　直射式光电测速传感器

1-转轴；2-圆盘；3-硅光电池；4-光源

当圆盘随轴旋转时，光源透过狭缝，硅光电池交替受光的照射，交替产生电动势，从而形成脉冲电流信号。硅光电池产生信号的强弱与灯泡的功率及灯泡和圆盘之间的距离有关，一般脉冲电流信号是足够强的。

脉冲电流的频率/取决于圆盘上狭缝数 $z_1$ 和被测轴的转速 $n$ 即

$$f = \frac{nz_1}{60} \tag{7-4}$$

式中，狭缝数 $z_1$ 是已知的，如能测得电脉冲信号频率，就等于测到了转速。

#### 2. 反射式光电测速传感器

反射式光电测速传感器同样利用光电变换将转速转变为电脉冲信号。其原理如图 7-5 所示，它由光源 4，聚光镜 3、6、7，半透膜玻璃 2 及光敏管 1 组成。被测轴的测量部位相间地粘贴反光材料和涂黑，以形成条纹形的强烈反射面。常用反光材料为专用测速反射纸带，也可用金属箔代替。光源 4 发出的散射光经聚光镜 6 折射形成平行光束，照射在斜置 45° 的半透膜玻璃 2 上，这时光将大部分反射，通过聚光镜 3 射到轴上，形成一光点。如射在反射面上，光线必将反射回来，并且反射光的大部分透射过半透膜玻璃经聚光镜 7 照射到光敏管 1 上；反之如果光射在轴的黑色条块上则被吸收，不再反射到光电管上。光敏管感光后会产生一电脉冲信号。随着轴的转动，光电不断照在反射面和非反射面上，光敏管交替受光而产生具有一定频率的电脉冲信号。

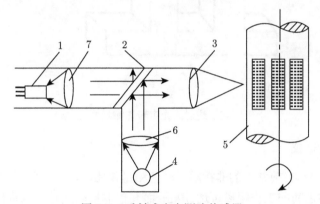

图 7-5　反射式光电测速传感器

1-光敏管；2-半透膜玻璃；3、6、7-聚光镜；4-光源；5-转轴

设轴上贴 $z_2$ 条反射面，则电脉冲信号频率：

$$f = \frac{nz_2}{60} \tag{7-5}$$

测得电脉冲信号的频率，就可得到转速。

图 7-6 所示为透射式光电转速仪的工作原理。在转动轴上安装开有长方孔的遮光盘，该遮光盘的作用是作为光路调制器，它将连续光调制成光脉冲信号。当被测轴旋转时，圆盘调制器使光路周期性的交替断和通，因而使光敏元件产生周期性变化的电信号。显然，孔多则分辨率高。

光电式测转速仪测速范围可达每分钟几十万转，且使用方便，对被测旋转体无干扰。但采用光电式测转速时应注意避免环境光的干扰，因此宜用红外波段，故半导体发光管及三极管都是红外线型。

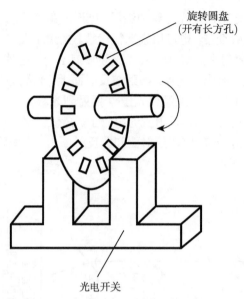

图 7-6　透射式光电转速测量原理

## 7.1.6　激光转速仪

　　激光测速仪与目前常见的非接触式转速测量仪比较，有如下三个独特的优点：① 它与被测物之间的工作距离可达 10m，而其他非接触式转速测量仪的工作距离很近。② 当被测物体除了旋转外，还有振动和回转运动时，只有激光转速仪才能测量其转速，而且操作简单，读数可靠。③ 抗干扰能力强。当工作环境存在杂光干扰时，其他非接触式转速仪往往难以正常工作，而激光转速仪则不受其影响。例如，要测量摇头回转的台式风扇的转速，除了激光转速仪以外，其他转速仪都难以胜任。在激光器的亮度足够时，即使在激光束的通路上设置几块厚玻璃板，激光转速仪仍能正常测量。这就意味着它可以测量玻璃罩壳内电机的转速，各种风洞里正在进行吹风实验模型的转速。

　　激光测量转速基于光电式测转速原理，见图 7-7。氦–氖激光器 1 发出的激光束穿过半透镜 2 后，透射的光束经过由透镜 3 组成的光学系统后，聚焦在旋转物体 5 的表面。在旋转物体 5 的表面上贴有一小块定向反射材料。当激光束照射到没有贴反射材料的表面时，大部分激光沿空间各个方向散射，能够沿发射光轴返回的光束极其微弱，因此光电管感受不到任何信息。一旦激光光束照射到反射材料上，由于反射材料的"定向反射"特性，有一部分激光会沿发射光轴原路返回到半透镜上，经过反射，由透镜 6 会聚到光电三极管 7 上。于是物体每旋转一周，反射材料就被激光照射一次，一个激光脉冲返回到光电三极管，经转换后产生一个电脉冲信号。物体不停地旋转，光电管就输出一系列的电脉冲，这就是激光转速传感器所获取的旋转物体的转速信息。

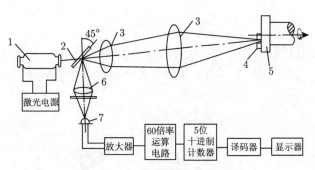

图 7-7　激光转速仪光路原理图

1-激光器；2-半透镜；3、6-透镜；4-反射纸；5-旋转物体；7-光电三极管

## 7.2　功率测量概述

　　叶轮机械的功率是其重要性能参数之一，输入功率和有效功率是计算叶轮机械效率的关键参数。在叶轮机械的试验大都需要测量有效功率。热力发电厂中汽轮机及锅炉设备的各种辅机的效率指标也十分重要。对于制冷机、风机和压缩机，要测量其输入功率，即原动机传给这些机械的轴功率；而对于汽轮机和水轮机，则要测量其输出的轴功率。

　　测量功率通常有以下三种方法：①测量转矩和转速；②测量电机输入功率和效率；③热平衡法。其中前两种方法更为常用。对于第一种方法而言，因为功率等于转矩和转速的乘积，因此测量出转矩和转速即可得到轴功率。转速的测量方法已在上一节中介绍，因此本节将重点讲述转矩的测量方法。

### 7.2.1　测量转矩和转速的方法

　　测量出转矩和转速，就可得到轴的功率，即

$$P = \frac{Tn}{9549} \tag{7-6}$$

式中，$P$ 为轴功率，单位为 kW；$T$ 为转矩，单位为 N·m；$n$ 为转速，单位为 r/min。

　　测量转矩采用的测功器分为吸收式和传递式两大类。吸收式测功器用各种制动器来吸收转矩。传递式测功器只传递转矩而不吸收功率，如电磁式和应变式转矩测量仪等。转速的测量可采用前面所述的各种方法进行测量。

### 7.2.2　测量电机输入功率和效率的方法

　　以动力机械为例，测量出驱动动力机械的电机的输入功率及电机的效率，就可

确定机械的功率, 即

$$N_i = N_e \eta_e \eta_m = N - \sum \Delta N_e - \sum \Delta N_m \tag{7-7}$$

式中, $N_i$ 为动力机械轴功率; $N_e$ 为电动机输入功率; $\eta_e, \eta_m$ 分别为电机效率与传动装置效率; $\sum \Delta N_e$ 和 $\sum \Delta N_m$ 分别为电机总损失和传动装置的总损失。

电测法的装置如图 7-8 所示。

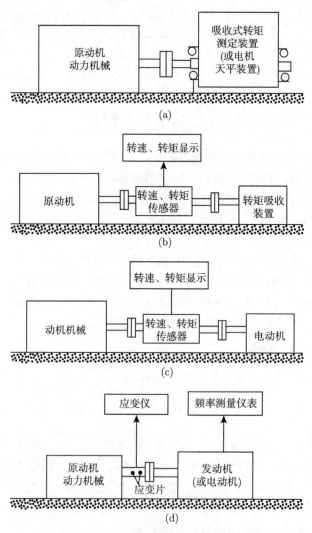

图 7-8　动力机械测量功率装置

将图 7-8 所示的电动机改为发电机, 动力机械改为原动机, 则测量系统测量的就是发电机的输出功率。

# 7.3 转矩的测量

测量转矩不仅是为了确定旋转机械的功率, 而且转矩是各种工作机械传动轴的基本载荷形式, 与机械的工作能力、能源消耗、效率、运转寿命及安全性能等因素紧密联系。转矩的测量对传动轴载荷的确定与控制、传动系统工作零件的强度设计以及原动机容量的选择等都具有重要的意义。

## 7.3.1 相位差式转矩仪

相位差式转矩仪是利用转矩使弹性轴产生扭转变形的原理制造的。当转矩 $M$ 作用在直径为 $d$, 长度为 $L$ 的弹性轴上时, 在材料的弹性极限内轴将产生与转矩成线性关系的扭转角 $\varphi$, 即

$$\varphi = \frac{M}{G} \frac{L}{I} \tag{7-8}$$

式中, $I$ 是极惯性矩, 对于直径为 $d$ 的圆轴,

$$I = \frac{\pi d^4}{32} \tag{7-9}$$

故

$$M = \frac{\pi d^4 G}{32L} \varphi \tag{7-10}$$

式中, $G$ 为剪切模数。$G$、$d$、$L$ 由轴本身形状和材料决定。当轴指定后, 转矩和扭转角成正比, 测得扭转角 $\varphi$ 就可知道转矩 $M$ 的大小。根据上述关系, 可将扭转角转变为电位差信号, 设计成相位差式转矩仪。

相位差转矩测量装置一般由信号发生器 (相位差转矩传感器) 和测量电路 (转矩测量仪) 两部分组成。相位差转矩传感器由弹性扭轴 1 和信号发生器 2、3 组成, 图 7-9 所示的为其工作示意图, 当扭轴空载旋转时, 两信号发生器输出信号 A、B, 两圆盘结构相同, 发生的信号的振幅和频率也相同。但是, 两信号有初始相位差 $\theta_0$, 这是由于两圆盘初始位置不同产生的。当扭轴因转矩作用而扭转变形时, 两圆盘间的轴的扭转角为 $\varphi$, 两个信号的相位关系发生变化, 如图 7-9 所示。两个信号之间的相位差的变化量 $\Delta\theta$ 与弹性扭轴的扭转角 $\varphi$ 之间的关系为

$$\Delta\theta = z\varphi \tag{7-11}$$

式中, $z$ 为圆盘转一圈所产生的信号个数。

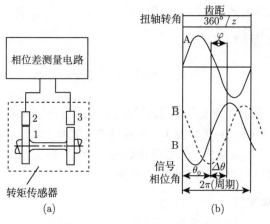

图 7-9   相位差转矩测量原理

当 $z = 1$ 时，$\Delta\theta = \varphi$ 即扭转角与相位差角在数值上相等；当 $z = 60$ 时，$\Delta\theta = 60\varphi$ 即相位差角的值是扭转角的 60 倍。可见，$z$ 大，相位差变化大，检测容易，可提高测量精度。但是 $z$ 不能选择过大，因为相位差角 $\Delta\theta$ 不能大于 $2\pi$，即

$$\Delta\theta = z\varphi < 2\pi \tag{7-12}$$

实际上，考虑到测量正、反向转矩和起动转矩的需要，$z$ 值还需进一步减小，通常取：

$$0 < \Delta\theta < \frac{\pi}{2} \tag{7-13}$$

此时扭转角 $\varphi$ 也受到限定，例如，在 $\Delta\theta_{\max} = 90°$ 时，扭轴允许产生的最大扭转角为 $90°/z$。也就是对一定扭轴来说，测量的最大转矩有限。另一方面，如转矩过小，$\varphi$ 过小，则 $\Delta\theta$ 也小，即相位差信号小，测量精度将受到影响。因此，转矩传感器有多种规格，每一种规格有一定的量程。测量功率时，应注意所测机械的功率范围和转速范围，以选择合适的转矩传感器。

### 7.3.2   电磁式转矩传感器

图 7-10 所示的为电磁式转矩传感器示意图，扭轴上有两个由铁磁材料制造的齿轮 2 (称为外齿轮)，相隔开一距离固定的扭轴上，相对而设的两个内齿轮，固定在校准旋转筒 5 上，校准旋转筒由电动机 6 通过皮带带动。在内齿轮旁有一个固定的永久磁钢 4，在壳体中嵌有线圈 3。每对齿轮和永久磁钢之间有微小空气间隙。

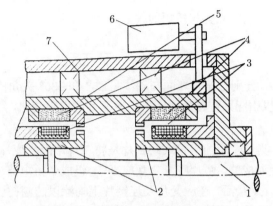

图 7-10 电磁式转矩传感器示意图

1-扭力棒；2-齿轮；3-线圈；4-永久磁钢；5-校准旋转筒；6-电动机；7-壳体

当齿轮旋转时，齿廓相对于磁钢的空气间隙发生改变，线圈的磁通量随之变化，由此线圈感应出电动势为线圈的磁通变化率：

$$E = -N\frac{\mathrm{d}\varPhi}{\mathrm{d}t} \tag{7-14}$$

式中，$N$ 为线圈的匝数；$\frac{\mathrm{d}\varPhi}{\mathrm{d}t}$ 为线圈的磁通变化率。

因磁能变化速率与转速 $n$、齿数 $z$ 及齿形有关，故这些参数及 $n$ 决定了 $E$ 的数值。信号的波形主要与齿形有关。采用普通渐开线齿轮所得的信号是近似于正弦波的交流信号。

在确定齿数 $z$ 时必须考虑两个方面的问题，测量低转速的转矩时，如果 $z$ 值太小，则不能产生波形信号；反之测量高转速时，如信号的频率大于测量系统的工作频率，则信号来不及检测，同样仪器也不能工作。

总的来说，电磁式转矩传感器的主要优点是结构比较简单可靠，不需要外接电源，有较强的输出信号，能在 $-20\,^{\circ}\mathrm{C} \sim 60\,^{\circ}\mathrm{C}$ 的环境下正常工作。它的主要缺点是，信号的强弱取决于扭轴转速的高低，通常在低于 $500\mathrm{r/min}$ 的转速下，信号过于微弱，不能应用。将两个内齿轮固定在校准旋转筒 5 上，可以增加相对转速，使信号加强，这样在较低转速时也能达到测量的目的。

### 7.3.3 应变式转矩测量仪

应变式转矩测量仪是利用应变原理来测量扭矩的。等截面、直径为 d 的圆柱形扭轴的应力 $\tau$ 与扭矩 $M$ 的关系为，由材料力学可知：

$$\tau = \varepsilon G$$

式中，$\varepsilon$ 为扭轴的应变；$G$ 为剪切模数。

等截面圆柱形扭轴的应变与扭矩的关系为

$$\varepsilon_{45°} = \varepsilon_{-135°} = \frac{16}{\pi}\frac{M}{Gd^3} \tag{7-15}$$

式中，$\varepsilon_{45°}$ 和 $\varepsilon_{-135°}$ 分别是扭轴表面与轴线呈 45° 和 135° 夹角的螺旋线的主应变值。扭轴的应变可以引起贴在轴表面的电阻应变片的电阻变化，然后用电阻应变仪来测量。

一种专门用于测量转矩的钢箔式组合片是将二片电阻应变片 (图 7-11) 粘贴在 0.1mm 厚的钢箔上制成的。两片应变片互成 90°，组成半桥电路。电阻应变片的引出线，焊在连接片上。最后，在应变片及连接片上均涂以防潮树脂保护层。采用这种应变片时，只需要用点焊的方法将钢箔片焊接到传动轴表面上 (图 7-11(a))，从而简化了试验工作。

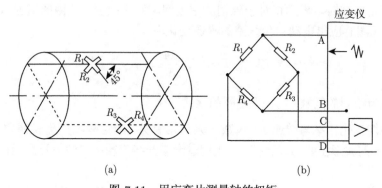

图 7-11　用应变片测量轴的扭矩

(a) 应变片的贴法；(b) 测量电路

为了提高测量的灵敏度，在扭轴工作部分的外表面，与轴线成 45° 和 135° 两个方向上各贴两组钢箔式组合片，并联成全桥形式 (图 7-11(b))，当扭轴传递扭矩时，有一对应变片承受最大拉伸应力 ($R_1$、$R_3$ 方向的应变为 +)，而另一对应变片承受最大压缩应为 ($R_2$、$R_4$ 方向的应变为 −)。这种电桥对扭转应力很灵敏，而对轴向应力 (沿轴线方向) 和弯曲应力 (垂直线方向) 则不灵敏。

当采用全桥电路测量转矩时，一般均采用电阻值相同，灵敏系数相同的应变片组成桥臂，即 $R_1 = R_2 = R_3 = R_4 = R$，由此，电桥输出电压：

$$V = \frac{\Delta R_1 + \Delta R_3 - \Delta R_2 - \Delta R_4}{4R} V_0 \tag{7-16}$$

式中，$V_0$ 为电源电压。

因为 $\varepsilon_1 = -\varepsilon_2 = \varepsilon_3 = -\varepsilon_4$，所以 $\Delta R_1 = -\Delta R_2 = \Delta R_3 = -\Delta R_4$。

由此可得全桥电路测量转矩的电压:

$$V = \frac{\Delta R}{4R} V_0 = K_\varepsilon V_0 \qquad (7\text{-}17)$$

而当扭轴受到弯曲应力作用, 或者环境温度发生变化时, 应变后的电阻变化分别为

$$\Delta R_{T1} = \Delta R_{T2} = \Delta R_{T3} = \Delta R_{T4} \qquad (7\text{-}18)$$

$$\Delta R_{W1} = \Delta R_{W2} = \Delta R_{W3} = \Delta R_{W4} \qquad (7\text{-}19)$$

所以弯曲应力和温度变化不会对桥路输出电压产生影响。

转矩测量与一般的应力测量的不同之处在于: 在测量应力时, 电阻应变片与电阻应变仪之间可以用导线直接传递信号和供给电源; 而测量转矩时, 因为转动轴是旋转件, 在转矩传感器与电阻应变仪之间不能单靠导线传递信号, 而必须增添一套集流装置。以往采用接触型集流环的较多, 如在水轮机内的应用, 但接触型集流环在高转速情况下的精确度及工作寿命均不能满足要求。近年来, 无接触集流环及无线电应变测量技术得到了较快的发展。

## 7.4 测 功 器

在测量原动机功率的试验中大都采用测功器 (dynamometer) 来测量其输出的转矩, 此时测功器作为负载。原动机输出扭矩可用转矩仪来测量, 此时将转矩仪安装在原动机输出轴和测功器转轴之间。由于转矩仪不消耗原动机输出的功率, 故原动机负载要由测功器来调节。

当原动机为电动机, 要校核电动机内部损失和传动装置损失时, 可将电动机、传动装置与测功器连接, 然后采用两瓦计法测量电机的输入功率, 测功器消耗功率。由此可得到不同工况下电机损失和传动装置的损失。当动力机械为负载时, 测得电动机的输入功率, 就可以确定动力机械的轴功率。

测功器通常按制动器工作原理的不同来分类, 主要有水力测功器、电力测功器、机械测功器等, 也可由几种不同类型的制动器组成组合测功器。而水力测功器和电力测功器是目前用得最多的两类测功器。

测功器由制动器、测力机构和测速装置等几部分组成。制动器可调节原动机的负载, 并把所吸收的原动机的功率转化为热能或电能。测力机构和测速装置分别测量输出的转矩及相应的转速。随着电子技术的发展和微机的应用, 现代测功器已具有自动调节和控制的功能。

对测功器的基本要求是

(1) 在需要测量的原动机或动力机械的全部工作范围内 (包括转速和负载) 能稳定的工作；

(2) 能方便、平稳和精确地调节转速和转矩；

(3) 能准确地测量制动器消耗的功率；

(4) 操作简单, 安全可靠。

在采用测功器测量发动机功率时通常包括指示功率的测量和有效功率的测量。测量指示功率时, 需先绘制发动机某种工况下的示功图, 然后量出示功图的面积, 求出该工况下发动机的指示功率。测量有效功率时, 测功器用来吸收试验发动机发出的功, 同时模拟实际使用的各种工况, 测定发动机输出扭矩和转速, 计算获得功率。

### 7.4.1　水力测功器

用水作工作介质而产生制动力矩以测量功率的装置称为水力测功器。测功器主要由转子和外壳两部分组成。转子在充满水的定子中旋转, 水的摩擦阻力形成制动力矩, 吸收原动机输出的功率或代替动力机械吸收功率。

根据转子的结构不同, 水力测功器分为盘式、柱销式和涡流式等三种。下面着重介绍盘式水力测功器。

图 7-12 所示为盘式水力测功器结构简图。转盘 1 固定在转轴 2 上, 构成测功器转子。转子用轴承支承在定子 3 内, 而定子支承在摆动轴承上, 它可绕轴线自由摆动。水经过进水阀 4 流入定子的内腔, 当转子在定子中旋转时, 由于转盘和水的摩擦作用, 水被抛向定子的外缘, 形成旋转的水环, 而水环的旋转运动被定子内壁的摩擦所阻。水与壁面的摩擦作用使原动机输出的有效转矩传给定子, 即水对测功器转子产生制动力矩的同时, 有一大小相等、方向相反的反作用力矩作用于测功器的定子上。在定子上固定有一个力臂, 通过与力臂相连的测力机构测定扭矩。定子内腔中水量越多, 即水环越厚, 则水和转子之间摩擦阻力越大。制动力矩也就越大。所以改变测功器定子内腔中的水量, 即可调节测功器的制动力矩。水量由进水阀 4 和排水阀 5 进行控制。

为了使水力测功器稳定工作, 必须用水位保持恒定的重力水箱向测功器均匀地供水。以避免供水压力不稳定造成内腔的水量变化和制动力矩波动。

测功器所吸收的功率使水的温度升高, 工作后温度较高的水从转子外缘处排出。从测功器排出的水温度不应超过 60 ℃, 最适宜的排水温度为 40～50 ℃, 以免在定子中的水产生气泡。若水中有气泡形成, 则会引起瞬时间卸荷, 使制动力矩急剧地变化, 影响测功器工作的稳定性, 并发生汽蚀现象, 损坏转子。

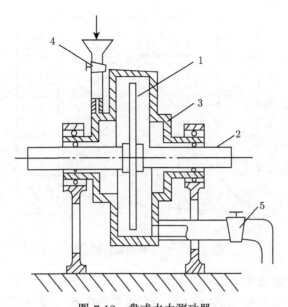

图 7-12 盘式水力测功器

1-转盘；2-转轴；3-定子；4-进水阀；5-排水阀

水力测功器所吸收的功率相当于水所带走的热量。根据测功器的进、排水温度和吸收的最大功率，可以计算其最大耗水量：

$$G = N_{max}/[c(t_2 - t_1)] \tag{7-20}$$

式中，$N_{max}$ 是测功器的最大吸收功率，kW；$c$ 是水的比热容，$kJ/(kg \cdot ℃)$；$t_2$ 是排水温度，一般取 $t_2 < 60$ ℃；$t_1$ 是进水温度，一般 $t_1$ 介于 15～30 ℃。

在上述进、排水温度范围内，测功器每千瓦时的耗水量为 20～30L。可由原动机和机械的功率决定具体水量。

图 7-13 所示的为水力测功器的特性曲线，其所包围的面积表示测功器的工作范围，它由下列各线组成：

(1) OA 表示水力测功器在最大负荷时吸收的功率，即测功器内腔充水量最大时其所能吸收的最大功率，一般它与转速呈三次方关系。在 A 点，测功器转子的扭矩达到其强度所允许的最大值，即最大制动力矩。

(2) AB 表示水力测功器的制动力矩最大时，其所能吸收的最大功率，它与转速成正比。在 B 点，测功器的排水温度达到最大允许值时，其所能吸收的最大功率，即极限功率。

(3) BC 表示水力测功器在最大排水温度下，其所能吸收的最大功率。在 C 点，测功器转子的转速达到其强度所允许的最大值，即极限转速。

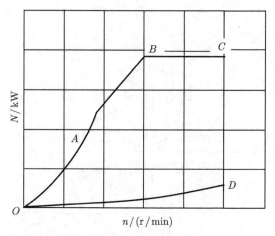

图 7-13　水力测功器特性曲线

(4) $CD$ 表示水力测功器的转速极限。

(5) $OD$ 表示水力测功器在最小负荷时吸收的功率,即测功器内腔的水最少时,其所能吸收的最小功率。

### 7.4.2　电力测功器

电力测功器的工作原理和普通发电机或电动机基本相同,即将原动机的功转变成发电机的电能,或将电动机的电能转变为动力机械的功。众所周知电机的转子和定子之间的作用力和反作用力大小相等、方向相反,所以只要将其定子做成自由摆动的,即可测定转子的制动力矩或驱动力矩。

直流电力测功器既可作发电机来吸收原动机轴的输出功率,又可作为电动机驱动机械,所以被广泛地采用。图 7-14 所示的为直流电力测功器的结构简图。

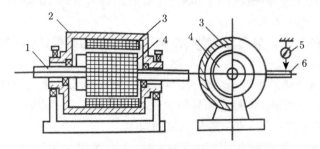

图 7-14　直流电力测功器结构简图

1-转子;2-定子;3-激磁绕组;4-电枢绕组;5-测力机构;6-力臂

电力测功器由测功电机 (包括平衡电机和测力电机)、交流机组、激磁机组、负荷电阻等组成,采用平衡式电机结构。直流电机转子 1 由发动机带动并在定子 (外壳) 磁场中旋转。定子 (外壳) 支承在与转子轴同心的滚动轴承上, 可自由摆动。外壳与测力机构相连, 依靠外壳摆动角度的大小来指示测力机构读数。

发动机带动转子在定子磁场中转动时, 转子线圈切割磁力线而产生感应电流。感应电流的磁场与定子相互作用产生方向相反的电磁力矩, 定子外壳受到的电磁力矩方向与转子旋转方向相同, 与发动机施加于转子的扭矩大小相等。因此, 通过外壳角度经测力机构进行测量可反映发动机输出功率的大小。在一定转速下, 改变定子磁场强度 (通过改变激磁机组供给平衡电机的激磁电流的大小) 及负荷电阻即可调节负荷。

### 7.4.3　电涡流测功器

电涡流测功器 (eddy current dynamometer) 由电涡流制动器、测力机构及控制柜组成。电涡流测功器因结构形式不同, 分为盘式和感应子式两类。现在应用最多的是感应子式电涡流测功器。

图 7-15 所示为感应子式电涡流测功器结构。制动器由转子和定子制成平衡式结构。转子为铁制的齿状圆盘。定子的结构较为复杂, 由激磁绕组、涡流环、铁芯组成。电涡流测功器吸收的发动机功率全部转化为热量, 测功器工作时, 冷却水对测功器进行冷却。

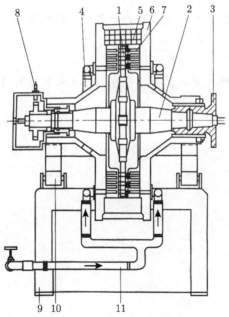

图 7-15　电涡流测功器结构

1-转子；2-转子轴；3-连接盘；4-冷却水管；5-激磁绕组；6-外壳；7-冷却水腔；8-转速传感器；

9-底座；10-轴承座；11-进水管

电涡流测功器的原理是, 当激磁绕组中有直流电通过时, 在由感应子、空气隙、涡流环和铁芯形成的闭合磁路中产生磁通, 当转子转动时, 空气隙发生变化, 则磁通密度也发生变化。在转子齿顶处的磁通密度大, 齿根处磁通密度小。由电磁感应定律可知, 此时将产生力图阻止磁通变化的感应电动势, 于是在涡流环上感应出涡电流, 涡电流的产生引起对转子的制动作用, 从而使涡流环 (摆动体) 偏转一定角度, 该角度可测得。涡流环吸收发动机的功率而产生的热量由冷却水带走。调节激磁电流大小即可调节电涡流强度, 从而调节吸收负荷的能力。

电涡流测功器具有精度高、振动小、结构简单、体积小、耗能少等特点, 并具有很宽的转速范围和功率范围, 转速为 1000~25000r/min 甚至更高, 功率可以达 5000kW。

1) 试述转速传感器按原理分哪几种? 它们是如何将转速转变为电信号的?

2) 阐述数字式测速仪测速原理。

3) 某动力机械转速为 1000r/min 左右, 试设计一数字式测速系统使其直接读数, 并使其相对误差控制在 0.2% 以内。

4) 试述磁电式转矩传感器测量转矩的原理; 传感器主要组成部分及作用; 并说明传感器要分成多种规格。

5) 应变转矩测量系统由哪几部分组成?

6) 简述测功器工作应满足的基本要求, 并说明水力测功器是如何满足上述基本要求的?

# 第 8 章　振动与噪声测量

## 8.1　机械振动概述

### 8.1.1　基本概念

机械或结构在平衡位置附近的往复运动称为机械振动 (mechanical vibration)。在能源与动力工程领域，经常会遇到机械振动的问题。在各种机械、仪器和设备中存在着旋转或往复等各种运动的部件，它们都是具有质量的弹性体，在运行时不可避免地会产生振动，如汽轮机转子本身的不平衡引起的轴系振动，叶片泵内发生空化时由于空泡溃灭引起的泵体振动等。振动已经成为叶轮机械运行可靠性的重要量度，近年来越来越受到重视。以叶片泵为例，据统计，振动性能差的泵的平均正常运行寿命只有 6 个月，而振动性能好的泵，其平均正常运行寿命超过 60 个月。

振动使仪器设备的运行性能下降，且消耗能量；振动增加仪器设备的部件的内应力，部件将承受动力载荷或重复载荷，导致磨损和疲劳，寿命因此缩短。当振动频率与部件的固有频率相同时会发生共振 (resonance)，产生十分剧烈的振动和严重过载，使机械和设备发生破坏，甚至导致严重的事故。振动会直接或间接导致噪声，恶化工作环境，危害人们的健康。

### 8.1.2　振动的分类

机械振动有不同的分类方法，按振动系统的自由度 (确定系统在振动过程中任何瞬时几何位置所需的独立坐标的数目) 可以分为单自由度系统振动、多自由度系统振动和连续系统振动。连续系统在振动过程中任何瞬时几何位置的确定需要无穷多个独立坐标。

按振动系统所受的激励形式，机械振动可以分为自由振动、受迫振动和自激振动。自由振动为外激励去除后的振动；受迫振动为系统在外激励力作用下产生的振动；自激振动为系统在输入与输出之间具有反馈特性并有能量补充而产生的振动。

按系统的响应的表达函数可分为简谐振动 (可用对时间的正弦或余弦函数表示系统响应)、周期振动 (可用对时间的周期函数表示系统响应)、随机振动 (不能用函数表示振动规律，只能用统计方法表示系统的响应) 等。从更为基础的层面，可以用常系数线性微分方程描述的振动为线性振动，而仅能用非线性微分方程描述的振动为非线性振动。

### 8.1.3　机械振动测试技术的内容

测量被测对象的振动动力学参量或动态性能,如固有频率、阻尼、阻抗、传递率、响应和模态等。这时往往要采用某种特定形式的振动来激励被测对象,使其产生受迫振动,然后测定输入激励和输出响应。在被测对象上选点进行振动参量测试和对振动特征量进行分析,目的是了解被测对象的振动状态,评定振动量级和寻找振源,以及进行监测、诊断和预估。

从测量的观点来看,测量机械振动的时域波形较合适,也就是研究振动的典型波形及其时域 (time domain) 参数和频域 (frequency domain) 参数。最常用的表达振动的参数是位移、速度、加速度和频率。

由于任何复杂的振动都可分解为一些简谐振动,而任何一个简谐振动的振动规律,可用位移、速度和加速度中的一个量与时间的关系来表征。这是因为位移、速度和加速度之间存在着微分和积分的关系,因而在测定三个参数中的一个参数后,可以利用某些测量电路的微分和积分特性 (现在多采用数据采集器用计算机软件实现数值积分和微分) 获得另外两个参量与时间的关系曲线。

位移对研究变形很重要;加速度与作用力和载荷成比例;速度决定噪声的大小,人对机械振动的敏感程度在很大频率范围是由速度决定的,评定机器安全的国际振动烈度标准 (ISO2372 和 ISO3945) 就是根据极限速度制订的;频率是寻找振源和分析振动特征的主要依据,振动物体上的振动效果是受频率影响的。简谐振动的位移、速度、加速度表达式如下:

$$X(t) = X_m \sin(\omega t + \phi) \tag{8-1}$$

$$v(t) = \frac{\mathrm{d}X}{\mathrm{d}t} = \omega X_m \cos(\omega t + \varphi) = v_m \sin(\omega t + \phi + \frac{\pi}{2}) \tag{8-2}$$

$$a(t) = \frac{\mathrm{d}v}{\mathrm{d}t} = \frac{\mathrm{d}^2 X}{\mathrm{d}t^2} = -\omega^2 X_m \sin(\omega t + \varphi) = a_m \sin(\omega t + \phi + \pi) \tag{8-3}$$

式中: $X(t)$, $v(t)$, $a(t)$ 分别为位移、速度、加速度的瞬时值,单位分别为 m、m/s、m/s²;$X_m$、$v_m$、$a_m$ 分别为位移、速度、加速度的最大值或幅值;$\omega$ 为角频率,单位为 rad/s。

在振动测量中还常用相对参考值表示振动的大小,用分贝 (dB) 作单位。用分贝作标度时必须决定参比量。但目前各国所采用的参比量尚未完全统一。国际标准化组织提出的机械振动的参比量值 (ISO1683) 如表 8-1 所示。

表 8-1　振动参比量

| 级的名称 | 定义 | 参比值 |
|---|---|---|
| 振动加速度级 | $L_a = 20\lg(\frac{a}{a_r})\mathrm{dB}$ | $a_r = 10^{-5}\mathrm{m/s^2}$ |
| 振动速度级 | $L_v = 20\lg(\frac{u}{u_r})\mathrm{dB}$ | $v_r = 10^{-6}\mathrm{m/s^2}$ |
| 振动位移级 | $L_A = 20\lg\frac{X}{X_r}\mathrm{dB}$ | $X_r = 10^{-11}\mathrm{m}$ |

振动的测量通常包括：①测量被测对象的振动力学参数或动态性能，如固有频率、阻尼、阻抗、响应和模态等；激励被测对象使其产生受迫振动，然后测定输入激励和输出响应；② 测量被测对象选定点的振动并对振动特征量进行分析，目的是了解被测对象状态，评定振动量级和确定振源，进行监测、诊断和评估。

测量振动可以发现机械运行过程中存在的问题。如果用 $f$ 表示轴频，轴弯曲通常引起 $1 \times f$ 频率，不对中引起 $2 \times f$ 频率，叶片与单蜗壳的干涉引起叶片数 $\times f$ 频率，轴承损坏引起高频成分等。

机械振动测试系统的组成框图如图 8-1 所示。

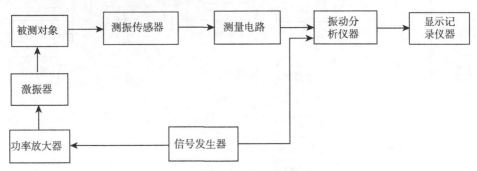

图 8-1　机械振动测试系统的组成

对于振动进行测量需要对影响振动的因素进行全面的掌握。仍然以叶片泵为例，影响叶片泵振动性能的因素主要有三大类：机械因素、系统因素和运行因素。导致泵振动的机械因素具体包括：轴承 (安装不当、损坏、润滑不当)、轴 (弯曲、磨损)、转子不平衡、不对中、紧固件松动、基础不牢等。系统因素包括泵入口滤网堵塞、叶轮流道或管道堵塞、管道布置不合理等。运行因素则包括汽蚀、流量 [流量过小 (一般小于 15% 额定流量则会加剧振动) 和流量过大 (一般超过 120% 额定流量则会加剧振动)]、转速过高、吸入管淹没深度不足等。

## 8.2　振动传感器

用于振动测量的仪器的大致分类如图 8-2 所示。

基本仪器是指直接测量机械振动表征参数的各类专用和通用仪器。辅助仪器是指测量时，协助基本仪器所需的独立仪器。它们可以是专用的，但大部分是可以用于其他动态测试与分析中的通用仪器。

在现代振动测量中，除某些特定情况采用光学测量外，一般多用电测的方法，即将振动信号转变成电学 (或其他物理量) 信号。通常将实现这种转变的装置称为振动传感器。振动测量的参数众多，测量的要求也各不相同。因此在选择测振用传感器类型时，要根据测试要求 (如要求测位移或测速度、加速度、力等) 及被测物体的振动特性 (如待测的频率范围和估算的振幅范围等)，使用环境情况 (如环境温度、湿度、电磁场干扰等)，结合各类传感器本身的各项性能指标来综合考虑。

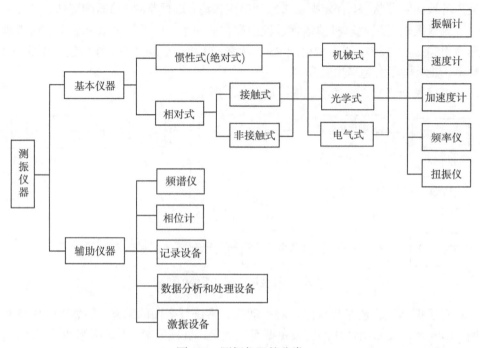

图 8-2　测振仪器的分类

从力学原理上，振动传感器又可分为绝对式传感器和相对式传感器。绝对式传感器测量振动物体的绝对运动，这时需将振动传感器基座固定在振动体待测点上。绝对式传感器的主要力学组件是一个惯性质量块和支承弹簧，质量块经弹簧与传感器基座相连，在一定频率范围内，质量块相对于基座的运动 (位移、速度、加速度) 与作为基础的振动物体的振动 (位移、速度、加速度) 成正比，传感器敏感组件再把质量块与基座的相对运动转变为与之成正比的电信号，从而实现绝对式振动测量。

相对式传感器测量振动体待测点与固定基准的相对运动。这时，由传感器敏感组件直接将此相对运动 (即振动体的运动) 转变为电信号。相对式传感器又可分为接触式和非接触式两种。实际上，有时很难建立一个测量的固定基准，另外，从现场振动测量的便利条件和方便应用的角度而言，使用得最多的是绝对式传感器。但在某些场合，无法或不允许将传感器直接固定在试件上 (如旋转轴、轻小结构件等)，就必须采用相对式传感器。

从电学原理上，根据所采用的将力学量转变为电学量的传感器敏感组件的性质，振动传感器又可分为电感型、电动型、电涡流型、压电型等。振动传感器的技术性能主要体现在以下几条。

(1) 频率特性：包括幅频特性和相频特性。

(2) 灵敏度：电信号输出与被测振动输入之比。

(3) 动态范围：可测量的最大振动量与最小振动量之比。

(4) 幅值线性度：理论上在测量频率范围内传感器灵敏度应为常数，即输出信号与被测振动成正比。实际上，传感器只在一定幅值范围保持线性特性，偏离比例常数的范围称为非线性，在规定线性度内的可测幅值范围称为线性范围。

(5) 横向灵敏度：实际传感器除了感受测量主轴方向的振动，对于垂直于主轴方向的横向振动也会产生输出信号。横向灵敏度通常用主轴灵敏度的百分比来表示。从使用观点看，横向灵敏度越小越好，一般要求小于 3%~5%。

常用的振动位移传感器包括电感式位移传感器、电容式位移传感器、光电式位移传感器等。常用的振动速度传感器中磁电式速度传感器应用较多，它是一种利用电磁感应原理，将输入运动的速度变换成感应电势输出的传感器。磁电式速度传感器不需要辅助电源，就能把被测对象的机械能转换成易于测量的电信号，是一种有源传感器。磁电式传感器有时也称作电动式或感应式传感器，它只适合进行动态测量。由于它有较大的输出功率，故配用电路较简单，性能稳定；工作频带一般为 10~1000Hz。常用的振动加速度传感器中以压电式加速度传感器最为常用。压电式加速度传感器也是绝对式传感器的一种。压电式加速度传感器是利用具有正压电效应的某些电介质、压电陶瓷晶体和高分子材料作为测振传感器的机电变换元件而构成的。压电传感器原理前面章节已叙述，在此不再赘述。

## 8.2.1 位移传感器

位移传感器根据运动方式可以分为直线位移传感器和角度位移传感器；按被测变量变换的形式不同，可分为模拟式和数字式两种。模拟式又可分为物性型 (如自发电式) 和结构型两种。常用位移传感器以模拟式居多，而且形式多样，包括涡流式位移传感器、电位器式位移传感器、电感式位移传感器、电容式位移传感器、光电式位移传感器、超声波式位移传感器、霍尔式位移传感器等。

涡流式位移传感器通过传感器端部与被测物体之间的距离变化来测量物体的振动位移和其幅值。传感器线圈的厚度越小，其灵敏度越高，涡流传感器是由固定在聚四氟乙烯或陶瓷框架中的扁平线圈组成，结构简单，如图 8-3 所示。

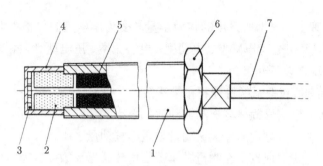

图 8-3　涡流式位移传感器

1-壳体；2-框架；3-线圈；4-保护套；5-添料；6-螺母；7-电缆

目前，涡流式传感器的应用范围一般为 $\pm(0.5\sim10)$ mm，灵敏阈值约为测量范围的 0.1%。这类传感器具有线性范围大、灵敏度高、频率范围宽、抗干扰能力强、不受油污等介质影响及非接触式测量等特点。由于该传感器为相对式传感器，它能方便地测量运动部件与静止部件之间的间隙变化。这类传感器已成功应用于汽轮机组、空气压缩机等回转轴系的振动监测。

电容式位移传感器分为非接触式和接触式两类。非接触式的电容式位移传感器与涡流传感器相近，而接触式电容式位移传感器的工作频率范围为 0~300Hz，可实现超低频测量，并且传感器的重量轻，而且与地绝缘，分辨率达 0.1mg。

电位式位移传感器是通过电位器元件将机械位移转换成与之成线性或任意函数关系的电阻或电压输出。物体的位移引起电位器移动端的电阻变化。阻值的变化量反映了位移的量值，阻值的增加或减小则表明了位移的方向。通常在电位器上通以电源电压，将电阻变化转换为电压输出。电位器式位移传感器结构简单，输出信号强，使用方便，价格低廉，其主要缺点是易磨损。

电感式位移传感器是利用位移引起的电感变化来确定位移的大小，它相对于电位器式位移传感器的优点是：无滑动触点，工作时不受灰尘等非金属因素的影响，并且功耗低，寿命长，可在各种恶劣条件下使用。

霍尔式位移传感器的测量原理是保持霍耳元件的激励电流不变，并使其在一个梯度均匀的磁场中移动，则所移动的位移正比于输出的霍耳电势。磁场梯度越大，灵敏度越高；梯度变化越均匀，霍耳电势与位移的关系越接近于线性。霍耳式位移传感器的惯性小、频响高、工作可靠、寿命长。

## 8.2.2　速度传感器

单位时间内位移的增量就是速度。速度包括线速度和角速度，与之相对应的为线速度传感器和角速度传感器，它们统称为速度传感器。

在速度传感器中磁电式速度传感器应用较多，它是一种利用电磁感应原理，将输入运动的速度变换成感应电势输出的传感器。磁电式速度传感器不需要辅助电源,就能把被测对象的机械能转换成易于测量的电信号,是一种有源传感器。磁电式传感器有时也称作电动式或感应式传感器,它只适合进行动态测量。由于它有较大的输出功率,故配用电路较简单,性能稳定;工作频带一般为 10~1000Hz。

磁电式速度传感器基于电磁感应原理,将传感器中的线圈作为质量块,当传感器运动时,线圈在磁场中作切割磁力线的运动,其产生的电势大小与输入的速度成正比。

如果将壳体固定在一试件上,通过压缩弹簧片,使顶杆以力 $F$ 顶住另一试件,则线圈在磁场中的运动速度就是两试件的相对速度,速度计的输出电压与两试件的相对速度成比例。图 8-4 就是按这种原理工作的磁电式相对速度计的简图。该传感器由固定部分、可动部分和三组拱形弹簧片组成。在测量振动时,先将顶杆压在被测物体上。设振动系统的质量为 $M$,弹性刚度为 $K$,则当传感器顶杆随被测物体运动时,顶杆质量 $m$ 和弹簧刚度 $k$ 附属于被测物体上,成为被测振动系统的一部分,在满足 $M \gg m$, $K \gg k$ 的条件下,传感器的可动部分的运动才主要取决于被测系统的运动。

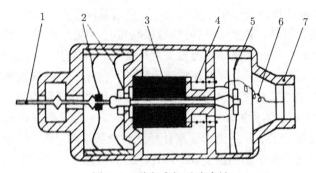

图 8-4　磁电式相对速度计

1-顶杆;2、5-弹簧片;3-磁铁;4-线圈;6-引出线;7-壳体

根据电磁感应定律,磁电式传感器所产生的感应电动势 $e$ 为

$$e = -Blx_r \tag{8-4}$$

式中,$B$ 为磁通密度,$l$ 为线圈在磁场内的有效长度,$x_r$ 为线圈在磁场内的相对速度。通过式 (8-4) 可以看出,电动势与被测振动速度成正比。

磁电式速度传感器结构简单,使用方便,输出阻抗低,自外部引入的电噪声很小,输出信号较大,灵敏度较高。磁电式相对速度计适用于测量低频信号,主要缺点是体积大,不能用于测量高频信号。

前面已经介绍过激光多普勒效应,利用该效应也可以测量固体的振动速度。目前激光多普勒速度计产品已有很好的性能，具有很高的空间分辨率和测量精度。激光多普勒速度计有单点测量型和扫描型两种，单点测量型是将激光束直接照射到被测物体上，利用被测物体表面的反射实现测量；扫描型激光多普勒速度计事先需要将被测物体表面的多个测量点输入计算机，由计算机控制一个可以反射光到被测物体表面的镜片的运动来实现逐点扫描振动测量。

### 8.2.3　振动加速度传感器

用于测量振动加速度最多的是压电式传感器，又称加速度传感器或加速度计。加速度计是一种压电换能器，它能把振动或冲击的加速度转换成与之成正比的电压 (或电荷)。加速度计的脉冲响应优异，更适合于冲击的测量。加速度计的最大优点是，具有以零为下限频率的频率特性，可实现宽频带测量。可作冲击振动测量，也可用来测量低频振动。由于它的结构尺寸和重量极小，因此为目前使用得最广泛的测振仪器。

常用的压电加速度计的结构如图 8-5 所示。图中，$S$ 为弹簧，$M$ 是质量块，$B$ 是基座，$P$ 为压电元件，$R$ 是夹持环。图 8-5(a) 为中央安装压缩型，压电元件 — 质量块 — 弹簧系统安装在圆形中心支柱上，支柱与基座联接，这种结构具有高的共振频率。值得注意的是，基座 $B$ 与被测对象联接时，基座 $B$ 的变形将直接影响传感器的输出。另外，压电片受环境温度变化的影响，可能引起温度漂移。图 8-5(b) 为环形剪切型，其结构简单，可以使加速度计的尺寸小，且共振频率很高。其环形质量块粘到装在中心支柱上的环形压电元件上。粘结剂会随温度增加而变软，故对该加速度计的最高工作温度有一定的限制。图 8-5(c) 为三角剪切型，压电片由夹持环夹持在三角形中心柱上。当加速度计感受轴向振动时，压电片承受切应力，这种结构隔离了底座的变形和温度变化，具有较高的共振频率和良好的线性关系。这种剪切设计使得传感器的输出对基座应变不敏感。

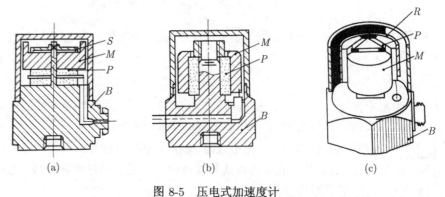

图 8-5　压电式加速度计

(a) 中心安装压缩型; (b) 环形剪切型; (c) 三角剪切型

加速度传感器的压电片受到交变压力后，惯性质量块与基座之间的相对运动与加速度成正比，所以加速度传感器能够输出与被测振动加速度成比例的电荷。

压电式加速度传感器的灵敏度有两种表达方法，一是电压灵敏度 $S_V$；一是电荷灵敏度 $S_q$，图 8-6 为压电式加速度传感器的电学特性等效电路。

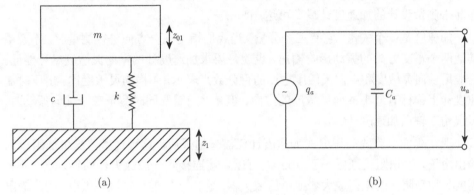

图 8-6　压电式加速度传感器的等效电路

(a) 工作原理；(b) 等效电路

压电片上承受的压力为 $F = ma$，在压电片的工作表面上产生的电荷 $q_a$ 与被测振动的加速度 $a$ 成正比，即

$$q_a = S_q a \tag{8-5}$$

式中，比例系数 $S_q$ 是压电式加速度传感器的电荷灵敏度，单位为 $pC/(m/s^2)$。

传感器的开路电压 $u_a = q_a/C_a$，其中 $C_a$ 为传感器的内部电容量，对于特定的传感器，$C_a$ 为定值，故

$$u_a = \frac{S_q}{C_a} a = S_V a \tag{8-6}$$

开路电压同样与被测振动的加速度成正比，比例系数 $S_V$ 就是电压灵敏度，单位是 $mV/(m/s^2)$。在压电材料一定的前提下，灵敏度随着质量块的增大或压电片的增多而增大。一般来说，加速计的尺寸越大，其固有频率越低。压电式加速度传感器的工作频率范围很宽，仅在传感器的固有频率附近灵敏度发生急剧变化。

加速度计的电荷灵敏度仅仅决定于加速度计本身而与电缆的长度无关，因此在使用长电缆时不必修正灵敏度值，使用比较方便，但是必须与电荷放大器配合使用。电压灵敏度与电缆的关系很大，所给出的电压灵敏度往往是对一定电缆电容而言。当电缆不同时，电压灵敏度也不同，但是只需要用一般放大器进行放大和测量。

加速度计测量加速度的范围，其下限取决于连接电缆的噪声和配用的电子仪表的本底噪声，典型的可低至 $0.01\mathrm{m/s^2}$；其上限取决于压电组件的非线性和加速度计的结构强度。对于测量振动的加速度计，规定灵敏度线性变化在 5% 以内的最大加速度为最大可测上限，典型的可至 $50000\sim100000\mathrm{m/s^2}$；对于测量冲击的加速度计，规定灵敏度线性变化在 10% 以内的最大加速度为最大可测上限，一种专门为冲击测量设计的加速度计最高可达 $10^6\mathrm{m/s^2}$。

加速度是一个矢量，它有三个分量，当我们指定某一方向进行测量时，不希望其他两个正交方向的振动影响输出，也就是要求加速度计的横向灵敏度尽可能低。一般用横向灵敏度和主向灵敏度之比的百分数来表示，叫横向灵敏度比。出厂时加速度计上都标有最小横向灵敏度的方向。但是，当需要同时测量三个轴向振动时，可选用三轴向加速度计。

现在集成电路式的压电式加速度计已被普遍采用，这种传感器提供低阻抗的输出电压，输出阻抗通常小于 $100\Omega$，可以直接连接到一般放大器的输入端，不再需要另加高阻抗的电荷放大器或电压放大器。它由 $12\sim24\mathrm{V}$ 恒流源供电，因此输出仍为两线，不需另加电源线，使用非常方便。加速度计灵敏度每年约降低 $1\%\sim5\%$，因此，为保持测量精度，最好每年校准一次。

压电式传感器输出的是电荷，只有在外电路负载无穷大，内部无漏电时，压电晶体表面产生的电荷才能长时间保持下来。但实际上负载不可能无穷大，内部也不可能完全不漏电。所以通常要采用高输入阻抗的前置放大器来代替理想的情况。与压电加速度计配用的前置放大器有电荷放大器和电压前置放大器两种。

电压前置放大器检测由振动引起的加速度计上的电压变化，并产生与此成比例的输出电压。其缺点是电缆电容量的变化会引起整个灵敏度的变化，故只适用于电缆线长度固定不变的场合。而电荷放大器给出一个与输入电荷成正比的输出电压，但并不对电荷进行放大。电荷放大器最明显的优点在于无论使用长电缆还是短电缆都不会改变整个系统的灵敏度，因此在振动测量中应优先采用电荷放大器。

压电式加速度传感器的共振频率与其固定情况有关，而加速度传感器出厂时的幅频特性曲线是在刚性联接的固定情况下获得的。加速度传感器的各种固定方法如图 8-7 所示。钢螺栓固定方法是使共振频率能达到出厂共振频率的最佳方法。螺栓未全部拧入基座螺孔，以防止基座变形，如图 8-7(a) 所示。在图 8-7(b) 中，采用绝缘螺栓和薄的云母垫片来固定加速度传感器以达到绝缘的目的。在图 8-7(c) 中，仅用一层蜡将加速度传感器粘在试件表面上。图 8-7(d) 为手持探针法，其测量误差大，但适用于多点测量，使用上限频率不超过 1000Hz。图 8-7(e) 中采用专用永久磁铁固定加速度传感器，多在低频测量中使用，图 8-7(f) 和 8-7(g) 中分别采用硬性粘接螺栓和粘接剂来固定加速度传感器，后者会显著降低共振频率。

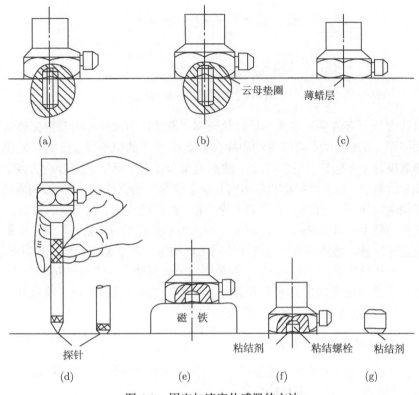

图 8-7 固定加速度传感器的方法

## 8.2.4 通用振动计及使用

通用振动计是用于测量振动加速度、速度、位移的仪器，可以测量机械振动和冲击振动的有效值、峰值等，频率范围从零点几赫兹到几千赫兹。通用振动计由加速度传感器、电荷放大器、积分器、高低通滤波器、检波电路及指示器、校准信号振荡器、电源等组成。工作原理框图如图 8-8 所示。

加速度传感器检取的振动信号经过电荷放大器将电荷信号转变为电压信号，送到积分器经两次积分后，分别产生相应的速度和位移信号。来自积分器的信号送到高低通滤波器，滤波器的上下限截止频率由开关选定。然后信号送到检波器，将交流信号变换为直流信号。检波器可以是峰值或有效值检波，在一般情况下，测加速度时选峰值检波，测速度时选有效值 (RMS) 检波，测位移时选峰一峰值检波。检波后信号被送到数字显示器，直接读出被测振动的加速度、速度或位移值。

通用振动计内的校准信号振荡器使得仪器具有自校的功能，也可根据传感器的灵敏度来调节整机灵敏度。振动计还可以外接滤波器进行频率分析。

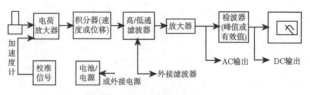

图 8-8   振动计工作原理

目前市场上有许多通用振动计可供选择。振动计的选择首先要依据测量对象的振动类型 (周期振动、随机振动和冲击振动)、振动的幅度以及研究目的确定合适的测量项目 (加速度、速度、位移、波形记录和频谱分析),选择合适的振动测量方法或分析系统。如有的振动测量研究只需了解振动的位移值 (如机械轴系的轴向和径向振动),有的研究需了解振动的速度值 (如机械底座、轴承座的振动),而且常常把振动烈度,即 10Hz~1kHz 频率范围内振动速度的有效值,作为评价机器振动的主要评价量。另外振动计的选择还需考虑测量的频率范围,幅值的动态范围,仪器的最小分辨率等。例如对于冲击测量还应考虑振动测量仪的相位特性,因为在冲击振动频谱分量所确定的频率范围内,不仅要求测量设备的频率响应必须是线性的,而且要求设备的相位响应不能发生转变。

### 8.2.5   测振传感器的选择与使用

测振传感器的品种繁多,性能不一,被测振动对象各异。因此,必须合理正确地选用,才能得到正确的测量结果。

实际的被测振动大多是复合波形,即可以看做许多频率正弦波形的合成。如振动速度相同,在不同频率下,虽然位移、速度、加速度之中的某一项数值相同,但其他数值也会有很大不同。中低频振动的位移值比高频的大得多,但它的加速度值却比高频的小得多。在测试中,所采用的传感器和所选择的测试参量不同,有时会得到误差很大的结果。原因是实际中可供使用的测振传感器的可测频率范围很不一样,因此,选择测振传感器时要注意测振频率范围。对于同一振动,最好对位移、速度和加速度三个参量同时测量并进行对比分析。

从理论上讲,三个振动参量之间,通过积分、微分关系是可互相转化的。但是,由于实际传感器的频宽、噪声、线性误差、灵敏限和输入、输出幅度的限制,每种传感器都只有一定的测试范围和分辨能力,选择使用时应注意这一点。

## 8.3   振动分析仪器与共振法测频系统

### 8.3.1   振动分析仪器

振动分析仪器是测振系统的重要组成部分。

最简单的指示振动量的仪表是测振仪,它用位移、速度或加速度的单位来表示传感器测得的振动信号的峰值、平均值或有效值。这类仪器只能获得振动强度 (振级)。为了得到更多的信息,应将振动信息进行概率密度分析、相关分析和谱分析。采用的仪器为频谱分析仪。频谱分析仪有模拟式和数字式两大类。对于那些频率随时间急剧变化的振动信号和瞬态振动信号,则有必要发展一种分析时间非常短,几乎能够即时完成的频谱分析仪。这样的分析仪称为实时频率分析仪。以下介绍并联滤波器实时频率分析仪原理。将一组中心频率按一定要求排列的带通滤波器一端联在一起,另一端各自连接着一套检波器、积分器,最后接到电子转换开关上;输入的振动信号通过前置放大器同时加到各个滤波器上。逻辑线路和电子开关的作用保证高速地、依次地、反复地将各个通道和显示单元瞬时接通,从而在显示单元上显示出每一个通道的输出量。以上即为并联滤波器实时频率分析仪的工作原理。

随着计算机技术的发展,用数字方法处理振动测试信号已日益广泛。数字信号的处理可用 A/D 接口和软件在通用计算机上实现,已经有许多专用的数字信号处理机,利用硬件实现 FFT(快速傅里叶分析) 运算,可在数十毫秒内完成 1024 个点的 FFT,几乎可以实时地显示振动的频谱。有的数字信号处理机已做成便携式的,适用于现场测试。经常采用磁带记录仪在现场记录下振动信号,然后重放进行信号分析及数字信号处理。

### 8.3.2 共振测频系统

汽轮机、水轮机及叶片泵中研究和测量叶片的振动特性十分重要,下面简单介绍采用共振法测量叶片的自振频率的方法,此方法是基于共振的原理产生的。叶片在某个周期激振力作用下产生强迫振动,当激振力的频率等于叶片的自振频率时便产生共振。此时叶片的振幅急剧增加,其频率可由频率仪精确测出。

共振法测频系统及设备如图 8-9 所示。叶片的激振和检振均采用压电晶体片。音频信号发生器发出的交流电信号送至激振晶体片 4(它用乙基纤维胶水或胶水贴在主轴箱体振动位移片上),激发叶片振动,振动信号由检振晶体片感受后输给示波器及频率仪。音频信号发生器发出的信号还同时输给示波器。调节音频信号发生器输出的交流电信号的频率,当它与叶片某一阶自振频率相等时,叶片即产生共振,在示波器荧光屏上可以看到突然增大,而且其波形是十分稳定的圆或椭圆。此时在频率仪上表示的频率数值即为叶片的自振频率。当音频信号发生器的频率由低到高逐渐增大时,可以测得叶片的各阶自振频率。共振法目前在叶片振动测量中得到了广泛的应用。

激振设备在振动测试系统中的作用是为被测系统提供能量,使之发生振动。一般要求激振设备应当能够在所要求的频率范围内提供波形良好、幅值足够和稳定的交变力 (alternating force),在某些情况下还需施加稳定力,以消除间隙或模拟某种稳定力。为了减小激振设备的质量对被测系统的影响，应尽量使激振设备体积小、重量轻。目前常用的激振设备有振动台、激振器和力锤，下面对力锤进行介绍。

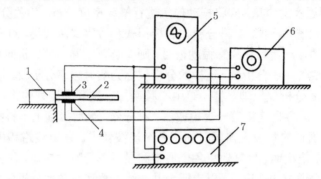

图 8-9　共振法测频系统

1-夹具；2-叶片；3-压电晶体传感器；4-压电晶体激振器；5-示波器；6-信号发生器；7-频率仪

力锤 (impact hammer) 是产生瞬态激励力的激振器，也是模态分析 (modal analysis) 中经常采用的激励设备之一。力锤由锤体、手柄和可以调换的锤头和配重组成，如图 8-10 所示。通常在锤体和锤头之间装有一个力传感器，以测量被测系统所受的锤击力的大小。

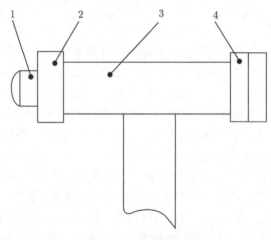

图 8-10　力锤示意图

1-锤头垫；2-力传感器；3-锤体；4-配重

一般来说，锤击力的大小由锤击质量和锤击被测系统时的运动速度决定，操作者控制速度而非控制力的大小。力锤敲击被测对象实现了脉冲激振，即在极短的时间内对被测对象施加使其产生振动的作用力。激励谱的形状由锤头的材料和锤头的总重量决定，使用锤头附加质量可以增加激励能量。激振力的变化近似于半个正弦波, 其频谱在一定频率范围内接近平直谱, 如图 8-11 所示。

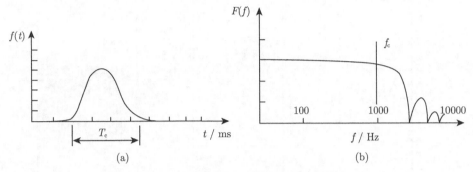

(a)                                    (b)

图 8-11　锤击产生的激振力及其频谱

(a) 激振力；(b) 激振力频谱

　　激振力的大小及有效频率范围取决于锤的质量和敲击时接触时间的长短。当锤的质量一定时, 锤头与被测对象的接触部分 — 锤头垫材料的软硬程度决定激振力的大小。锤头垫越硬则敲击时接触的时间越短, 激振力越大, 有效作用的频带越宽。常用的锤头垫材料有钢、黄铜、铝合金、橡胶等。锤头垫材料越硬, 力脉冲宽度越窄, 则激振力的波形越尖, 说明所含的频率成分较高。

　　力锤敲击的方法的主要缺点是力的大小不易控制, 过小会降低信噪比, 过大会引起非线性因素；锤击时间不易掌握, 它影响锤击激振力的频谱形状。

## 8.4　振动测量及其应用实例

　　如图 8-12 为某离心泵底座测点加速度频谱图, 其特征频率主要是 24.8Hz、49.6 Hz、148.7Hz、297.4Hz、446.1Hz 等。24.8Hz 是转轴的几何中心与质量中心不一致引起的振动频率, 为轴频。49.6Hz 是电机轴与泵轴不同心引起的振动频率, 其明显特征是两倍于转速频率, 为二次谐波。148.7Hz 的振幅最大, 它是叶片周期性撞击水引起的振动频率, 为叶频。297.4Hz、446.1Hz 为轴频的高次谐波。

　　图 8-13 为泵的叶频振动加速度幅值随泵的 NPSH 值降低出现两个临界点, 第一点位于 NPSH = 6.98m 处, 第二点位于 NPSH = 4.64m 处 (泵临界汽蚀点)。在第一临界点前叶频振动加速度幅值基本不变, 第一临界点和第二临界点之间叶频振动加速度幅值呈线性增加的趋势, 叶频振动加速度幅值增加 3.1dB。在第二临界点后, 叶频振动加速度幅值呈线性显著上升, 增加 2.5dB。在模型泵临界汽蚀点处, 叶频的高次谐波振动加速度幅值均呈现急剧下降的趋势, 在临界汽蚀点后叶频的高次谐波振动加速度幅值均呈现急剧增加的趋势。

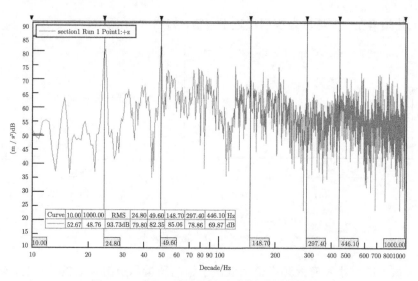

图 8-12　离心泵底座测点上的振动频谱特征

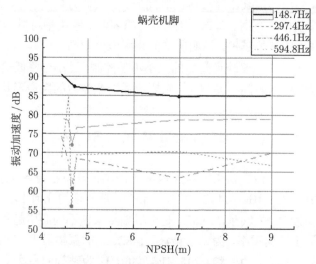

图 8-13　离心泵蜗壳机脚叶频谐波随汽蚀余量的变化

# 8.5　噪声概述

## 8.5.1　基本概念

　　声音是人耳对物体振动和主观感觉，物体的振动在其周围的弹性介质 (elastic medium) 中的传播，即声波 (acoustic wave)，是人耳感觉到声音的必要条件。通常所指的声波是流体介质中的传播的机械振动，典型的介质为空气和水。引起介质中质点振动的物体称为声源 (acoustic source)，声源与弹性介质是产生声波的两个必要条件。声波是由于声源的振动引起的，两者相互关联；而振动量只是时间的函数，而声波的波动量不仅是时间的函数，还是空间的函数，声波波动量存在的空间称为声场。

声波在空气中传播时，由于介质不能承受剪切力，所以空气中介质质点的振动方向与声波传播的方向一致，这种波为纵波 (longitudinal wave) 或压缩波。声波在液体中传播时，介质质点的运动方向与波的传播方向垂直，这种波为横波 (transverse wave) 或切变波。

声音源于气体、液体或固体的振动，但并不是所有的振动都能被人耳听见，只有在振动的幅值具有一定的大小，振动频率在人耳听觉范围内的振动，才能被人耳所听到。正常听觉的人所能听到的声音，其频率范围在 20Hz~20kHz，常称这个频率范围的声音为可闻声。低于 20Hz 的称为次声 (infrasound)，人耳听不见次声，但次声在传播过程中衰减很少，会对远离声源的人耳构成危害。据统计，强度在 120dB 以上的次声能使人目眩和恐慌。高于 20kHz 的称为超声 (ultrasound)，人们不会感觉到超声，超声也不会对人体造成伤害。

从物理学的观点看，噪声 (noise) 是无规则、非周期性的杂乱声波，而乐音是由有规律的振动所产生的周期性的声波组合而成的。但从广义的角度讲，凡使人烦躁、讨厌，对正常工作、生活产生干扰的声音都可称为噪声，因此把噪声定义为"不需要的声音"。因为噪声是声音的一种，因此它具有声波的一切特性，如反射、绕射、折射和干涉。

随着现代工业的发展，噪声问题已越来越引起世界各国的广泛关注。噪声是污染环境的公害之一，它从多方面对人们产生有害的影响，使人烦躁不安，易于疲劳，干扰和影响人们正常的生活、工作和学习。噪声还会分散工作人员注意力，降低工作效率，掩盖警报信号和呼喊，导致一些意外事故的发生，长期处在强噪声的工作环境中的工作人员会产生听力、心血管系统、神经系统及内分泌系统的许多病变。另外，在特强噪声作用下，人耳的鼓膜会破裂出血，引起永久性耳聋。一些精密仪器、仪表的灵敏度也将受到不同程度的影响。为此，世界上许多国家先后颁布了控制噪声、减少公害的噪声限制标准。对保护人体健康而言，一般不应在 85dB(A) 以上的环境中连续长时间工作。

### 8.5.2 噪声的分类

按照声源的不同，噪声可以分为机械噪声 (mechanical noise)、空气动力性噪声 (aerodynamic noise) 和电磁性噪声 (electromagnetic noise)。机械噪声主要是由于固体振动而产生的，在机械运转中，由于机械撞击、摩擦、交变的机械应力以及运转中因动力不平均等原因，使机械的金属板、齿轮、轴承等发生振动，从而辐射机械噪声，如机床、织布机、球磨机等产生的噪声。当气体与气体、气体与其他物体 (固体或液体) 之间做高速相对运动时，由于黏滞作用引起了气体扰动，就产生空气动力性噪声，如各类风机进排气噪声、喷气式飞机的轰声、内燃机排气、储气罐排气所产生的噪声，爆炸引起周围空气急速膨胀亦是一种空气动力性噪声。电磁性噪声是由于磁场脉动、磁致伸缩引起电磁部件振动而发生的噪声，如变压器产生的噪声。

　　按照时间变化特性，噪声可分为四种情况：噪声的强度随时间变化不显著，称为稳定噪声，如电机、织布机的噪声。噪声的强度随时间有规律地起伏，周期性地时大时小的出现，称为周期性变化噪声，如蒸汽机车的噪声。噪声随时间起伏变化无一定的规律，称为无规噪声，如街道交通噪声。如果噪声突然爆发又很快消失，持续时间不超过 1s，并且两个连续爆发声之间间隔大于 1s，则称为脉冲声，如冲床噪声、枪炮噪声等。城市环境噪声在噪声研究中占有很重要的地位，它主要来源于交通噪声、工业噪声、建筑施工噪声和社会生活噪声。由于城市中机动车辆的日益增多和超声速飞机的大量使用，运输工具 (如汽车、拖拉机、火车、飞机等) 产生的噪声成了城市环境噪声的主要污染源之一。

　　与一般噪声设备相似，对于叶片泵来说，也主要关注三类噪声：一类是机械结构振动性噪声，是机械在运行过程中机械零部件互相撞击、摩擦以及力的传递，使机械构件 (尤其是板壳结构) 产生强烈振动而辐射的噪声。另一类是流体动力性噪声，是由流体中存在的非稳定过程、湍流或其他压力脉动、流体与管壁或其他物体相互作用而产生的管内噪声或出入口处的辐射噪声；泵流体动力性噪声是一种强迫振动问题，主要是由于湍流脉动、旋转失速、空化和动静干涉等不稳定现象引起的流体力引起。第三类是电磁噪声，是由电磁场交替变化而引进某些机械部件或空间容积振动而产生的噪声。三类噪声中机械性噪声源所占比例最高，流体动力性噪声源次之，电磁性噪声源较小。

　　动静干涉作用主要是指叶轮出口处的旋转压力场和速度场与下游的静止部件发生周期性相互作用，导致叶轮出口的尾流而影响静止部件内的流动，且作用距离较长。压水室的存在周期性地改变叶轮出口的流动边界条件，干扰叶轮内部流动，诱使旋涡的发生，改变叶轮与压水室的流动结构，引起流场的压力脉动，产生水力激励诱导振动。

　　叶片泵在流量减小到某个值时，叶轮流道内会形成一个或几个失速团，这些失速团以同样的方向，但以较低角速度绕轴旋转，这种现象称为旋转失速 (rotating stall)。离心泵运行过程中也存在旋转失速现象，其对离心泵的安全运行危害很大。当离心泵流量减小或发生叶轮流道堵塞时，进入叶轮或导叶的液流会发生变化，液流向着叶片压力面冲击，而在吸力面发生脱流；当流量减小到某一极限，由于实际液流流入流道的不均匀性，在各流道内产生的脱流液流形成一个或几个失速团；由于失速团占据一部分流道，使流道截面减小，部分液流挤向相邻流道，改变了相邻流道内的流动；失速团在叶轮各流道内依次循环发生，从而在叶轮内形成旋转失速。旋转失速可造成叶轮流道的阻塞和水泵扬程的降低，且其在叶轮内产生的压力波动是激励转子发生异常振动的激振力。

离心泵在运转中，在过流区域的局部 (通常是叶轮进口稍后、叶片吸力面与前盖板交接处)，液流的绝对压力低于当时温度下的汽化压力时，液体开始汽化，形成气泡。这些气泡随液流流动到高压处，周围的高压液体使气泡急剧变小以至破裂，同时周围液体将高速填充空穴，发生互相撞击而形成局部高压射流，引起周围流体的压力脉动，产生水力激励。

机械噪声还可以按声波传递的媒介分为空气噪声和结构噪声。从噪声源以过空气传播到接受点的噪声称为空气噪声；自噪声源通过固体结构传递到接受点附近的构件，再由构件声辐射到达接受处的噪声，称为结构噪声。

### 8.5.3　噪声测试的意义

几乎任何噪声问题的解决都离不开对噪声的测试。噪声测试数据是解决噪声问题的科学依据。近年来，对机器设备噪声的测试，受到人们特别关注。这是因为：①机器设备噪声大小常被列为评价其质量优劣的指标；②比较同类机器设备所产生噪声的差异以便改进设计和生产工艺；③监测设备噪声及其变化，可据此实现对设备的工况监测和故障诊断；④对设备噪声进行分析，找出原因，以便采取有效的降噪措施；⑤测量设备附近环境的噪声，以确定环境噪声是否符合工业企业卫生标准。为此，我国及世界许多其他国家，都制订了标准以控制噪声。我国的噪声标准规定人们不应在 85dB(A) 以上连续噪声下长时间工作。

## 8.6　噪声的物理度量

当振源作简谐振动时，在时域中的周期 $\tau$ 和频率 $f$ 与振源相同，声源每振动一次，声波在空间前进一个完整的简谐波，它的长度称为波长，用 $\lambda$ 表示，单位为 m。每秒钟声波传播的距离，即声速 (speed of sound)，等于波长与频率的乘积，声速的单位为 m/s。在一定温度下，声速仅取决于介质的弹性模量和密度，与振源无关。如 20℃时，空气中的声速为 343m/s，在水中的声速为 1450m/s。

### 8.6.1　基本声学参量

与声音的度量一样，常用声压、声强和声功率等参量来作为对噪声的物理度量。

## 1. 声压与声压级

声压 (sound pressure) 是因声扰动产生的逾量压强，是空间位置和时间的函数，以 $p$ 表示，单位为 Pa。声场中某一瞬时的声压值称为瞬时声压，在一段时间间隔内最大的瞬时声压称为峰值声压，在一段时间间隔内瞬时声压对时间取方根均值称为有效声压。

由于声压变化的范围很大，如人耳刚刚能够觉察到的最低声压为 $2 \times 10^{-5}$Pa，而喷气式飞机附近的声压可达数百帕，两者相差数百万倍；同时考虑人耳对声音强弱反应呈对数特性，故用对数方法将声压分为百十个级，称为声压级 (sound pressure level)。

声压级：声压与参考声压之比的常用对数乘以 20，单位为 dB(分贝)，即

$$L_p = 20 \lg \frac{p}{p_0} \tag{8-7}$$

式中，$p$ 为声压，Pa；$p_0$ 为参考声压，空气中参考声压 $p_0 = 2 \times 10^{-5}$Pa，水中参考声压 $p_0 = 10^{-6}$Pa。

低于参考声压，一般人就不能觉察到此声音的存在了，亦即可听阈声压级为 0dB。人耳的感觉特性，从可听阈的声压到痛阈的 20Pa，两者相差 100 万倍，而用声压级表示则变化为 0~120dB，声音的量度大为简明。从能量角度而言，声音的 10dB 变化相当于能量有 10 倍变化，声音的 20dB 变化相当于能量有 100 倍变化。

## 2. 声强与声强级

声强 (sound intensity) 是在垂直于声波传播方向上，单位时间内通过单位面积的声能，以 $I$ 表示，单位为 W/m²。应该注意声强既有大小又有方向，是一个矢量；而声压只有大小没有方向，只是一个标量。

声强级 (sound intensity level) 类似定义为

$$L_I = 10 \lg \frac{I}{I_0} \tag{8-8}$$

式中，$I$ 为声强，W/m²；$I_0$ 为基准声强，空气中基准声强 $I_0 = 10^{-12}$W/m²。

声强与声压的平方成正比，如对于平面波声场，声强和声压的关系可以下式表示

$$I = \frac{p^2}{\rho c} \tag{8-9}$$

式中，$\rho$ 为介质密度，kg/m³；$c$ 为声速，m/s；$\rho c$ 为介质的特性阻抗，kg/(m²·s)。表 8-2 所示为几种声音的声强、声强级及声压、声压级。

表 8-2 　几种声音的声强、声强级及声压、声压级

| 声音 | 声强/(W/m$^2$) | 声强级/dB | 声压/Pa | 声压级/dB |
|---|---|---|---|---|
| 最弱能听到的声音 | $10^{-12}$ | 0 | $2\times10^{-5}$ | 0 |
| 微风树叶声 | $10^{-10}$ | 20 | $10^{-4}$ | 14 |
| 轻脚步声 | $10^{-8}$ | 40 | $10^{-3}$ | 34 |
| 稳定行驶的汽车 | $10^{-7}$ | 50 | $2\times10^{-3}$ | 40 |
| 普通谈话 | $3.2\times10^{-6}$ | 65 | $10^{-2}$ | 54 |
| 高声谈话 | $10^{-5}$ | 70 | $10^{-1}$ | 74 |
| 热闹街道 | $10^{-4}$ | 80 | 1 | 94 |
| 火车声 | $10^{-3}$ | 90 | 10 | 114 |
| 铆钉声 | $10^{-2}$ | 100 | $10^3$ | 154 |
| 飞机声 (3m 远) | $2\times10^{-1}$ | 110 | $10^4$ | 174 |

### 3. 声功率与声功率级

声功率 (sound power) 是声源在单位时间内辐射的总声能,用 $W$ 表示,单位为 W。它等于包围声源的一个封闭面上的声强总和。如在自由声场中,声波无反射地自由传播,点声源向四周辐射球面波,其声功率为

$$W = I_r 4\pi r^2 \tag{8-10}$$

式中,$I_r$ 为距点声源为 $r$ 处的声强,W/m$^2$。

如声源在开阔空间的地面上,声波只向半球面辐射,其声功率为

$$W = I_r 2\pi r^2 \tag{8-11}$$

式中,$I_r$ 为在半径等于 $r$ 的半球面上的平均声强,W/m$^2$。

声功率级 (sound power level) 类似定义为

$$L_W = 10 \log \frac{W}{W_0} \tag{8-12}$$

式中,$W_0$ 为参考声功率,空气中参考声功率 $W_0 = 10^{-12}W$。

应该再次指出,级是相对量,描述两个功率比值或一个功率与参考功率比值的量,所以分贝是级的单位,但是无量纲。声压级、声强级或声功率级,其含义均指被度量的量与基准量之比或其平方比的常用对数,这个对数值就称为被度量的级。

在声强级和声功率级的定义中,其对数前面的常数均为 10,而声压级前面的对数为 20,这是因为声能量正比于声强和声功率的一次方。声压增加 1 倍时,声压级和声强级增加 6dB;声强增加 1 倍时,声压级和声强级仅增加 3dB。对于一个确定的声源,其声功率级是不变的,而声压级和声强级随着测点不同而变化。如自由无反射声场中的点声源,其声压级的声强级随着 $r$ 增加而减小。

### 8.6.2　参量运算分析

如果从 $n$ 个声源发出的噪音 (或由同一声源发出的噪声频谱中的各频率成分)，互不相干，则合成噪声的总声压 $p$ 为

$$p = \sqrt{p_1^2 + p_2^2 + \cdots + p_n^2} \tag{8-13}$$

由此得

$$L_p = 20 \lg \frac{p}{p_0} = 20 \lg \frac{\sqrt{p_1^2 + p_2^2 + \cdots + p_n^2}}{p_0} = 10 \lg \frac{p_1^2 + p_2^2 + \cdots + p_n^2}{p_0^2} \tag{8-14}$$

$n$ 个噪声级相同的声源，在离声源距离相同的一点所产生的总声压级为

$$L_p = 10 \lg \frac{p_1^2 + p_2^2 + \cdots + p_n^2}{p_0^2} = 10 \lg \frac{np^2}{p_0^2} = 10 \lg \frac{p^2}{p_0^2} + 10 \lg n = L_1 + 10 \lg n \tag{8-15}$$

当有两个不同噪声级 $L_1$ 和 $L_2$ 同时作用，且 $L_1 > L_2$ 时，则从噪声级 $L_1$ 到总噪声级 $L$ 的增加值 $\Delta L$ 可由下式求得

$$\Delta L = L - L_1 = 10 \lg \frac{p_1^2 + p_2^2}{p_0^2} - 10 \lg \frac{p_1^2}{p_0^2} = 10 \lg \frac{p_1^2 + p_2^2}{p_1^2} = 10 \lg \left( 1 + \frac{p_2^2}{p_1^2} \right) \tag{8-16}$$

而

$$10 \lg \frac{p_2^2}{p_1^2} = 10 \lg \frac{p_2^2/p_0^2}{p_1^2/p_0^2} = L_2 - L_1$$

即

$$\frac{p_2^2}{p_1^2} = 10 \lg \frac{p_2^2/p_0^2}{p_1^2/p_0^2} = 10^{-(L_1 - L_2)/10}$$

故

$$\Delta L = L - L_1 = 10 \lg \left[ 1 + 10^{-(L1 - L2)/10} \right] \tag{8-17}$$

$$L = L_1 + \Delta L \tag{8-18}$$

式中，$\Delta L$ 为噪声合成时声压级的增加值，可计算或由表 8-3 查得。

表 8-3　声级合成时分贝增加值表

| $L_{p1}$ 和 $L_{p2}$ 的级差 $(L_{p1} - L_{p2})$ | 0 | 1 | 2 | 3 | 4 | 5 | 6 | 7 | 8 | 9 | 10 |
|---|---|---|---|---|---|---|---|---|---|---|---|
| 增值 $\Delta L_p$ | 3.0 | 2.5 | 2.1 | 1.8 | 1.5 | 1.2 | 1.0 | 0.8 | 0.6 | 0.5 | 0.4 |

若两个噪声中的一个噪声级超过另一个噪声级的 6~8dB，则较弱声源的噪声可以不计，因为此时总噪声级附加值小于 1dB。

同样两个以上相互独立的声源,同时发出了的声强级和声功率级可表示为

$$L_I = 10 \lg \frac{I}{I_0} = 10 \lg \frac{I_1 + I_2 + I_3 + \cdots + I_N}{I_0} \tag{8-19}$$

$$L_W = 10 \lg \frac{W}{W_0} = 10 \lg \frac{W_1 + W_2 + W_3 + \cdots + W_N}{W_0} \tag{8-20}$$

### 8.6.3 频谱分析

以频率为横坐标,以反映声音强弱的量 (如声压级、声强级或声功率级) 为纵坐标绘制出的图形,称为声音的频谱 (frequency spectrum) 图,简称声谱图。声谱表明了声音的频率结构,噪声的频谱亦属声谱中的一类,它表明了噪声的频率结构。如果噪声为仅含有某几种频率成分的周期噪声,则其频谱是离散的线性谱型 (图 8-14(a));如果噪声中包含有从低到高的频率成分,则其频谱是连续谱型 (图 8-14(b));图 8-14(c) 所示的声谱说明噪声中既有突出频率成分,又在较宽的频率范围内具有声能量。

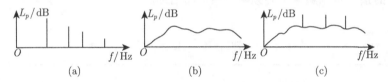

图 8-14 三种典型噪声频谱

(a) 线状谱;(b) 连续谱;(c) 线状谱与连续谱的结合

实际上,任何机器运转时的噪声都是不止一个频率的声音,它们是从低频到高频无数频率成分的声音的大合奏。有的机器高频率的声音多一些,听起来高亢刺耳,如电锯、铆钉枪,它们辐射的主要噪声成分在 1000Hz 以上,这种噪声称之为高频噪声。有的机器低频率的声音多一些,如空压机、汽车,辐射的噪声低沉有力,其主要噪声频率多在 500Hz 以下,称之为低频噪声。高压风机的噪声主要频率成分在 500~1000Hz 范围内,称为这种噪声为中频噪声。有的机器较为均匀地辐射从低频到高频的噪声,如纺织机噪声,称之为宽频带噪声。

噪声除具有一定的强度 (用声压表示),还具有不同的频率成分 (用频谱表示)。为了消除噪声和研究噪声对周围的影响,需对噪声进行频谱分析,了解其频率组成及相应能量的大小,从中找出噪声源,进而控制噪声。对噪声作频谱分析时,一般不需要得出每个频率对应的声能量,常在连续频率范围内划分若干个相连的小段,每一个小段称为频带或频程。每个小频带内的声能量被认为是均匀的,然后研究声能量在不同频带上的分布。不同的要求决定了声学量分析频率带宽的选择,若分析精度要求较高时,选用窄频带宽,若是简单测量可放宽分析带宽。实际测量中常用的频率分析带宽为窄频带宽、1 倍频程 (octave) 和 $\frac{1}{3}$ 倍频程 (one-third octave) 带

宽。窄频带宽是恒定频率分析带宽，其大小由频谱分析仪类型和分析频率上限确定，适用于频率变化不大的窄带 (大约 4~50Hz 数量级)。1 倍频程和 $\frac{1}{3}$ 倍频程带宽为百分比带宽，其频率带宽总是中心频率的恒定百分比。

设 $f_0$ 为某频带的中心频率，$f_1$ 和 $f_2$ 分别为该频带的下限截止频率和上限截止频率，B= $f_2 - f_1$ 则为频带的带宽。恒定百分比带宽的定义为

$$\frac{f_2}{f_1} = 2^n \tag{8-21}$$

$$f_0 = \sqrt{f_1 f_2} \tag{8-22}$$

当 $n=1$ 时为 1 倍频程，即两个相邻频程带的上、下限截止频率、中心频率和带宽之间均相差一倍，相对带宽 $B/f_0$ 为 70.7%。当 $n=\frac{1}{3}$ 时为 $\frac{1}{3}$ 倍频程，上、下限截止频率之比为 1.26∶1，相对带宽为 23%。

1 倍频程和 $\frac{1}{3}$ 倍频程的频率关系如表 8-4 所示。由该表可以看出，1 倍频程和 $\frac{1}{3}$ 倍频程的频率带宽随着中心频率的增加而增加。

表 8-4　1 倍频程和 $\frac{1}{3}$ 倍频程的频率范围

| 频带数 | 1 倍频程 | | | $\frac{1}{3}$ 倍频程 | | |
|---|---|---|---|---|---|---|
| | $f_1$/Hz | $f_0$/Hz | $f_h$/Hz | $f_1$/Hz | $f_0$/Hz | $f_h$/Hz |
| 12 | 11.2 | 16 | 22.4 | 14.1 | 16 | 17.8 |
| 13 | | | | 17.8 | 20 | 22.4 |
| 14 | | | | 22.4 | 25 | 28.2 |
| 15 | 22.4 | 31.5 | 44.7 | 28.2 | 31.5 | 35.5 |
| 16 | | | | 35.5 | 40 | 44.7 |
| 17 | | | | 44.7 | 50 | 56.3 |
| 18 | 44.6 | 63 | 89.2 | 56.2 | 63 | 70.8 |
| 19 | | | | 70.8 | 80 | 89.2 |
| 20 | | | | 89.1 | 100 | 112.2 |
| 21 | 89.0 | 125 | 178.0 | 112.2 | 125 | 141.3 |
| 22 | | | | 141.2 | 160 | 177.9 |
| 23 | | | | 177.8 | 200 | 224.0 |
| 24 | 177.6 | 250 | 355.2 | 223.8 | 250 | 282.0 |
| 25 | | | | 281.2 | 315 | 355.0 |
| 26 | | | | 354.7 | 400 | 446.9 |
| 27 | 354.4 | 500 | 708.8 | 446.5 | 500 | 562.6 |
| 28 | | | | 562.1 | 630 | 708.2 |
| 29 | | | | 707.7 | 800 | 891.6 |
| 30 | 707.1 | 1000 | 1414.2 | 891.0 | 1000 | 1122.4 |
| 31 | | | | 1121.6 | 1250 | 1413.1 |

续表

| 频带数 | 1 倍频程 | | | $\frac{1}{3}$ 倍频程 | | |
|---|---|---|---|---|---|---|
| | $f_1$/Hz | $f_0$/Hz | $f_h$/Hz | $f_1$/Hz | $f_0$/Hz | $f_h$/Hz |
| 32 | | | | 1412 | 1600 | 1779.0 |
| 33 | 1410.8 | 2000 | 2821.7 | 1777.6 | 2000 | 2239.6 |
| 34 | | | | 2237.8 | 2500 | 2819.5 |
| 35 | | | | 2817.3 | 3150 | 3549.5 |
| 36 | 2815.0 | 4000 | 5630.1 | 3546.7 | 4000 | 4468.6 |
| 37 | | | | 4465.1 | 5000 | 5625.6 |
| 38 | | | | 5621.2 | 6300 | 7082.3 |
| 39 | 5616.8 | 8000 | 11233.4 | 7076.7 | 8000 | 8916.0 |
| 40 | | | | 8909.0 | 10000 | 11220.6 |
| 41 | | | | 11215 | 12500 | 14131.0 |
| 42 | 11206.9 | 16000 | 22413.8 | 14119.8 | 16000 | 17789.8 |
| 43 | | | | 17775.8 | 20000 | 22396.1 |

1 倍频程和 $\frac{1}{3}$ 倍频程之间的关系可由声压的非相干叠加原理直接换算得到。每个倍频程内有 3 个 $\frac{1}{3}$ 倍频程, 各 $\frac{1}{3}$ 倍频程的声音彼此不相干, 因此每个倍频程内的声压级为 3 个 $\frac{1}{3}$ 倍频程的声压级叠加之和。表 8-5 为某实验测得的扬声器的 $\frac{1}{3}$ 倍频程下的声压级, 表 8-6 为换算得到的倍频程平均声压级, 以 125Hz 频率为例的换算过程如式 8-23 所示。

表 8-5   $\frac{1}{3}$ 倍频程平均声压级

| 频率/Hz | 100 | 125 | 160 | 200 | 250 | 315 | 400 | 500 | 630 |
|---|---|---|---|---|---|---|---|---|---|
| $\overline{L}_p$/dB | 104.7 | 108.7 | 115.8 | 118.0 | 116.0 | 114.6 | 111.9 | 100.0 | 108.8 |

| 频率/Hz | 800 | 1000 | 1250 | 1600 | 2000 | 2500 | 3150 | 4000 | 5000 |
|---|---|---|---|---|---|---|---|---|---|
| $\overline{L}_p$/dB | 107.6 | 106.6 | 105.6 | 108.3 | 108.2 | 103.8 | 101.2 | 98.2 | 98.2 |

表 8-6   1 倍频程平均声压级

| 频率/Hz | 125 | 250 | 500 | 1000 | 2000 | 4000 |
|---|---|---|---|---|---|---|
| $\overline{L}_p$/dB | 116.85 | 121.2 | 113.82 | 111.45 | 111.98 | 104.22 |

$$\begin{aligned} DL &= 10\lg(10^{0.1DL_1} + 10^{0.1DL_2} + 10^{0.1DL_3}) \\ &= 10\lg(10^{0.1\times104.7} + 10^{0.1\times108.7} + 10^{0.1\times115.8}) \\ &= 116.85 \, (dB) \end{aligned} \tag{8-23}$$

对应的 $\frac{1}{3}$ 倍频程和倍频程图如图 8-15 和图 8-16 所示。

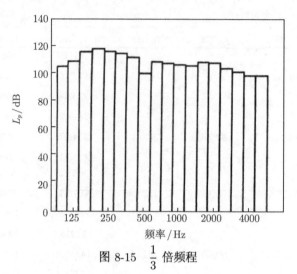

图 8-15　$\frac{1}{3}$ 倍频程

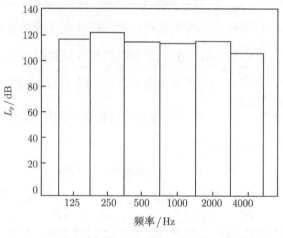

图 8-16　1 倍频程图

进行噪声测量时,测量结果会受到周围测量环境的影响,因此,测量结果实际是声源噪声和环境噪声二者合成结果,所以必须将声源噪声分解出来。

## 8.7　噪声的评价

### 8.7.1　响度级和响度

声压和声强都是客观物理量,声压越高,声音越强;声压越低,声音越弱,但是它们不能完全反映人耳对声音的感觉特性。人耳对声音的感觉，不仅和声压有关，也和频率有关。人耳的灵敏度在各个频率都不相同，在 1~6kHz 最灵敏，而在较低频率和较高频率时灵敏度较低。声压级相同而频率不同听起来并不一样响；不同声压级的声音，有时由于不同频率的配合，听起来却是一样响。由此可知人耳对声音的感觉是比较复杂的，声压并不能完全描述噪声对人的影响程度。因此，必须根据人对噪声的主观感受程度来定义噪声的参数。为了既考虑到声音的物理量效应，又考虑到声音对人耳听觉的生理效应，把声音的强度和频率用一个量统一起来，人们仿照声压级引出了响度级 (loudness level)$L_N$ 的概念。

使用等响度实验方法，可以得到一族不同频率、不同声压级的等响度曲线。实验时用 1000Hz 的某一强度 (例如 40dB) 的声音为基准，用人耳试听的办法与其他频率 (例如 100Hz) 声音进行比较，调节此声音的声压级，使它与 1000Hz 声音听起来响度相同，记下此频率的声压级 (例如 50dB)。再用其他频率试验并记下它们与 1000Hz 声音响度相等的声压级，将这些数据画在坐标上，就得到一条与 1000Hz、40dB 声压级等响的曲线。这条曲线用 1000Hz 时的声压级数值来表示它们的响度级值，单位为方，这里就是 40 方。同样以 1000Hz 其他声压级的声音为基准，进行不同频率的响度比较，可以得出其他的等响度曲线。经过大量试验得到的并由国际标准化组织 (ISO) 推荐为标准的等响度曲线见图 8-17。

从等响度曲线可以看出：①当响度级比较低时，低频段等响度曲线弯曲较大，也就是不同频率的响度级 (方值) 与声压级 (dB 值) 相关，例如同样 40 方响度级，对 1000Hz 声音来说声压级是 40dB，对 100Hz 声音是 50dB，对 40Hz 声音是 70dB，对 20Hz 声音是 90dB;②当响度级高于 100 方时，等响度曲线变得比较平坦，也就是声音的响度级主要决定于声压级，与频率关系不大；③人耳对高频声音，特别是 3000~4000Hz 的声音最敏感，而对低频声音则频率越低越不敏感。响度级虽然定量地确定了响度感觉与频率和声压级的关系，但是却未能确定这个声音比那个声音响多少。例如一个 80 方的声音比另一个 50 方的声音究竟响几倍？为此人们引出了响度的概念。1947 年国际标准化组织采用了一个新的主观评价量 —— 宋，并以 40 方为 1 宋。响度级每增加 10 方，响度增加 1 倍，如 50 方为 2 宋，60 方为 4 宋等，其表达式为

$$S = 2^{(L_N-40)/10} \tag{8-24}$$

式中，$S$ 为响度，宋；$L_N$ 为响度级，方。

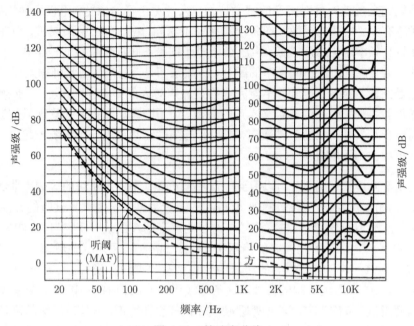

图 8-17　等响度曲线

　　用响度表示声音的大小可以直接计算出声音响度增加或降低的百分数。如果声源经过隔声处理后响度级降低了 10 方，相当于响度降低了 50%；响度级降低 20 方，相当于响度降低了 75% 等。需要指出的是式 (8-24) 只适用于纯音和窄带噪声，对于一般的宽带噪声则要采用响度指数的计算方法。

### 8.7.2　声级和 A 声级

　　声压级只反应声音强度对人响度感觉的影响，不能反映声音频率对响度感觉的影响。响度级和响度解决了这个问题，但是用它们来反映人们对声音的主观感觉过于复杂，于是又提出了计权声压级 (weighted sound pressure level) 的概念。其基本思想是在测试仪器中采用不同的电气网络对不同频率的声音信号按人耳对声音的敏感特点进行不同程度的修正和补偿，使得噪声测定仪器的读数 (实际测得是声压值) 模拟表达人耳对声音的响应。

　　在声学测量仪器中，通常根据等响度曲线，设置一定的频率计权电网络，使接收的声音按不同程度进行频率滤波。当然我们不可能做无穷多个电网络来模拟无穷多根等响度曲线，一般设置 A、B 和 C 三种计权网络，其中 A 计权网络 (weighted network A) 是模拟人耳对 40 方纯音的响度，当信号通过时，其低、中频段 (1000Hz 以下) 有较大的衰减。B 计权网络是模拟人耳对 70 方纯音的响度，它对信号的低频段有一定衰减。而 C 计权网络是模拟人耳对 100 方纯音的响度，在整个频率范围内有近乎平直的响应。A、B、C 计权的频率响应曲线 (计权曲线) 已由国际电工委员会 (IEC) 定为标准，如图 8-18 所示。

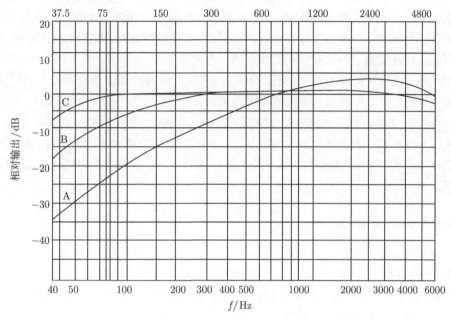

图 8-18　A、B、C 计权特性曲线

声压级经 A、B、C 计权网络后，就得到 A、B、C 声级，并用 La、Lb、Lc 表示。其单位分别写作 dB(A)、dB(B)、dB(C)，或分贝 A、分贝 B、分贝 C。表 8-7 所示为几种常见声源的 A 声级。

表 8-7　几种常见声源的 A 声级 (测点距离声源 1~1.5m)

| A 声级/dB(A) | 声源 |
| --- | --- |
| 20~30 | 轻声耳语 |
| 40~60 | 普通室内 |
| 60~70 | 普通交谈声，小空调机 |
| 80 | 大声交谈，收音机，轻吵的街道 |
| 90 | 空压机站，泵房，嘈杂的街道 |
| 100~110 | 织布机，电锯，砂轮机，大鼓风机 |
| 110~120 | 凿岩机，球磨机，柴油发动机 |
| 120~130 | 风铆，高射机枪，螺旋桨飞机 |
| 130~150 | 高压大流量放风，风洞，喷气式飞机，高射炮 |
| 160 以上 | 宇宙火箭 |

　　根据相关规定，声级小于 70dB 时用 A 网络测量，声级大于 70dB 但小于 90dB 时用 B 网络测量，声级大于 90dB 时用 C 网络测量。近年来的研究表明，不论噪声强度多少，利用 A 声级都能较好地反应噪声对人吵闹的主观感觉和人耳听力损伤的影响。因此，现在基本上都用 A 声级来作为噪声评价的基本量，A 声级已成为默认评价声级。C 声级仅作为可听声范围的总声压级的读数来使用，已很少采用 B 声级。有时仅为了判断噪声的频率特性，才附带测量 C 声级。若 A、C 两种声级基本相同，该噪声特性是高频特性；如果 C 声级小于 A 声级，该噪声为中频特性；如果 C 声级大于 A 声级，则该噪声为低频特性。

　　由于人耳对声音的感受不仅和声压有关，还与频率有关，一般对高频声音感觉灵敏，而对低频声音感觉迟钝。也就是说，声压级相同但频率不同的声音，听起来感觉不同，为了使测量结果能与人耳的主观感觉一致，对噪声的评价不能采用声压级。

**噪声的评价数与评价曲线**

　　利用噪声评价数 (noise rating number) 评价噪声时，同时考虑了噪声在每个倍频带内的强度和频率两个因素，故比以单一的 A 声级作评价指标更为严格。噪声评价数这一评价指标主要用于评定噪声对听觉的损伤、语言干扰和对周围环境的影响。噪声评价数可由下式定义：

$$NR = \frac{L_{pB1} - a}{b} \tag{8-25}$$

式中，$L_{pB1}$ 为 1 倍频程声压级；$a$ 和 $b$ 分别为与各频程中心频率有关的常数，见表 8-8。

　　噪声评价数不能直接测量，而是先用倍频程测出各频程的声压级然后再按式 (8-25) 和表 8-8 求得。

**表 8-8　噪声评价数公式中的常数值**

| 1 倍频程中心频率/Hz | 63 | 125 | 250 | 500 | 1000 | 2000 | 4000 | 8000 |
|---|---|---|---|---|---|---|---|---|
| $a$ | 35.5 | 22 | 12 | 4.8 | 0 | 3.5 | 6.1 | 8.0 |
| $b$ | 0.790 | 0.870 | 0.930 | 0.974 | 1 | 1.015 | 1.025 | 1.030 |

　　为了便于实际应用，已将式 (8-25) 绘制成噪声评价曲线，如图 8-19 所示。其特点是强调了噪声的高频成分更为烦扰人的特性，同一曲线上各倍频程的噪声级对人们的干扰程度相同，各曲线在中心频率为 1000Hz 处的频带声压级数值即为该曲线的噪声评价数，亦即噪声评价曲线的序号。

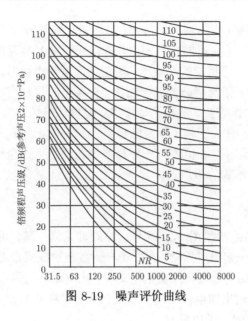

图 8-19　噪声评价曲线

# 8.8　传声器与噪声测量方法

## 8.8.1　传声器的分类及工作原理

噪声的测量主要是声压级、声功率级及噪声频谱的测量。声压是度量声场中声波强弱最常用的物理量。声压测量系统由传声器、放大器、滤波或计权器、记录仪、分析仪、检波器和显示器或表头等组成,仪器框图如图 8-20 所示。声功率级不是直接由仪器测量出来的,而是在特定条件下,由测量的声压级计算出来的。噪声的分析除利用声级计的滤波器进行简易频率分析外,还可以将声级计的输出接电平记录仪、示波器、磁带记录器进行声波分析,或接信号分析仪进行精密的频率分析。

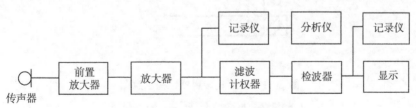

图 8-20　声压测量系统的仪器框图

传声器是将声波信号转换为相应电信号的传感器,其原理是由声造成的空气压力推动传声器的振动膜振动,进而经变换器将此机械振动变成电参数的变化,传声器的俗称是麦克风 (microphone)。传声器有压电式、动圈式、电容式等多种形式。

它安装在声级计的端部，根据现场的需要，也可通过伸长杆或电缆将传声器延长使用。对传声器的要求：①在可闻声范围内，有良好的频率响应特性；②在整个动态范围内具有可预见的、可重复的灵敏度；③在测量最低声级时，输出信号应比本身固有的电噪声大数倍；④与声波的波长相比，传声器的尺寸应很小，以便忽略其引起的声反射与绕射的影响；⑤输出不受湿度、温度、磁场、大气压和风速等影响，并能长期保持稳定；⑥作为工程上噪声源识别，希望指向性好；作为室内混响测量，希望无方向性。实际运用中，很难有一种传声器能满足上述全部要求，必须根据测量的目的，选择适当形式的传声器。

### 1. 动圈式传声器

动圈式传声器的结构如图 8-21 所示。振膜非常轻、薄，可随声波的激励而振动。动圈与振膜粘在一起组成振动系统，受声波激励的振膜带动线圈在磁路的磁隙中运动。动圈因切割磁力线而产生感应电动势，此电动势与振膜振动的幅度和频率直接相关，因而动圈输出的电信号与声音的强弱、频率的高低相对应。这样，传声器就将声音转换成电信号予以输出。

动圈式传声器的固有噪声小，输出阻抗低，可直接连接衰减器和放大器，接较长的电缆也不降低灵敏度，温度和湿度变化对其灵敏度也无显著影响，但其体积大，频响不平，易受电磁干扰。

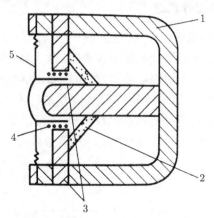

图 8-21   动圈式传声器结构示意图

1-壳体；2-阻尼罩；3-磁铁；4-动圈；5-振膜

### 2. 电容式传声器

电容式传声器的结构如图 8-22 所示。由固定电极 (后板) 和膜片 (振膜) 构成一个电容，极化电压加到电容的固定电极上。当声波入射时，振膜随声波的运动发生振动，此时振膜与固定电极间的电容量随声音而发生变化，相应的电容阻抗也在变化，与其串联的负载电阻阻值是固定的，电容的阻抗变化表现为输出电位的变化，经过耦合电容，电位变化的信号输入到前置放大器，经放大后输出音频电信号。

电容式传声器是精密测量中常用的一种传声器，膜片一般由镍材料做成，厚度为几微米至几十微米厚极板与外壳材料为不锈钢，绝缘体为玻璃或石英，均压孔用来保持传声器后腔与外面大气的平衡，这样可避免大气压力变化时，传声器膜片凸起或凹下而导致传声器灵敏度变化或损坏。为与传声器阻抗相匹配，前置放大器也具有极高的输入阻抗，因此一般都用场效应晶体管输入的放大器。前置放大器有两方面的作用：一是对电容传声头输出的信号进行预放大，二是将电容头的高输出阻抗转换为低阻抗输出。

电容式传声器的特点是频率范围宽，频率响应好，灵敏度变化小，长期使用稳定性好，体积小等，但内阻高，需要加极化电压。

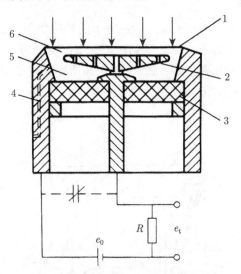

图 8-22　电容式传声器结构示意图

1-振膜；2-阻尼孔；3-绝缘体；4-毛隙孔；5-内腔；6-背极

某些材料受到电场作用后会在其表面产生电荷，电场撤离后其表面电荷仍不消失，由此构成的物体称为驻极体 (electret)。将驻极体材料事先进行极化来代替极化电压而制成的电容式传声器称为驻极体电容式传声器。

驻极体电容式传声器的结构如图 8-23 所示。驻极体实际上是一种类似于"永久磁铁"的"永久荷电体"。在驻极体的两面，"永久"地存在着正电荷和负电荷。为了进行阻抗变换，驻极体电容式传声器内一般都装有一个场效应晶体管。实际使用时，常常需要外加与场效应晶体管相匹配的电源、负载电阻和耦合电容。

驻极体电容式传声器的优点是结构简单，频响好，价格低，使用方便灵活，输出电平较高，目前应用很广泛。但缺点是寿命有限，受温度影响大，稳定性差。

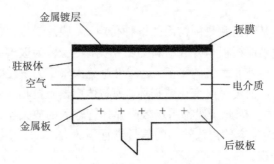

图 8-23    驻极体电容式传声器结构示意图

### 3. 压电式传声器

压电式传声器 (piezoelectric microphone) 的结构如图 8-24 所示。金属箔形膜片与双压电晶体弯曲梁相连，膜片受到声压作用而变位时，双压电原件则产生变形，在压电元件梁端面出现电荷，通过变换电路便可以输出电信号。压电式传声器膜片较厚，其固有频率较低，灵敏度较高，频响曲线平坦，结构简单，价格便宜，广泛应用于普通声级计中。

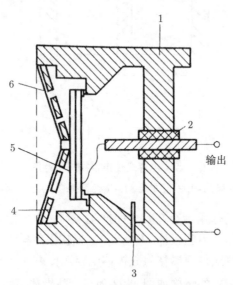

图 8-24    压电式传声器结构示意图

1-壳体；2-绝缘材料；3-静压力平衡管；4-后板；5-双压电晶体弯曲梁；6-金属箔形膜片

### 8.8.2 传声器的主要性能参数

#### 1. 灵敏度

传声器的灵敏度是指传声器输出电压与该传声器所受声压之比,常以符号 $M$ 表示,单位为 V/Pa。通常情况下,传声器的灵敏度是指传声器在 1 kHz 频率处接受 1Pa 声压时,传声器的开路输出电压。灵敏度越高,表示传声器声 — 电转换能力越强。

已知传声器的灵敏度就可以根据测得的开路电压求出该点的声压或声压级。传声器的灵敏度和工作条件有关,按照负载情况分空载灵敏度和有载灵敏度;按测量方法分声压灵敏度和声场灵敏度,下面分别加以说明。

用传声器进行声学测量时,相当于入射声波作用于弹性物体上。该弹性体由于受到力激励而产生声辐射,这就是所谓的声散射。由散射理论可知,物体表面任意一点的声压 $(p_d)$ 在数值上等于入射声压 $(p_j)$ 和它本身激起的散射波声压 $\Delta p$ 之和。有物体存在时的声压 $p_d$ 与自由声场的声压 $p_j$ 之比称为声场的畸变系数。畸变系数与 $k_a$ 有关,其中 $k$ 为波数,$a$ 为刚性球的半径。一般情况下,畸变系数大于 1,也就是 $p_j < p_d$。对于同一传声器,由于开路输出电压 $U_o$ 不会改变,所以

$$\frac{U_o}{p_j} > \frac{U_o}{p_d} = \frac{U_o}{p_j + \Delta p} \tag{8-26}$$

传声器输出电压和实际作用到传声器的有效声压之比称为声压灵敏度;而传声器输出电压与传声器放入声场前该点的有效声压之比称为声场灵敏度。如果声场为自由场,则称为自由场灵敏度;如果声场为扩散场,则称为无规声场灵敏度。自由场灵敏度通常是对正向入射条件下自由场中的平面行波而言,对于其他情况则应在测量结果中加以说明。

式 (8-26) 说明,由于声波的散射作用,声场灵敏度大于声压灵敏度。或者说,传声器自由场灵敏度等于声压灵敏度加上散射引起的增压。因此,若已知声压响应,根据压力增量校正曲线就可以求得自由场灵敏度。当测量传声器以前置放大器的输入电容为负载时,其有载灵敏度为

$$M_L = M_0 G \frac{C_t}{C_t + C_i} \tag{8-27}$$

式中,$M_L$ 为传声器和放大器总的有载灵敏度;$M_0$ 为传声器的空载灵敏度;$G$ 为前置放大器的电压增益;$C_t$ 为传声器的电容;$C_i$ 为前置放大器的输入电容。

传声器灵敏度也经常用灵敏度级来表示,由下式定义:

$$S \approx 20 \lg M/M_0 \tag{8-28}$$

式中，$S$ 为灵敏度等级 (dB)；$M$ 为灵敏度 (V/Pa)；$M_0$ 为基准灵敏度，通常取 1V/Pa。

传声器灵敏度可以为有载灵敏度 $M_L$ 或空载灵敏度 $M_0$，这时相应的灵敏度级为有载灵敏度级 $S_L$ 或空载灵敏度级 $S_0$。

电容传声器灵敏度级的典型值如下：1″ 为 0dB，1/2″ 为 −14dB，1/4″ 为 −34dB。驻极体传声器的灵敏度级大约为 1″ 为 0dB，1/2″ 为 −6dB，1/4″ 为 −21dB。

丹麦 B&K 公司在生产传声器时曾以灵敏度等于 5mV/$\mu$bar 作为设计目标，故在传声器所连用的测试放大器上用红线标志作为标称刻度，这一做法作为惯例也为其他厂家采用。5mV/$\mu$bar 用分贝数表示即为

$$20\lg\frac{5\times10^{-3}\mathrm{V}/0.1\mathrm{Pa}}{1\mathrm{V}/\mathrm{Pa}}=-26\mathrm{dB} \tag{8-29}$$

如果有一只传声器，其实际灵敏度 55 mV/Pa，转换为分贝，其灵敏度为

$$20\lg\frac{55\times10^{-3}\mathrm{V}/\mathrm{Pa}}{1\mathrm{V}/\mathrm{Pa}}=-25.2\mathrm{dB} \tag{8-30}$$

这表示该传声器的灵敏度比设计值 −26dB 高 0.8dB，因此，用该传声器测得的噪声结果中，应考虑由此引起的影响，也就是传声器的灵敏度修正值 $K_0 = -0.8$dB。负值即表示灵敏度过高，应在使用时将实际测量结果减去 $K_0$。

### 2. 频率响应

传声器在恒定声压和规定入射角声波的作用下，各频率正弦信号的开路输出电压与规定频率 (通常为 1000Hz) 的开路输出电压之比，称为传声器的频率响应 (frequency response of microphone)，用 dB 表示。

传声器频率响应一般是在自由场平面波条件下测得的，并且传声器轴与波阵面垂直，这种频率响应即为自由场频率响应，简称"声场响应"。如果测量是在声压或扩散场条件下进行，则得到的是声压频率响应或扩散场频率响应。

一般要求传声器的频率响应尽量平直，但不同的使用场合，要求也不一样，如测量用传声器要求频率宽达 20Hz~20kHz 或更宽，不均匀度小于 0.5dB。图 8-25 给出了电容式传声器的声压灵敏度频率响应和自由场灵敏度频率响应。对于电容式传声器，其灵敏度频率响应大约为 1″ 达到 18kHz，1/4″ 达到 100kHz。对于驻极体电容式传声器的灵敏度频率响应大约为 1″ 达到 12kHz，1/2″ 达到 15~20kHz，1/4″ 达到 30kHz。

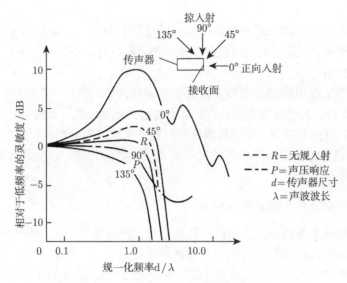

图 8-25　电容式传声器频率响应曲线

### 3. 指向特性

传声器灵敏度随声波入射方向变化的特性称为指向特性 (directional characteristics)。声波以角 $\theta$ 入射时传声器灵敏度 $E_\theta$ 和轴向入射 ($\theta=0°$) 时灵敏度 $E_0$ 的比值称为灵敏度指向性函数 $R(\theta)$，即

$$R(\theta) = \frac{E_\theta}{E_0} \tag{8-31}$$

通常指向特性图可用灵敏度指向特性图来表示。图 8-26(a) 和 (b) 分别给出 1″ 和 1/2″ 测量传声器的灵敏度指向特性图。

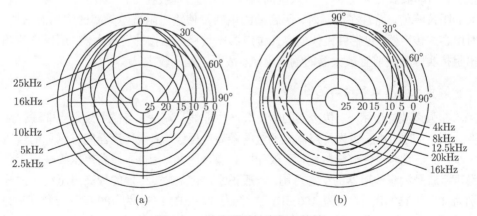

图 8-26　传声器灵敏度指向特性

也可按定性分类法来对传声器的指向特性进行划分。一般分为 4 类：第 1 类是无指向性传声器；第 2 类是双指向性传声器；第 3 类是心形指向传声器；第 4 类是强指向传声器。

一般音响工程中用的传声器多为心形指向传声器，俗称"单向传声器"。专业录音室、录音棚、大型演出等场合，则是根据需要选择全向 (无指向性)、双向、心形或强指向特性的传声器。有的传声器则可选择单向或双向特性 (通常带一个方向选择开关)。通常的单向传声器在使用中应正对声源的方向，才能具有较宽的频响和较高的灵敏度。

### 4. 输出阻抗及输出阻抗特性曲线

从传声器输出端测得的内阻抗的模值即为传声器输出阻抗，简称传声器阻抗。一般测量 1 kHz 时的阻抗值为该传声器的输出阻抗。

传声器阻抗是为了与后级设备 (如前置放大器) 输入端合理配接而设计的，可分为高阻和低阻两类。高阻传声器的输出阻抗一般为几千欧至十几千欧，低阻传声器的输出阻抗一般为 $100\sim 600\Omega$。有的传声器有高阻抗和低阻抗两种输出阻抗可供选择 (一般用一个开关转换)。低阻传声器适合较远距离传送，这是因为电缆较长时，传声器电缆的分布电容较大，使用高阻传声器时，高频信号的衰减大，影响高频频响。同样长度的电缆，配接低阻传声器时高频信号的衰减减少，对高频的影响小一些。测量传声器的输出阻抗是指在前置放大器输出端测得的交流阻抗，一般以 1kHz 的阻抗值作为标准值，通常不大于 $50\Omega$。

传声器输出阻抗实际上是随着频率而变化的，这条随频率变化的阻抗曲线就称为传声器阻抗特性曲线。不同换能原理的传声器的阻抗特性曲线不同，如同样标称为 $200\Omega$ 的动圈式传声器和电容式传声器，在高频和低频时，其阻抗值可能差别很大，因动圈式传声器在振动系统的谐振点附近 (一般在 300Hz 左右)，可产生较大的阻抗峰值，而且在高频时，因音圈的电感量使输出阻抗随频率的增加而增加。对电容式传声器 (包括驻极体电容式传声器)，其极头紧接前置放大器，所以它的输出阻抗实际上是前置放大器的输出阻抗，故两者差别较大。

### 5. 最大声压级和动态范围

在强声波的作用下，传声器的输出会产生非线性畸变。习惯上规定当非线性畸变达到 3%时的声压级为传声器能测量的最高声压级。测量传声器能够测量的声压大小，上限受非线性畸变限制，下限受固有噪声限制。因此，最高声压级减去等效噪声级就是测量传声器的动态范围。一般说来，电容式传声器的最高声压级大约分别为 $1''$ 为 150dB, $1/2''$ 为 160 dB, $1/4''$ 为 175 dB, $1/8''$ 为 180dB。若允许超过 3%的谐波畸变，则还可提高 $10\sim 15$dB，接近于传声器膜片破裂的情况。对于驻极体电容式传声器的最高声压级大约为 $1''$ 为 140dB，$1/2''$ 为 145dB，$1/4''$ 为 150dB，若再提高 20dB，驻极体就会破裂。

### 8.8.3   传声器的校准

传声器的灵敏度需要进行严格校准以保证传声器测量结果的准确度。校准传声器灵敏度的方法有耦合腔互易法、自由场互易法、活塞发生法和标准声源法。耦合腔互易法用来校准传声器的声压灵敏度，而自由场互易法用来校准传声器的声场灵敏度。

#### 1. 耦合腔互易校准法

耦合腔互易校准法在国际电工委员会 (IEC) 制定的两项标准：IEC 1094-1(声压标准) 和 IEC 1094-3(自由场标准) 中有详细的解释。

耦合腔互易校准法可以分为两种方法，第一种方法采用两个传声器耦合到耦合腔，其中一个用作发射器，另一个用作接收器。两个传声器的声压灵敏度的乘积可由接收器的开路输出电压和发射器的输入电流计算，如果互换传声器，进行三组测量，则可以求出每一个传声器的声压灵敏度。另一种方法是用辅助声源在耦合腔内建立一个恒稳的声压，这时两个传声器输出电压的比值等于在声压相同的情况下两个传声器声压灵敏度的比值。

#### 2. 自由场互易法

自由场互易法在消声室内进行，其校准方法与耦合腔互易校准法相似，但待校准的传声器不必是可逆的，但需要一个辅助的可逆换能器。由待校准传声器的开路电压与送入电流的比值、传声器的开路电压的比值和可逆换能器与传声器之间的距离可以得出待校传声器的自由场灵敏度。在其中还涉及空气衰减系数，在IEC-R486 中给出了空气衰减系数随频率、温度和相对湿度的变化关系。总体来看，影响自由场互易校准法的因素较多，应用该方法进行校准的准确度较低。

#### 3. 活塞发生器校准法

常用的标准声源有两种，一种是活塞发生器，另一种是声级校准器。活塞发生器包括一个刚性壁空腔，空腔内一端安装待校的传声器，另一端安装圆柱形活塞。活塞采用凸轮或弯曲轴推动作简谐运动，测定活塞运动的振幅后即可求出腔内声压的有效值。活塞发生器运动的频率受限于机械运动，所以其仅适用于低频校准。

采用活塞发生器校准传声器灵敏度的过程很简单。首先使待测传声器与活塞发生器耦合，接通活塞发生器的电源后将在传声器的膜片前产生一个恒定的电压。传声器的输出经过放大器放大后，可以用电压表来测量给定声压级条件下的输出电压。然后断开活塞发生器，将和活塞发生器产生的电压频率相同的电压串接入传声器极头的输出端,调节电压大小以获得相同的输出电压,这时传声器在该频率的灵敏度就是串接的电压和所加电压的比值。采用活塞发生器进行校准时应该在标准大气压下进行,若大气压不同则应进行修正。

### 4. 声级校准器校准

声级校准器包括一个性能稳定、频率为 1Hz 的振荡器和压电元件。振荡器的输出反馈给压电元件,带动膜片振动并在耦合腔内产生 1Pa 的声压 (94dB)。系统工作在共振频率,其等效耦合体积约为 200cm$^3$,所以产生的电压与传声器的等效容积无关。在现场应用声级校准器进行传声器校准时的准确度可达 ±0.3dB。

### 5. 高声强传声器校准器

高声强传声器校准器采用电动激振器推动活塞,它的空腔较小,允许在 164dB 声压级条件下校准 12″、14″ 和 1/8″ 三种电容式传声器。若采用脉冲信号源,则校准声压级可以提高到 172dB。在使用不同容积的耦合腔时,其校准频率范围为 $10^{-2}\sim1$kHz,校准的准确度约为 ±1.5dB,且不受空腔体积和大气压力的影响。

### 6. 静电激励校准法

该方法适用于较高频率的扬声器校准。它是将一个绝缘的栅状金属板置于传声器振膜之前,并使两者之间的距离尽量小。在栅状金属板和振膜之间加上高达800V 的直流电压使两金属板极化,从而使两者之间相互作用着一个稳定的静电力。另外再加上 30V 左右的交流电压使相互作用一个交变力,其值等于 1Pa 的声压。和电磁激荡器一样,若不加极化电压,直接送入交流信号电压,所产生的交变压力的频率就是交变电压频率的两倍。静电激荡器产生的力和频率无关,因此可用来测量电容传声器的响应。

## 8.8.4 噪声测量方法

关于噪声测量方法,国家已经针对不同测量对象制订了几十个国家标准和部颁标准,通常应按这些标准选择测量参数、测量仪器、测点位置和测量方法。

### 1. 测量环境

测试环境可分为室内和室外两大类。室内环境又有消声室 (anechoic chamber)、混响室 (reverberation chamber) 和半混响室三种,消声室内的声场为只有直达声而没有反射声的自由声场,室外空旷场所可近似为自由场。混响室内的声场为扩散场,混响室吸声级小,声波经多次反射,各点声压级几乎恒定并且相等。半混响室的声场为半扩散场,这是车间大多数房间的情况,因为实际房间既不完全反射也不完全吸收声波,在这种房间里测量,其结果需要修正。

在噪声测量中, 常常遇到以下几种情况: 消声室 (声吸收室) 中噪声测量、混响室 (声反射室) 中噪声测量和实际现场噪声测量。如果想在完全没有反射物体的自由场中作测量, 就需借助消声室。在消声室里, 所有的墙壁、天花板及地板都用高吸声材料覆盖以消除反射。这样, 噪声源任何方向上的声压级都可以不受干扰地得到测量。和消声室相反的是混响室。在混响室里, 所有表面都尽量做得硬且反射性强, 而且没有平行表面的存在。这样就造成一个所谓扩散声场, 声能量在这里得到均匀的分布。在这种房间里可以测量噪声源的总声功率输出, 但由于反射的缘故, 在任何点上的声压级均是一个平均值。由于造价较消声室低, 此类房间在机械噪声研究中获得普遍的使用。

实际现场噪声测量都是在既非消声也非混响的环境中进行, 即介于两者之间的房间中进行的。这就使我们在希望测量一个指定声源所发射的噪声时, 难以找到正确的测量位置。在测定单个声源所发射的噪声时, 有几种可能引起误差的情形。首先, 在机械设备附近, 只要很小的位置变化就可能使声压级显著地涨落。例如当距离不足机械设备所发最低频率的一个波长长度, 或机械最大尺寸的 2 倍 (两者中较大的一个距离) 时, 该情形就会出现。这个区域叫做机器的近场, 在该区域里尽可能不要实施测量。

在室外测量时, 风吹到传声器上会引起风噪声, 若风速大于 5.3m/s, 就不能进行测量。若在四级以下的风的场地进行测量, 则应在传声器上装风罩, 风罩可使风噪声大大衰减, 而对所测噪声无衰减作用。

当环境温度、湿度及大气压力变化时, 传声器及声级计的灵敏度可能发生变化, 影响测量的准确性。因此, 测量时对大气压力的变化、温度的变化范围、相对湿度的大小都有规定, 测试者要根据测试要求和具体情况采取必要措施。

### 2. 测点

现场测量时, 声源多, 房间大小有一定限度。为了减小其他声源传来的声波和反射声波的影响, 应将传声器接近被测的机械设备, 以便测出噪声中被测噪声源的直达声占主要部分, 这就是一般都采用所谓近声场测量法的原因。但是传声器也不能离声源辐射表面太近, 这样声场不稳定, 在允许时可离远一些, 理想的情况是在自由场条件下进行测量, 现场测量可按如下原则进行。

对于外形尺寸小于 0.3m 的机器, 测点距其外廓表面为 0.3m; 对于外型尺寸介于 0.3~1m 的中型机器, 测点距外廓表面为 0.5m; 对于外形尺寸大于 1m 的大型机器, 测点距外廓表面为 1m。

测点的数目, 对于均匀地向四周辐射噪声的机器, 即无指向性声源, 可只选一个测点; 但一般情况下, 机器辐射噪声均有指向特性, 应在机器周围均匀选测点, 测点不应少于 4 点, 当相邻两测点噪声级差大于 5dB 时, 则应在其间增加测点, 并以各测点测量值的算术平均值或各测点中最大值表示该机器的噪声级。

测点的高度,应以机器的半高度为准,或选择为机器水平轴的高度;或取 1.5m(人耳平均高度),但距地面均不得低于 0.5m;测量时应远离其它设备或墙体等反射表面,距离一般不小于 2m,测量时传声器应正对机器外表面。

如果测量点离机器太远时,则可能出现一些别的误差。例如从墙壁及其他物体来的反射可能与直接声一般强,这样会使我们无法获得正确的测量结果。这个区域叫做混响场。处于混响场与近场之间的是自由场。一个声场是不是自由场可从距离声源加倍后声级是否下降 6dB 看出。这里才是进行测量的合适位置。然而在许多场合,混响很强,或者空间很局限,以至于自由场完全不存在。在这种情况下,有些标准 (如 ISO3746) 就建议了一个考虑到反射声影响而进行环境修正的方法。

在现场测量单机噪声时,由于声源多,房间大小又有一定限度,周围有许多反射面,为了减少其他声源发出的声波和反射声波的干扰,传声器应当接近被测声源的声辐射面。为此,一般都采用近声场测量法,即将传声器置于距被测声源 1m、距地面 1.5m 处进行测量。

如果被测声源不是均匀地向各个方向散射噪声,则应围绕声源 (机器) 表面并与表面相距 1m、距地面 1.5m 的几个不同位置上测量若干点。除 A 声级最大的点的数据作为评价声源噪声的依据外,同时应测出 5 个点以上的频谱,作为评价的参考,必要时还应作声源各个方向的声级分布测量。

对流体机械的噪声测量,一般都是在流体机械台架的现场进行。特殊要求的测量则在专门的全消声室或半消声室中进行,实验成本很高,相应的噪声实验费用也大大高于现场测量。常规的测量包括 A 声级和 1 倍频程或 $\frac{1}{3}$ 倍频程噪声频谱测量。在现场测量中,可以将流体机械近似看做一个平行六面体,测点分布在该六面体外 0.5~1.0m 的距离上。可以多测几个点取其中A 声级最大的测量值作为噪声评定标准,也可取平均值来作为评定标准。为了便于计算,如果各测点的声压级差值不超过 5dB 时,平均声压级可按算术平均值计算。采用何种评定标准必须在测量报告中注明,以在各种工况或机型之间进行比较。

图 8-27 所示的为单级单吸离心泵噪声测点位置图,可以作为一般测量时的参考。

3. 本底噪声

测量时,还应对测量环境的本底噪声对测试结果的影响加以修正。所谓本底噪声是指被测声源发声时其环境的噪声。修正方法:当被测噪声的 A 声级以及各频带的声压级分别高于本底噪声的 A 声级和各频带的声压级 10dB 时,可不计本底噪声的影响,即不必进行修正;当测得噪声与本底噪声相差 6~9dB 时,应从测得值中减去 1dB；当两者相差 4~5dB 时，应减去 2dB；若两者相差 3dB，则应减去 3dB，两者相差小于 3dB，则测试无效。

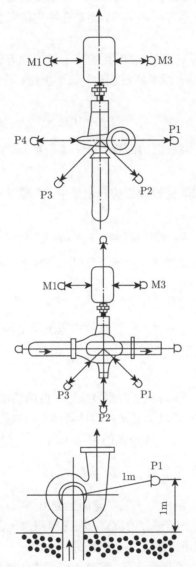

图 8-27　水泵噪声测点位置图

M-电动机的噪声测点位置；P-水泵的测点位置

　　此外在测量时，还需注意反射声波的影响，声级计及测量者本身所引起的反射也不可忽视。为此，常用三脚架支撑声级计，或者加长传声器与声级计之间的距离。在加长距离时应将前置放大器与传声器放在一起，以减少电噪声的干扰。

4. 声功率的测量

在一定的条件下，机器辐射的声功率是一个恒定的量，它能够客观地表征机械噪声的特性。但声功率不是直接测出的，而是在特定的条件下，由所测得声压级计算出来。

在自由场，即把机器放在室外空旷无噪声干扰的地方或在消声室内时，测量以机械设备为中心的半球面上或半圆柱面上 (长形机械) 若干均匀分布点的声压级，便可以求得声功率级 $L_w$:

$$L_w = \bar{L}_P + 10 \lg S \tag{8-32}$$

式中, $S$ 为测试球面或半圆柱面的面积, $m^2$; $\bar{L}_P$ 为 $n$ 个测点的平均声级, $\bar{L}_P = 20 \lg \frac{\bar{p}}{p_0}$, $\bar{p} = \left( \frac{\sum p_i^2}{n^2} \right)^{\frac{1}{2}}$。

如果机械在消声室或其他较理想的自由场中，声源以球面波辐射，声功率级可写为

$$L_w = \bar{L}_P + 10 \lg \left( 4\pi r^2 \right) = \bar{L}_P + 20 \lg r + 11 \tag{8-33}$$

如果机械放在室外坚硬的地面上，周围无反射，这时声功率级为

$$L_w = \bar{L}_P + 10 \lg \left( 4\pi r^2 \right) = \bar{L}_P + 20 \lg r + 8 \tag{8-34}$$

在这种条件下，距离中心为 $r_1$ 和 $r_2$ 两点的声压级满足如下关系:

$$L_1 = L_2 + 20 \lg \frac{r_1}{r_2} \tag{8-35}$$

在有限吸声的房间 (如工厂、车间) 内测量噪声，自由场法要求的条件很难得到满足。这时，可采用一个已知声功率级 $L_P$ 的参考声源与被测的噪声源比较来测定机器的声功率。在相同的条件下，噪声源的声功率级 $L_w$ 可用下式表示

$$L_w = L_p + \bar{L} - \bar{L}_r \tag{8-36}$$

式中, $\bar{L}$ 为以机器为中心，半径为 $r$ 的半球面上测出该噪声源的平均声压级; $\bar{L}_r$ 为关掉噪声源，参考声源置于噪声源的位置，在同样测点上测得的平均声压级。

用此法测量时，可选用下述方法之一来进行:

(1) 替代法。把待测的噪声源移开，将参考声源置入原噪声源位置，测点相同。

(2) 并排法。若待测的噪声源不便移开，可将参考声源置于待测量的噪声源上部或旁边，测点相同。

(3) 比较法。若用并排法测量误差大，这时可用比较法，即将参考噪声源放在现场的另一点，周围反射的情况与待测量的噪声源的周围发射情况相似，然后用式 (8-36) 计算出待测噪声源的功率级。

## 8.9 噪声测量实例

本节仍以单级单吸离心泵为研究对象，在离心泵闭式实验台上进行离心泵水动力噪声试验，数据采集过程中应用虚拟仪器数据采集系统和泵产品智能测试系统实现泵性能参数和水动力噪声等信号的同步采集。

### 8.9.1 试验台

图 8-28 为测试系统的实物图。试验在闭式试验台上进行。试验装置由汽蚀筒、稳压罐、进出水管路、阀门、真空泵、电机、涡轮流量计、压力变送器等部分组成。

图 8-28　试验测试系统实物图

### 8.9.2 数据采集

离心泵噪声试验测试的数据采集系统包括噪声信号的采集和泵性能参数的采集两部分，实现了泵性能参数与噪声、压力脉动信号的同步采集，提高了试验测试结果的准确性。

1. 噪声信号采集系统

虚拟仪器技术由于具有性能高、扩展性强、开发时间少等优势而得到广泛应用。采用美国 NI 公司的 PXI-4472B 动态信号采集模板来采集离心泵内部水动力噪声信号，噪声信号用水听器来测量，进出口的压力脉动信号采用 PXI-6251 多功能信号采集卡来采集，压力脉动信号采用压力传感器来测量。各传感器的输出信号通过采集模板硬件转换输入到虚拟仪器驱动程序中，应用 LabVIEW 中的 DAQ

Assistant 功能实现噪声信号的显示和采集。LabVIEW 程序框图和信号采集前面板如图 8-29 所示，NI 虚拟仪器的控制器及信号采集卡如图 8-30 所示。

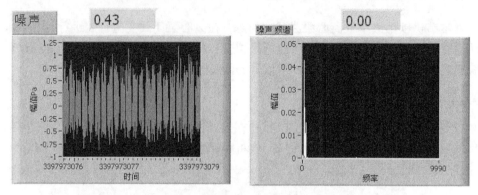

图 8-29　噪声信号时频域分析前面板

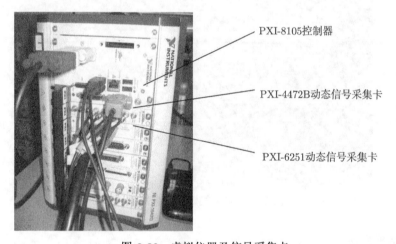

图 8-30　虚拟仪器及信号采集卡

### 2. 水听器

目前水听器 (hydrophone)，简称水下传声器，是将水下声信号转换为电信号的换能器，其安装方式一般分为三种类型：内置式安装、齐平式安装和管道 - 容腔式结构。

(1) 内置式安装。水听器直接固定于管路流场中来测量管内噪声。这种测量方法会因水听器表面的湍流脉动压力而产生 "伪声"，从而形成强烈的背景噪声，导致较大的测量误差。

(2) 齐平式安装。水听器直接安装在管壁上，并使传感器探头与测压点周围壁面处于"齐平"的状态,直接测量管内的噪声。

(3) 管道-容腔式结构。用连接管道和容腔构成的压力传输系统来测量管内噪声;压力测量系统的固有频率随传压管与容腔体积增大而减小,而随传压管面积的增大而增大,因此会减小测量噪声的频率范围。

本试验中采用齐平式安装,这样可以不干扰离心泵内的流动,较准确的测量离心泵内的噪声信号。水听器的测点位于泵出口 4 倍管径位置处。水听器的型号为 ST70,其特点为无方向性,耐水浸蚀。

### 3. 信号采样频率

要使得连续信号采样后得到离散信号,应该保证原信号的主要特征既没有干扰也不失真,就要选择合适的采样频率。采样频率过高,意味着对一定时间长度的波形抽取较多的离散数据,占用存储空间大,运算时间长,并且对信号作傅立叶变化时,会导致频率分辨率下降;采样频率过低,则离散的时域信号可能不足以反应原来连续信号的波形特征,发生频率混淆现象。根据奈奎斯特采样定理,采样频率 $f_s$ 必须不低于信号最大频率 $f_m$ 的 2 倍,即:

$$f_s \geqslant 2f_m \tag{8-37}$$

在实际应用时,一般取采样频率为信号最高有用频率的 3 ~ 4 倍,根据振动噪声和压力脉动的测试范围确定采集模块的采样时间间隔和采样数,振动噪声信号的采样时间间隔 $\Delta t = 0.5 \times 10^{-4}$s,采样频率 $f_s = 20000$Hz,采样数 $N = 2000$;压力脉动信号的采样时间间隔 $\Delta t = 0.5 \times 10^{-3}$s,采样频率 $f_s = 2000$Hz,采样数 $N = 200$。

### 4. 泵参数智能测试系统

模型泵和电机的测量参数由江苏大学自主开发的泵参数综合测量仪系统进行数据采集,并通过自带的测试分析软件进行数据处理,计算得到泵额定转速下的流量、扬程和效率。测量参数包括:模型泵的进出口压力,流量和转速,电机的电压、电流和功率等 7 个参数。进出口压力变送器的量程分别为 $-100$kPa ~ $100$kPa 和 $0$ ~ $600$kPa,采用涡轮流量计测量流量。

## 8.9.3 测试结果

泵的额定流量为 $q_{vd}$,图 8-31 为离心泵在流量 $q_{vd}$ 分别为 30 m³/h(0.6 $q_{vd}$)、40 m³/h(0.8$q_{vd}$)、50 m³/h(1.0$q_{vd}$) 和 55 m³/h(1.1$q_{vd}$) 工况下运行时水听器测得的噪声信号功率谱图。从图中可辩识出主导噪声频率,从而推断噪声源,并能对不同流量工况下的泵运行特征进行对比分析。

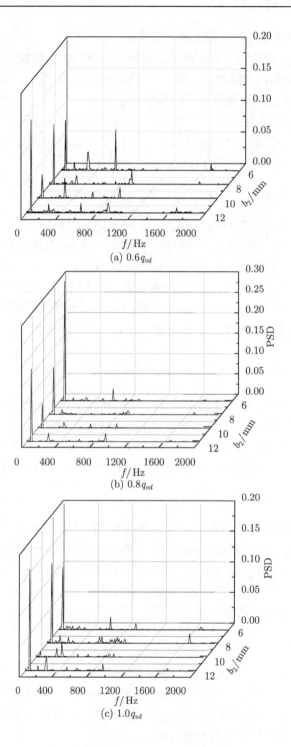

(a) $0.6q_{vd}$

(b) $0.8q_{vd}$

(c) $1.0q_{vd}$

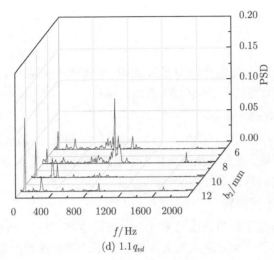

(d) $1.1q_{vd}$

图 8-31　噪声信号的功率谱图

### 8.9.4　外场噪声测试及结果

#### 1. 测试台

外场噪声测试台布置图如图 8-32 所示。泵放置于半消声室内，测试管路穿过墙体进入半消音室，与测试泵相连的高压橡胶管路通过弹簧悬空支撑，测试泵由弹簧悬空支撑，整体测试管路系统的固有频率控制在 10Hz 以下，以保证测试对象的固有频率尽可能远离管路系统的固有频率，避免共振的发生。

图 8-32　外场噪声测试系统布置图

## 2. 数据采集系统

### (1) 麦克风

采用丹麦 B&K 公司生产的型号为 4955 型低噪声麦克风，测量频率从 10Hz 到 16000Hz，能够监测低于 6.5dB(A) 的地面噪声。

### (2) 振动噪声数据采集单元

采用丹麦 B&K 公司生产的型号为 3660-C 的 5 模块 30 通道数据采集单元，用于采集加速度传感器、麦克风及型头和躯干模拟器的频率信号，并经数据总线传递到上位机对所采集的数据进行频谱分析。

### (3) 型头和躯干模拟器

4128C 型头与躯干模拟器由丹麦 B&K 公司生产，是一个内置耳和嘴模拟器的人体模型，提供了一个普通成年人头部和躯干的声学属性的逼真复制品，是进行现场电声性能测试的理想模型。符合 ITU-T Rec. P-58, IEC 60959 和 ANSI S3, 36-1985 标准。具有过载保护的高级仿真嘴。提供 4158C 型标准化的右耳模拟器，符合 ITU. T P-57 和 IEC 60711 标准。

### (4) 测试结果

图 8-33 为测量获得的不同流量条件下泵噪声的 1/3 倍频程结果。不同流量下的噪声曲线总体形状相似，大流量对应的噪声声压级较高。图 8-34 和图 8-35 为不同汽蚀余量条件下噪声频谱。

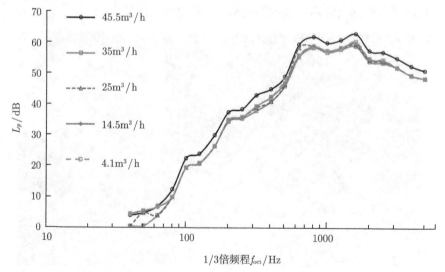

图 8-33　不同流量下总体噪声的 1/3 倍频程频谱分析

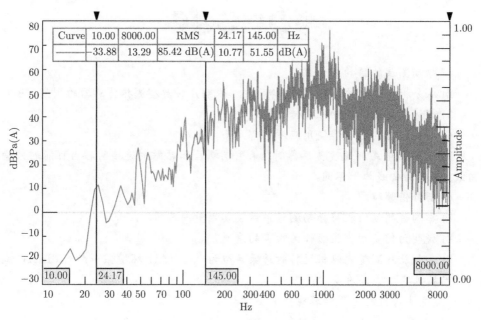

图 8-34 高汽蚀余量工况噪声谱

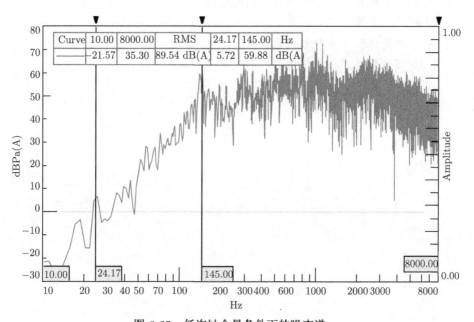

图 8-35 低汽蚀余量条件下的噪声谱

随 NPSH 值的减小，噪声级上升，图 8-35 较图 8-34 的噪声级有较大幅度上升，高频幅值密集且量值大，体现了高密度汽泡溃灭对噪声性能的影响。

1) 振动测试的目的是什么？

2) 从分析各种振动传感器动态特性中，说明几种典型测振传感器的测频范围。

3) 试述涡电流式振动位移传感器原理。

4) 测振仪器的选择和使用应考虑哪几个方面？

5) 安装压电式加速度传感器时，采用钢螺栓和粘结剂连接时各自可能的频响曲线，解释两曲线为何不同。

6) 解释倍频程。

7) 举例说明动力机械振动测量系统及其测量内容。

8) 说明为何要用声压级作为噪声的度量？

9) 某试验室测量内燃机运转时总噪声级为 95dB(A)，环境噪声为 87dB(A)，试问此内燃机实际噪声为多少？

10) 噪声评价的主观和客观技术参数。

11) 解释 A 声级。

12) 噪声测试时应注意哪些具体问题？

13) 解释消声室。

14) 环境条件对测量的影响有哪些？

15) 如何进行噪声测量仪器的校准？

# 第9章 测试规范与测试平台

任何测试都要遵循相应的规范，从测试台的搭建、介质的选取与处理、测量仪器的选取、测量方法到测试数据的记录与处理，都要按相应的规范进行操作。不依据规范获得的测试数据不具备参考价值。

流体机械是能源与动力工程专业的重要研究对象，风机、压缩机、叶片泵等均为流体机械。本章以叶片泵这一典型的流体机械为例阐述能源与动力工程专业的试验规范与要求。叶片泵的试验工作种类多且复杂，涉及许多方面的因素，读者可以在本章内容的基础上联系所关注的研究对象。

流体机械的实验种类多，如出厂运行试验、性能试验、汽蚀试验、振动试验、四象限试验等，有的泵应用于输送有腐蚀性或放射性的介质时，还要求进行耐久试验，以评价实际运行的安全性。

有些大型泵 (流量大或功率大) 或装置无法进行原型泵或原型装置的试验，只有将原型泵或装置缩小成一定比例的模型或模型装置才能进行试验，然后将模型的试验结果通过相似换算转化为原型泵或装置的相应数据。模型试验在能源与动力工程专业发挥了重要的作用。

流体机械试验，尤其是性能试验，必须在满足试验规范要求和保证试验方法正确的前提下进行，这样才能保证试验工作的顺利进行及测量参数的真实、准确与可靠。本章对叶片泵这一典型流体机械的试验规范及试验方法进行详细的介绍。本章内容中所提到的 1 级试验和 2 级试验的定义来自于 GB/T 3216—2005《回转动力泵水力性能验收试验 1 级和 2 级》，该标准等价于 ISO 9906: 1999 标准：Rotodynamic pumps - Hydraulic performance acceptance tests - Grades 1 and 2，目前该标准已被 ISO 9906：2012 所替代。

## 9.1 试 验 规 范

### 9.1.1 试验条件

为使试验数据准确、可靠，必须具备以下试验条件。

#### 1. 对试验介质的要求

泵的性能可以随输送液体性质的不同而有显著变化。但通常情况下，常使用"清洁冷水"作为泵的试验介质。

(1)"清洁冷水" 的特性应在表 9-1 指出的范围内。

表 9-1    "清洁冷水" 规范

| 特性 | 单位 | 最大值 |
|---|---|---|
| 温度 | ℃ | 40 |
| 运动黏度 | $m^2/s$ | $1.75\times10^{-6}$ |
| 密度 | $kg/m^3$ | 1050 |
| 不吸水的游离固体含量 | $kg/m^3$ | 2.5 |
| 溶解于水的固体含量 | $kg/m^3$ | 50 |

水中溶解气体和游离气体的总含量：对于开式回路，不得超过对应泵开式池中水温和压力下的饱和气体容积；对于闭式回路，不得超过对应罐内实际压力和温度下的饱和气体容积。

(2) 如果试验液体的特性在表 9-2 范围以内，输送非 "清洁冷水" 的泵可以用 "清洁冷水" 来进行扬程、流量和效率的试验。

表 9-2    液体的特性

| 液体的特性 | 单位 | 最小值 | 最大值 |
|---|---|---|---|
| 运动黏度 | $m^2/s$ | 不限 | $10\times10^{-6}$ |
| 密度 | $kg/m^3$ | 450 | 2000 |
| 不吸水的游离固体含量 | $kg/m^3$ | — | 5.0 |

液体中溶解气体和游离气体的总含量：对于开式回路，不得超过对应泵开式池中液体压力和温度下的饱和气体容积；对于闭式回路，不得超过对应罐内实际压力和温度下的饱和气体容积。

2. 运转的稳定性

通常应从试验数据的波动和变化两种情况考虑运转是否稳定。所谓数据波动是指在取一次读数的时间内，一个物理量的测量值相对其平均值的短周期变动。而数据变化是指相邻两次读数之间发生的数值改变。

表 9-3 给出了每个要测量的量的容许波动幅度。如果泵的结构或运转使数据出现大幅度的波动，则可采用在测量仪表中或其连接管线中设置缓冲器以使波动幅度降低到表 9-3 规定的范围。但缓冲装置有可能会对读数的精度有显著影响，故应使用对称和线性缓冲器，如毛细管。

**表 9-3 容许波动幅度 (以测量量的平均值的百分数表示)**

| 测量量 | 1 级/% | 2 级/% |
|---|---|---|
| 流量、扬程、转矩、输入功率 | ±3 | ±6 |
| 转速 | ±1 | ±2 |

### (1) 稳定条件

如果所有被测量 (流量、扬程、输入功率、转矩和转速) 的平均值均不随时间而变化，即称该试验条件为稳定条件。实际试验中，对一个工况点如果至少是在 10s 内观测到的每一个量的变化不超过表 9-4 上部给出的值，即可认为试验条件是稳定的。如果满足此条件，并且其波动值又小于表 9-4 给出的容许值，则试验时只需记录各独立量的一组读数即可。

**表 9-4 同一量重复测量结果之间的变化限度 (基于 95% 置信限度)**

| 条件读数组数 | | 每一量的最大读数和最小读数之间相对平均值的容许差异 | | | |
|---|---|---|---|---|---|
| | | 流量、扬程、转矩、输入功率 | | 转速 | |
| | | 1 级/% | 2 级/% | 1 级/% | 2 级/% |
| 稳定 | 1 | 0.6 | 1.2 | 0.2 | 0.4 |
| | 3 | 0.8 | 1.8 | 0.3 | 0.6 |
| | 5 | 1.6 | 3.5 | 0.5 | 1.0 |
| | 7 | 2.2 | 4.5 | 0.7 | 1.4 |
| | 9 | 2.8 | 5.8 | 0.8 | 1.6 |
| | 13 | 2.9 | 5.9 | 0.9 | 1.8 |
| | >20 | 30 | 6.0 | 1.0 | 2.0 |

### (2) 不稳定条件

测量量的最大波动幅度及同一量以随机的时间间隔 (但不少于 10s) 多次重复读数的变化值超过表 9-4 的规定时，该试验条件为不稳定条件。这种不稳定性除了试验装置的因素外，试验中的泵也会对试验条件产生影响。

在不稳定条件下，对每一个试验点，最低限度应取 3 组读数，并应记录每一个独立读数的值和由每组读数导出的效率值。每一量的最大值与最小值的百分率差不得大于表 9-4 给出的对应数值。

对于多组的读数，应当取每一量的所有读数的算术平均值作为试验的实际值。

试验处于不稳定条件时，对于参数的波动幅度超出允许范围造成的不稳定，应设置稳流栅、阻尼器、稳压器等稳定装置和采取其它减小波动幅度的措施，使之达到稳定；对于参数的变化超出表 9-4 规定范围的不稳定，应查找原因改进试验条件，达到表 9-4 规定后，再重新取数，原有读数应成组作废。

### 3. 对转速的要求

除非另有商定，可以在规定转速的 50%~120% 范围内的试验转速下进行流量、扬程和输入功率确定试验。试验转速与规定转速相差不应超过 20%，否则，效率可能会受到影响。

对汽蚀试验，如果流量是在对应试验转速下最高效率点流量的 50%~120% 范围内，试验转速应在规定转速的 80%~120%。

对转速的上述条件，在泵流量、扬程、效率、泵净正吸头进行转速折算时，应加以核实。

### 4. 对试验结果的分析

即使使用的测量方法和仪表以及分析方法完全遵循现行规则，每一测量也仍不可避免地存在不确定度 (注：现行标准中采用不确定度分析代替误差分析)。

一个测量的不确定度部分是与使用的仪表或测量方法的残余不确定度有关。但通过校准、仔细的测量尺寸和正确的安装等将已知的所有误差统统消除以后，仍然会留有误差，它永远不会消失，并且如果仍使用同一仪表和同样测量方法，也不能通过重复测量使其降低。这部分误差分量被称为 "系统不确定度"。

"随机不确定度" 或是由于测量系统的特性、或是由于被测量的量的变化、或是由于两者共同所致，直接以测量结果的分散形式出现，它可以通过在同样条件下增加同一量的测量次数来加以降低。

总的测量不确定度应通过计算系统不确定度和随机不确定度的平方和的平方根值得出。总效率和泵效率的总的不确定度应按下列各式计算：

$$e_{\eta gr} = \sqrt{e_Q^2 + e_H^2 + e_{Pgr}^2} \tag{9-1}$$

$$e_\eta = \sqrt{e_Q^2 + e_H^2 + e_T^2 + e_n^2}\text{(效率由转矩和转速计算得出)} \tag{9-2}$$

$$e_{\eta gr} = \sqrt{e_Q^2 + e_H^2 + e_P^2}\text{(效率由泵输入功率计算得出)} \tag{9-3}$$

泵参数的测量仪表，必须符合表 9-5 规定的系统不确定度的要求，测试系统总的不确定度及泵效率的总不确定度应满足表 9-6 和表 9-7 的要求。

表 9-5    系统不确定度的容许值

| 物理量 | 容许值 | |
|---|---|---|
| | 1 级/% | 2 级/% |
| 流量 | ±1.5 | ±2.5 |
| 转速 | ±0.35 | ±1.4 |
| 转矩 | ±0.9 | ±2.0 |
| 扬程 | ±1.0 | ±2.5 |
| 驱动机输入功率 | ±1.0 | ±2.0 |

**表 9-6　总的测量不确定度容许值**

| 物理量 | 符号 | 1 级/% | 2 级/% |
|---|---|---|---|
| 流量 | $e_Q$ | ±2.0 | ±3.5 |
| 转速 | $e_n$ | ±0.5 | ±2.0 |
| 转矩 | $e_T$ | ±1.4 | ±3.0 |
| 扬程 | $e_H$ | | |
| 驱动机输入功率 | $e_{Pgr}$ | ±1.5 | ±3.5 |
| 泵输入功率 (由转矩和转速计算得出) | $e_P$ | | |
| 泵输入功率 (由驱动机输入功率和电机效率计算得出) | $e_P$ | ±2.0 | ±4.0 |

**表 9-7　效率总的不确定度导出值**

| 物理量 | 符号 | 1 级/% | 2 级/% |
|---|---|---|---|
| 总效率 (由 $Q$、$H$ 和 $P_{gr}$ 计算得出) | $e_\eta$ | ±2.9 | ±6.1 |
| 总效率 (由 $Q$、$H$、$T$ 和 $n$ 计算得出) | $e_\eta$ | ±0.9 | ±6.1 |
| 总效率 (由 $Q$、$H$、$P_{gr}$ 和 $\eta_{mot}$ 计算得出) | $e_\eta$ | ±3.2 | ±6.4 |

### 9.1.2　试验装置

试验装置又称试验回路、试验台或试验系统，是保证获得满意的性能特性所必需的条件，是完成泵试验的主要手段之一。试验装置按型式数 $K$ 的大小可以分为标准试验装置和模拟试验装置。两种试验装置的循环回路都有开式和闭式两种形式。

#### 1. 标准试验装置

标准试验装置要求在任何测量截面处的液流都具有轴对称的速度分布、等静压分布和无装置引起的旋涡三个特性，此时能够获得最佳的测量条件。

1) 试验管段

为尽量能使测量截面处的液流具有上述要求的特性，应尽量避免泵和试验管道对入口和出口测量截面处液流的影响，对泵的吸入管段及排出管段作如下要求：

(1) 吸入管段

① 管段长度：对于标准试验装置，当试验泵从具有自由液面的水池中或从闭式回路中液面静止的大容器内引水时，试验泵的入口直管段长度 $L$ 和管径 $D$ 按式 (9-4) 确定：

$$L \geqslant (K + 5)D \tag{9-4}$$

在汽蚀试验时，当泵的入口上游的节流阀处于部分关闭状态时，必须保证管路中充满液体，并且入口测量截面处的压力和速度分布是均匀的。建议通过在泵的入口处使用合适的整流装置或一个长度至少为 $12D$ 的长直管段来达到，即：

$$L \geqslant 12D \tag{9-5}$$

泵的吸入口直管段安装时，沿水流方向应水平或应有上倾的坡度，以免管内顶部积气，不易被水带走，影响水泵正常工作。

② 管道口径：吸入管的口径与泵吸入口的口径在规定的长度范围内要求相同。

(2) 排出管段

① 管段长度：对于标准试验装置，泵的出口直管段应该大于 4 倍管径，并且与泵的出口同管径。流量计前的直管段长度应根据所使用的流量计的要求配置。除压力测量截面应与试验泵出口口径一致外，其余管段应考虑与流量测量段的管径一致。

② 管道口径：排出管道的口径 $D$ 一般根据式 (9-6) 计算

$$D = 2\sqrt{\frac{Q}{\pi v}} \tag{9-6}$$

式中，$Q$ 为所测流量，$\mathrm{m^3/s}$；$v$ 为管内流速，$\mathrm{m/s}$，一般选择 $2 \sim 3\mathrm{m/s}$。

在试验管路的任何最高点均应设置一个放气阀，以避免测量过程中气泡聚留形成气阱。

2) 测量截面的确定

测量截面通常指压力测量截面，规定在其附近小于 4 倍管径内，不能有任何弯头或弯头组合、任何横截面扩大或不连续性装置，以防止出现质量差的速度分布或旋涡。测量截面分为入口测量截面和出口测量截面。

① 入口测量截面：在标准装置上进行使用时，在入口管路长度允许的情况下，入口压力测量截面一般设在与泵入口法兰相距 2 倍管径的上游处，并且与泵入口法兰同直径同轴的直管段截面处，以求尽可能接近所要求的液流条件。

对于 2 级试验，如果入口速度水头与扬程之比小于 0.5%，并且已经知道入口水头本身不重要 (指 NPSH 试验)，则可以将入口测压截面设在泵入口法兰上而不是上游 2 倍直径的距离处。

②出口压力测量截面：一般设在与泵出口法兰相距 2 倍管径的下游处，并且与泵出口法兰同直径同轴的直管段截面处。

对于 2 级试验，当出口速度水头小于扬程的 5% 时，出口压力测量截面可以设在出口法兰处。

3) 测压孔的确定

一般取静压孔不宜设在或接近于测量横截面的最高点或最低点。

对 1 级试验,在入口和出口压力测量截面上沿圆周方向对称地设置 4 个取静压孔,各取压孔应通过截止阀或旋塞与环形集管连通,如图 9-1(a) 所示。

对 2 级试验,在入口和出口压力测量截面上通常仅设一个取静压孔,但如果液流可能会受旋涡或非对称流影响时,需要设两个或更多个取静压孔,如图 9-1(b) 所示。

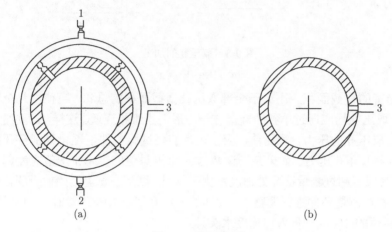

图 9-1  取压孔图

1-放气;2-排液;3-通至压力测量仪表的连接管弯头平面的取压孔

(a)1 级:四个取压孔,通过环形集管连通;(b)2 级:1 个取压孔 (或 2 个对置)

对于仅使用一个或两个取压孔的 2 级试验,如果在入口测量截面的上游短距离处存在一个弯头,则这些入口取压孔应垂直于弯头所在平面,出口取压孔应垂直于泵蜗壳的平面或泵壳内的任何弯头的平面,如图 9-2 所示。

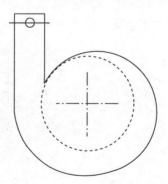

图 9-2  蜗壳平面图

取压孔应按图 9-3 所示的要求制造。应无毛刺和凹凸不平,并且垂直于管的内壁并与其齐平。取压孔的直径 $d$ 应为 3 ～ 6mm 或等于管路直径的 1/10,取两者之小值, 孔深 $L$ 应不小于 2.5 倍取压孔直径。

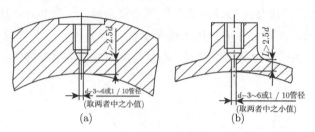

图 9-3　取压孔的加工

(a) 厚壁; (b) 薄壁

　　环形管的横截面积应不小于全部取压孔横截面积的总和。当使用几个取压孔时, 各个取压孔均应通过单独的旋塞与一环形汇集管相连通。这样, 需要时即可以测量任一取压孔的压力, 观测前, 应在正常的泵试验条件下逐一分别打开各取压孔, 测量各取压孔压力。如果某一读数与 4 个测量值的算术平均值之差超过总水头的 0.5% 或者超过测量截面处速度水头一倍时, 则应在试验开始前查明读数弥散的原因, 并对测量条件进行调整。当同样的取压孔用于 NPSH 量时, 该偏差不得超过 NPSH 值的 1% 或一倍入口速度水头。

### 2. 模拟试验装置

　　当型式数 $K > 1.2$ 时, 建议采用模拟现场条件的试验装置。在模拟回路的入口处, 同样要求液流尽可能没有因装置引起的大的旋涡, 并具有对称的速度分布。对于 1 级试验, 应该用精皮托管排测定流入模拟回路的液流速度分布是否符合所要求的流动特性。如果不符合, 应该设置适当的装置使紊乱的液流 (旋涡或不对称流) 变为整齐, 以获得所要求的特性。如图 9-4 所示是使用最广泛的整流装置, 但使用时, 一定要保证试验条件不会受与整流装置有关的压力损失的影响。

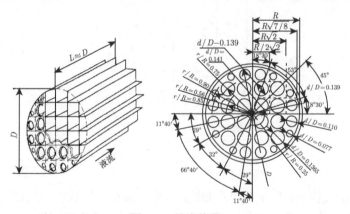

图 9-4　整流装置

### 3. 开式循环回路

试验系统中有一部分与大气相通的循环回路称开式系统。开式系统由水池、进水管路、水封闸阀、出口管路、流量计、调节阀、试验泵、转速转矩传感器等组成。其结构简单,装配方便,系统布置灵活,散热条件和稳定性好,主要用于泵性能试验。

常见开式试验系统如图 9-5 至图 9-8 所示。其中图 9-5 和图 9-6 所示的水泵需要安装吸入管路,而图 9-7 和图 9-8 所示的试验泵直接被淹没于水下。

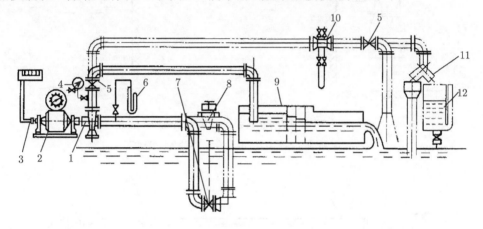

图 9-5  卧式泵开式试验系统

1-试验泵;2-测功计;3-测速仪;4-压力表;5-流量调节阀;6-真空计;7-入口节流阀;8-水封节流阀;9-水堰;10-流量计;11-换向器;12-量筒

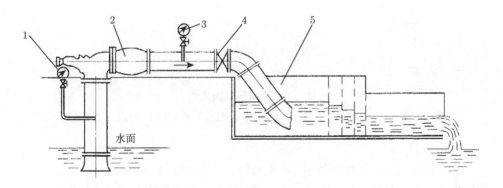

图 9-6  卧式泵开式试验系统

1-真空表;2-试验泵;3-压力表;4-流量调节阀;5-水堰

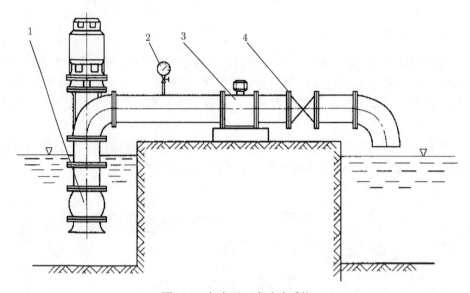

图 9-7　立式泵开式试验系统

1-试验泵；2-压力表；3-流量计；4-流量调节阀门

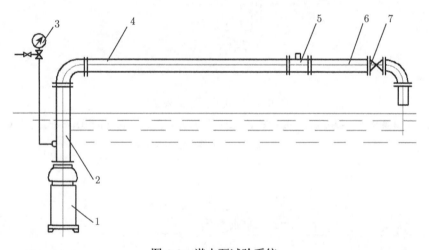

图 9-8　潜水泵试验系统

1-潜水泵；2-泵出口测压管；3-压力表；4-流量计前直管段；5-流量计；6-流量计后直管段；7-阀门

1) 吸入管

　　吸入管及其在水池中的位置 (淹没深度、悬空高度等) 直接影响试验泵吸入液体的流态及测试的准确性。因此，对开式系统吸入管路需引起足够的重视。

　　(1) 吸入喇叭口

　　插入水池中的吸入口应设置喇叭口，其作用是减少管路入口的水头损失，保证水流均匀地进入吸入管路, 喇叭口的直径 $D$ 通常应满足 $D=(1.3 \sim 1.5)D_1$, $D_1$ 为吸入管的管径。

(2) 悬空高度

插入水池中的吸水管的悬空高度 $C$ 是喇叭口与水池底部的距离, 其取值对喇叭管附近流态的影响非常显著。悬空高度的确定与所用喇叭管的进口直径有一定关系, 较大的喇叭管进口直径所需悬空高度较小, 而较小的喇叭管进口直径则需较大的悬空高度。当吸水管口垂直布置时, $C=(0.6 \sim 0.8)D$; 当吸水管口倾斜布置时, $C=(0.8 \sim 1.0)D$; 当吸水管口水平布置时, $C=(1.0 \sim 1.25)D$。

(3) 后壁距

吸水管后壁距 $T$ 为喇叭口中心线至进水池后壁的距离。过小的后壁距必将导致不均匀的流态和较大的喇叭管进水损失。过大的后壁距不仅没有必要, 而且还增加了水流在后壁空间的自由度, 从而加大了吸气旋涡产生的可能。在一定范围内, 后壁距愈大, 所需的淹没水深愈深。后壁距一般取 $T=(0.8 \sim 1.0)D$。

(4) 淹没深度

吸水管淹没深度 $h_s$ 根据进水管进口布置形式确定:

当吸水管口垂直布置时, $h_s \geqslant (1.0 \sim 1.25)D$; 当吸水管口倾斜布置时, $h_s \geqslant (1.5 \sim 1.8)D$; 当吸水管口水平布置时, $h_s \geqslant (1.8 \sim 2.0)D$。在任何情况下, $h_s$ 不得小于 0.5m。

(5) 吸入口的防旋涡措施

对于无法满足尺寸要求的进水池或设计不合理的进水段, 应采取措施防止池中产生旋涡、附壁涡、回流等不良流态。

2) 水池

水池的几何尺寸不仅与试验泵的水力参数、管路的布置及水池的容积有关, 还与池中的流态和水池成本有着重要的关联。过大的水池容积和不合理的几何尺寸, 不但会增加成本和占地面积, 而且不一定有利于稳定水流。事实证明, 水泵吸水口的液体流态紊乱, 会造成水泵效率的降低, 从而不能得到水泵的真实效率, 失去试验的准确性。因此, 应该在保证试验准确性的基础上, 合理设计水池。

从降低水池的设计和施工难度的角度出发, 矩形水池更容易一些, 所以, 目前常见的水池平面形式有矩形池和 L 形池。如图 9-9 所示。L 形水池的尾池部分主要是作为承接水泵排水管的落水, 但由于 L 形水池的尾池部分与主池成直角状, 因此, 为稳定水流和防止旋涡进入主池, 在尾池与主池的连接处需设置整流墙。

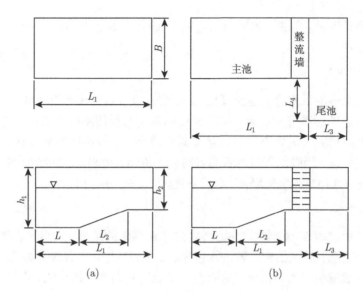

图 9-9　两种水池的形状

(a) 矩形池；(b) L 形池

为减少水池的施工量，沿水池的深度可以分为进水段 $L$、连接段 (坡段)$L_2$ 和回水段 $L_3$。进水段的作用是进一步调整从引水池进入的水流，为水泵入口提供良好的进水条件，其深度必须满足一定要求；由于流量测量管段必须满足一定长度，因此，排水管路的长度相对较长，因而连接段和回水段的长度除了进水段必需的长度外，还要有一段水池用来引水。

(1) 进水段

单个台位的进水段的几何尺寸如图 9-10 所示。

进水段宽度池宽 $B$ 过大时，一方面降低了水池的导向作用，另一方面由于池宽比实际需要大，必会有一定宽度范围的滞水区，该区域内水体流动缓慢，压力比流动区大，因而会压迫主流区，使水流紊乱，在池中形成偏流、回流而产生旋涡；池宽 $B$ 过小，除了会使池内流速过大，增大水头损失外，还会增大水流向喇叭口水平收敛时的流线曲率，从而容易形成旋涡。一般取 $B=3D$。

$B$ 的大小需要和淹没深度 $h_s$ 和悬空高度 $C$ 一起综合考虑，还需要用断面流速 $v$ 进行校核，进水段流速要求 $v \leqslant 0.25\text{m/s}$。

进水段的池深除了满足最大流量时的淹没深度 $h_s$ 和悬空高度 $C$ 以外，进水段的池深还应该考虑水泵停机后，排水管中滞留的液体体积可能产生的液位高度以及大型水泵停机所产生的浪涌。

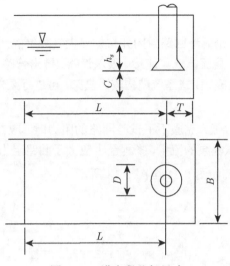

图 9-10 进水段几何尺寸

在确定进水段长度 $L$ 时，一般按进水段的有效容积为总流量的倍数计算：

$$L = \frac{KQ}{hB} \tag{9-7}$$

式中，$L$ 为进水段最小长度，m；$Q$ 为试验泵的最大流量，$m^3/s$；$h$ 为进水段水深，即淹没深度与悬空高度之和，m；$K$ 为秒换水系数，当 $Q < 0.5m^3/s$ 时，$K=25 \sim 30s$；流量较大时，常采用 $K=30 \sim 50s$。$K$ 值过小易导致旋涡，有时可能发展成漏斗状涡。

一般规定，在任何情况下，从吸水管至进水段进口的长度，选择 $L$ 和 $4D$ 中的大值。

(2) 连接段

连接段的宽度与进水段相同，但池底的纵向坡度为 $i=\frac{1}{3} \sim \frac{1}{5}$。

(3) 回水段

回水段也称尾池，宽度同连接段，长度比最大管径稍大即可，深度较进水段稍浅，以减少水池的施工量。

连接段和回水段的总长度由试验的最大水泵的排水管道长度决定。总之，整个水池的容积等于进水段、连接段和回水段三段容积之和。总的容积一般经验认为应该不小于每小时泵送流体体积的 10%。另外，水池应采用混凝土结构，并有防渗处理、溢水和补水系统、爬梯，水池底还应设置水坑，以便排尽水池中的积水。水池四周特别是试验泵的周围应设置水沟以便排除卸泵时流出的水。

### 4. 闭式循环回路

在试验系统中，整个循环回路封闭并与外界大气隔绝的系统称为闭式系统。闭式系统主要由汽蚀罐、稳流罐或集流罐、吸入管路、排出管路 (压力及流量测量段、阀门及管道支架) 等组成。闭式系统结构较为复杂，可进行泵性能试验和汽蚀试验，且汽蚀试验精度较高。

当试验泵的扬程较低，克服不了试验回路的阻力时，应在回路中增设增压泵，其流量应大于或等于试验泵的流量，扬程至少应大于回路阻力与试验泵扬程之差。

常见闭式试验系统如图 9-11 至图 9-13 所示。

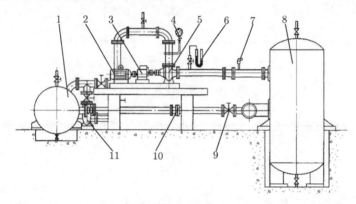

图 9-11    常温闭式试验回路

1-稳流罐；2-电动机；3-扭矩传感器；4-压力表；5-试验泵；6-真空计；7-温度传感器；8-汽蚀罐；9-流量调节阀；10-流量计；11-辅助泵

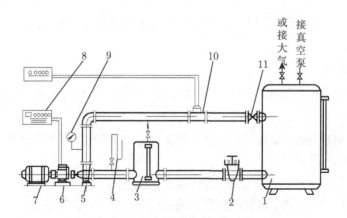

图 9-12    闭式试验回路

1-汽蚀罐；2-水封式闸阀；3-稳流罐；4-真空计；5-试验泵；6-扭矩传感器；7-电动机；8-扭矩转速测量仪；9-压力表；10-流量计；11-流量调节阀

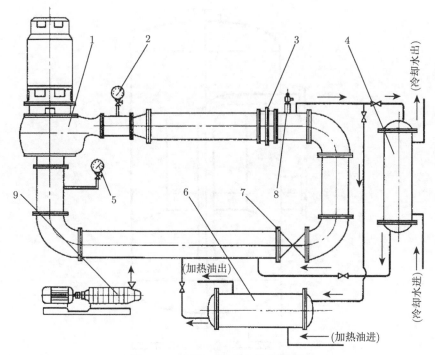

图 9-13 高温、高压闭式试验回路

1-试验泵；2-出口压力表；3-流量计；4-换热器；5-进口压力表；6-加热器；7-流量调节阀；8-系统 (回路) 安全阀；9-增压泵

1) 汽蚀罐

汽蚀罐是常温闭式试验回路中的主要部件，设在泵进水管前面，其作用是贮存液体，起抑制系统波动作用。在进行汽蚀试验时，用真空泵从汽蚀罐上部抽气，使罐内空气静压强降低，从而使泵进口压力逐渐下降而出现汽蚀现象，上部设有气水分离罩，可将水和溢出的气泡分开，避免气体在水翻转时卷入泵内，罐中流速应小于 0.25m/s，进入吸入管的液体圆周方向都均匀，所以吸入管可以从中心插入。汽蚀罐的典型结构如图 9-14 所示。

汽蚀罐的容积选取越大越好，这样水循环产生的温升缓慢，产生的旋涡较小，有利于系统稳定。但实际应用中，汽蚀罐的尺寸不可能很大，而容积过小，贮水容积不够，循环水的温升加快，会影响汽蚀试验精度。为了保证汽蚀试验精度，节省材料，方便制造和安装，应合理选择汽蚀罐的容积。

2) 稳流罐

稳流罐的作用是使通过流量计的液流的流速更加均匀，对节流式流量计来说还可缩短前稳流段的长度。稳流罐的典型结构如图 9-15 所示。

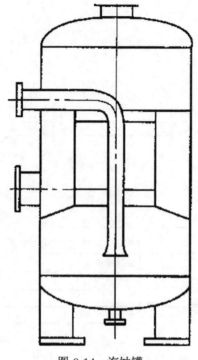

图 9-14    汽蚀罐

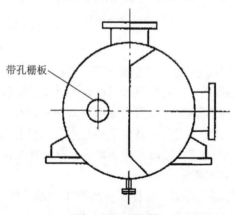

图 9-15    稳流罐

3) 闭式系统的总容积

闭式试验回路的容量, 主要考虑的因素是水温的上升。一般希望在做汽蚀试验的全过程中试验水温不变, 如果要改变, 希望变化速度缓慢。由于回路自然散热的现象与回路结构、布置、环境等因素有关, 估算偏差很大, 所以一般情况下是根据经验估算的。具体估算方法为 1kW 功率匹配约 $0.5m^3$ 容积。至于最大流量时对整个回路容积的要求,经验证明:回路的容量对应 $\frac{1}{10} \sim \frac{1}{12}$ 试验最大流量。如果发现回路水温上升速度比较快,可在回路中串接冷却器,或在汽蚀罐中加装冷却管。

# 9.2 试 验 方 法

能量性能试验和汽蚀性能试验是水泵性能测试中最基本也是最重要的两个试验。能量性能试验是为了确定泵的扬程、轴功率、效率与流量之间的关系;汽蚀试验主要为了确定泵的汽蚀余量。本节主要介绍这两种试验方法。

## 9.2.1 性能试验

### 1. 试验方法

离心泵的试验最好从零流量开始依次增大流量,一直试验到预定的试验大流量点为止。以下几个工况是离心泵性能试验的工况点,即保证点 $q_{vd}$(规定点、设计点) 的 $0.9q_{vd}$、$0.95q_{vd}$、$1.0q_{vd}$、$1.05q_{vd}$、$1.1q_{vd}$ 点等;还有如 $0.75q_{vd}$、$1.2q_{vd}$、$1.4q_{vd}$ 及关死点 $q_{vd}=0$ 点。其他试验工况点可均匀布置。对于新产品的出厂试验,试验工况点的数量推荐在 13 点以上。老产品试验工况点可以适当少一些。

混流泵、轴流泵和旋涡泵的试验从阀门全开状态开始 (以流量测量仪表不超量程和泵不发生汽蚀为前提),而后流量逐步减小到最小试验工况点。以下几个工况是其性能试验的工况点,即保证点 $q_{vd}$(规定点、设计点) 的 $0.9q_{vd}$、$0.95q_{vd}$、$1.0q_{vd}$、$1.05q_{vd}$、$1.1q_{vd}$ 点等;还有如 $0.64q_{vd}$、$0.75q_{vd}$、$1.2q_{vd}$、$1.4q_{vd}$。其他试验工况点可均匀布置。对于新产品的出厂试验,试验工况点的数量应该多一些,推荐在 15 点以上。老产品试验工况点可以适当少一些。除特殊情况外,尽量避开驼峰区间。

当扬程—流量曲线有驼峰时,也应在驼峰附近多安排几个测量点,以确保准确测出驼峰所在区域扬程的最大值。

试验应有足够的持续时间,以获得一致的结果和达到预期的试验精度,所有测量均应在稳定运转条件下或在一定的不稳定运转条件下进行。每测一个流量点应有一定的时间间隔,并应同时测量流量、扬程、转速和轴功率。其中轴功率应根据不同的测量方法而读取相应的参数,如用电测法测量轴功率时,应读取电压、电流、电输入功率、电阻等电参数。

### 2. 试验结果的表达形式

依据行业习惯,根据转速换算得到的数据作扬程-流量、功率-流量、效率-流量曲线,如图 9-16 所示。

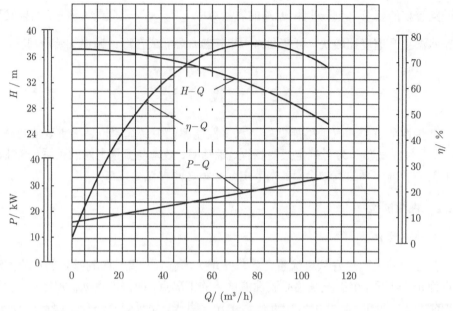

图 9-16　泵的特性曲线

### 3. 试验结果

对试验数据必须按当前执行的国家标准 GB/T3216—2005 的规定加以分析, 以决定是否符合要求。

由于加工制作过程中每台泵均会发生几何形状与设计图纸不符的情况, 因此在对试验结果与规定值进行比较时, 应该允许有一定的容差, 包括试验的泵与不包含任何制造不确定度的泵之间在数据上的可能偏差。但应该指出, 泵的性能的这些容差只与实际的泵有关, 并不涉及试验条件和测量不确定度。

(1) 容差系数值

表 9-8 引入了适用于保证点 $Q_G$、$H_G$ 的流量、扬程和泵效率的容差系数。

表 9-8　容差系数数值

| 量 | 符号 | 1 级/% | 2 级/% |
|---|---|---|---|
| 流量 | $t_Q$ | ±4.5 | ±8 |
| 扬程 | $t_H$ | ±3 | ±5 |
| 泵效率 | $t_\eta$ | ±3 | ±5 |

对典型性能曲线选择的批量生产的泵以及驱动机输入功率 $P_{gr}$ 小于 10kW 的泵, 其性能可以有所改变, 其容差系数见表 9-9。

**表 9-9 允许性能有所改变的容差系数**

| 量 | 符号 | 按典型性能批量生产/% | 输入功率小于 10kW% |
|---|---|---|---|
| 流量 | $t_Q$ | ±9 | ±10 |
| 扬程 | $t_H$ | ±7 | ±8 |
| | | | $-\left[10 \times \left(1 - \frac{P_{gr}}{10}\right) + 7\right]$ |
| 泵效率 | $t_\eta$ | −7 | |
| 泵输入功率 | $t_P$ | ±9 | |
| 驱动机输入功率 | $t_{Pgr}$ | ±9 | $\sqrt{0.07^2 + t_\eta^2}$ |

(2) 对流量、扬程和效率的判定

通过保证点 $Q_G$、$H_G$ 以水平线段 $\pm t_Q \times Q_G$ 和垂直线段 $\pm t_H \times H_G$ 在泵的性能曲线上作出容差十字线,如图 9-17 所示。

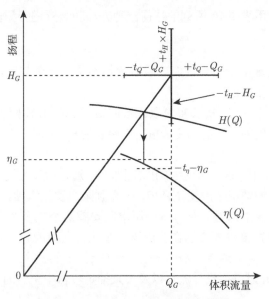

图 9-17 流量、扬程和效率的判定

如果 $H$-$Q$ 曲线与垂直线段和/或水平线段相交或相切,则对扬程和流量的判定即可得到满足。效率值应由通过保证点 $Q_G$、$H_G$ 和 $H$-$Q$ 坐标轴的原点的直线与测得的 $H$-$Q$ 曲线的交点作一条垂直线与 $\eta$-$Q$ 曲线相交得到。如果该交点的效率值高于或至少等于 $\eta_G(1 - t_\eta)$,则效率满足判定要求。

### 9.2.2 汽蚀试验

汽蚀试验就是通过试验的方法,得出被试验泵将要发生汽蚀现象时的汽蚀余量值,此汽蚀余量为临界汽蚀余量或试验汽蚀余量,用 $\mathrm{NPSH}_3$ 表示。

汽蚀余量有三种定义：可用汽蚀余量 ($NPSH_a$)，即在规定流量下的由装置条件确定的汽蚀余量值；必需汽蚀余量 ($NPSH_r$)，即在规定的流量、转速和输送液体的条件下，泵达到预期性能的最小汽蚀余量；$NPSH_3$，即在恒定的流量下，泵的首级扬程下降 3% 时的必需汽蚀余量。

1. 汽蚀试验的类型

通常有三种汽蚀试验类形：在规定的 $NPSH_a$ 下，测量泵的性能参数 (流量 $Q$、扬程 $H$、转速 $n$、泵的输入功率 $P$) 是否满足要求；作一次检查以表明在较规定的 $NPSH_a$ 高的 NPSH 值下进行的试验得出在同一流量下相同的扬程和效率，泵即满足要求；确定泵的首级扬程下降 3% 时的必需汽蚀余量 $NPSH_3$。

2. 确定 $NPSH_3$ 的方法

汽蚀试验可以用表 9-10 所列的任何一种方法和装置进行测试。

3. 试验方法

汽蚀试验的装置不论它与性能试验装置是不是同一个装置，其装置对水流的要求和试验条件是相同的。

如果试验条件不稳定，需要重复取读数的话，容许 NPSH 的变化最大至表 9-4 给出的扬程变化限度的 1.5 倍，或 0.2m，取两者的较大值。

(1) 闭式装置

泵安装在一个如图 9-18 所示的闭式回路中，通过改变压力、液位或温度，在不影响扬程和流量的情况下改变 NPSH，一直到泵内发生汽蚀。

对于节流阀引起的汽蚀，有时可以用串联安装两个或多个节流阀的方法或者使节流阀后的液流直接进入安插在节流阀与泵入口之间的一个封闭容器或一个大直径的罐中来加以避免；或者让液体通过节流阀后，直接进入一封闭容器或大口径管中来加以消除。此时需要设导流片以及用来抽走容器中空气的装置，特别是在低泵净正吸头时。

当节流阀处于半开且与泵入口法兰相距小于 12 倍入口管径时，必须确保入口的取压孔所在管路是充满液体的。

也可通过调节液温改变汽化压力，使泵发生汽蚀，为了保持需要的温度，须设置对系统回路中的液体进行冷却或加温的装置，而且还须有一个气体分离罐。分离罐要有足够的尺寸，并且要设计得能防止气体被挟带到泵的吸入液体中去。为了避免试验罐中出现过大的温度差异，有时需要有一条液体再循环回路。

(2) 装有节流阀的开式池

用安装在吸入管路中实际最低位置上的节流阀调节进入泵的液体的压力，如图 9-19 所示。

### 表 9-10 确定 NPSH₃ 的方法

| 装置类型 | 开式池 | 开式池 | 开式池 | 开式池 | 开式池 | 闭式回路 | 闭式回路 | 闭式回路 | 闭式槽或闭式回路 |
|---|---|---|---|---|---|---|---|---|---|
| 独立改变的量 | 入口节流阀 | 出口节流阀 | 水位 | 入口节流阀 | 水位 | 罐中压力 | 温度(汽化压力) | 吸水面压力 | 温度(汽化压力) |
| 保持不变的量 | 出口节流阀 | 入口节流阀 | 入口和出口节流阀 | 流量 | 流量 | 流量 | 流量 | | 入口和出口节流阀 |
| 随调节面改变的量 | 扬程、流量、NPSH、水位 | 扬程、流量、NPSH、水位 | 扬程、流量、NPSH | 出口节流阀(为使流量恒定)、NPSH、扬程、 | NPSH 扬程、出口节流阀 | 扬程、NPSH、出口节流阀(当扬程开始下降时,为使流量保持不变) | NPSH、扬程、出口节流阀(当扬程开始下降时为使流量恒定) | | 扬程、流量、NPSH、在汽蚀发生后 |
| 扬程量-流量和扬程-NPSH曲线 | $H$-$Q$ 曲线，$0.03H$ | $H$-$Q$ 曲线，$0.03H$ | $H$-$Q$ 曲线，$0.03H$ | | $H$-$Q$ 曲线，$0.03H$ | $H$-NPSH 曲线，$0.03H$，$Q=Q_G$ | | | $H$-$Q$ 曲线，$0.03H$ |
| NPSH-流量曲线 | NPSH-$Q$ 曲线，$Q_G$ | NPSH-$Q$ 曲线，$Q_G$ | NPSH-$Q$ 曲线，$Q_G$ | | NPSH-$Q$ 曲线，$Q_G$ | NPSH 曲线，$Q_G$ | | | $H$-$Q$ 曲线，$0.03H$ |

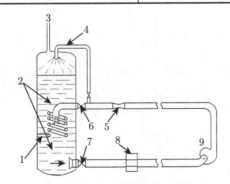

图 9-18 闭式汽蚀试验回路

1-冷却或加热盘管；2-稳定栅；3-抽真空或压力调节装置；4-喷淋除气液体喷嘴；5-流量计；6，7-阀门；8-大口管径；9-试验泵

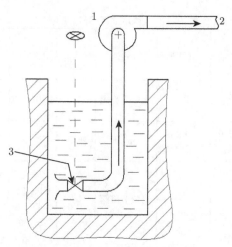

图 9-19　调节入口压力改变 NPSH

1-试验泵；2-泵出口；3-节流阀

　　试验时，将工况点调节到需要做汽蚀试验的工况点，使流量稳定在预定值，将流量、入口压力、出口压力、转速、轴功率及水温记录下来，然后关小入口节流阀提高真空度，当真空度达到预定值时，停止调节进水阀门，用出水阀门调节流量并保持在预定值，再把流量、压力、转速、轴功率及水温记录下来，一直做到完全汽蚀为止。

　　(3) 液位可以调节的开式池

　　泵通过无阻碍的吸入管路从自由液面液位可以调节的池中抽取液体，如图 9-20所示。

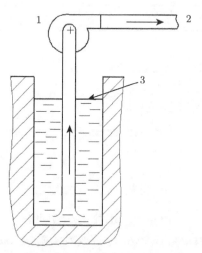

图 9-20　调节液位改变 NPSH

这种方法的特点是反映数据真实，同时可测得泵的实际吸上几何高度。但吸水面不易稳定，操作过程复杂。

### 4. 测点选择

在泵的工作范围内，应包括小流量点、规定流量点和大流量点 3 个以上不同流量点进行汽蚀试验。对于采用使流量保持恒定的试验方法时，对每一个流量点应逐渐降低 NPSH，不同的 NPSH 值不宜少于 15 个，并在临界值附近，即试验曲线即将出现断裂的区域，使测点较密集一些。

### 5. 试验数据的处理

(1) 汽蚀余量 NPSH 的计算

NPSH 是相对于 NPSH 基准面的入口绝对总水头 $H_1$ 与汽化压力水头 $p_v/\rho g$ 的差，即

$$NPSH = H_1 - z_D + \frac{p_a - p_v}{\rho g} \tag{9-8}$$

式中，$z_D$ 为 NPSH 基准面与基准面的位差；$p_a$ 为大气压力。

汽蚀基准面是指通过由叶轮叶片进口边最外点所描绘的圆的中心的水平面。多级泵以第一级叶轮为基准，立轴或斜轴双吸泵以通过较高中心的平面为基准，如图 9-21 所示。

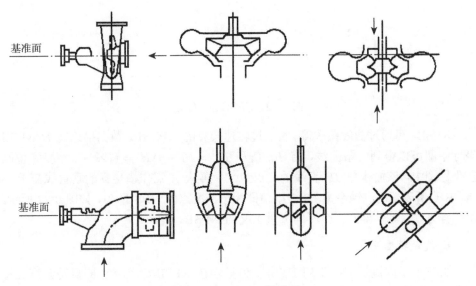

图 9-21 NPSH 基准面

(2) 测量结果的换算

必需汽蚀余量 $NPSH_r$ 按下式进行转速换算

$$(NPSH_r)_T = (NPSH) \left(\frac{n_{sp}}{n}\right)^x \tag{9-9}$$

如果流量是在对应试验转速下最高效率点流量的 $50\% \sim 120\%$ 范围内，试验转速满足在规定转速的 $80\% \sim 120\%$，并且叶轮入口处的液体不含影响泵运转的气体析出，则作为 NPSH 的一级近似可以采用 $x=2$。如果泵在接近其汽蚀极限的情况下运转，或试验转速与规定转速相差超出 $80\% \sim 120\%$ 的范围，则汽蚀现象可能会受到许多因素的影响，例如热力学效应、表面张力的变化、空气含量不同等，指数 $x$ 在 $1.3\sim2$。

(3)$NPSH_3$ 的确定

如图 9-22 所示根据试验标准规定，若该试验工况点流量值保持不变，首级叶轮的扬程下降值 $\Delta H = H_0 - H' \geqslant 3\%H_0$ 时，相应的汽蚀余量值即为该工况点的 $NPSH_3$ 值。

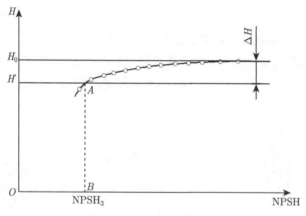

图 9-22　$NPSH_3$ 的确定

$NPSH_3$ 可通过曲线图求得，将经过转速换算的 $NPSHR_r$ 数据描绘在 $H$-NPSH 坐标中即可以得到一条曲线，将 $H_0$ 值和 $H' = H_0 - \Delta H = (1\% \sim 3\%)H_0$ 值画在坐标图中，该曲线与 $H'$ 直线的交点为 $A$，再从 $A$ 点作横坐标的垂直线交于 $B$ 点，$B$ 点所表示的汽蚀余量 $NPSH_r$ 值即为该工况点的 $NPSH_3$ 值，如图 9-22 所示。用同样方法，可以得到三个不同流量工况的 $NPSH_3$ 值。

6. 汽蚀特性曲线

将三个不同流量工况下的 $NPSH_3$ 值描绘在 $NPSH$-$Q$ 图中，即可得泵汽蚀特性曲线，如图 9-23 所示。也可将泵汽蚀特性曲线与性能曲线一起表示，如图 9-24 所示。

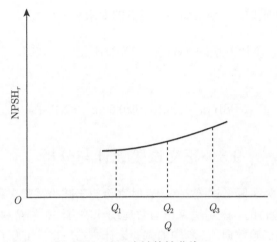

图 9-23　汽蚀特性曲线

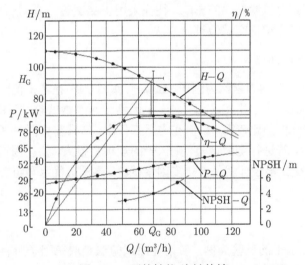

图 9-24　泵的性能-汽蚀特性

## 7. 试验结果

(1)NPSH$_r$ 的容差系数

测得的 NPSH$_r$ 与规定的 NPSH$_r$ 之间的最大容许差值为

对于 1 级：$t_{\text{NPSH}_r}=+3\%$ 或 $t_{\text{NPSH}_r}=+0.15\text{m}$　　　　　　(9-10)

对于 2 级：$t_{\text{NPSH}_r}=+6\%$ 或 $t_{\text{NPSH}_r}=+0.30\text{m}$　　　　　　(9-11)

以上容差取两者的较大值。

(2) 对 NPSH$_r$ 的判别

如果下列判别式成立, 则泵满足保证点的要求

$$(\text{NPSH}_r)_{\text{G}} + t_{\text{NPSH}_r} \times (\text{NPSH}_r)_{\text{G}} \geqslant \text{NPSH}_r \tag{9-12}$$

或

$$(\text{NPSH}_r)_{\text{G}} + (0.15\text{m} \, \text{或} \, 0.30\text{m}) \geqslant \text{NPSH}_r \tag{9-13}$$

## 9.3　正交试验设计与分析

实际试验中, 为了降低试验成本, 有时寄希望于减少试验次数。试验设计是为了达到预期的试验目的, 采用概率论与数理统计的方法, 经济科学地制定试验方案, 以获得理想的试验数据。工程中的试验设计方法较多, 如为了考察单因素对试验结果的影响, 其试验设计方法有: 完全随机设计、随机区组设计、拉丁方设计方法等。如考察多因素对试验结果的影响, 往往采用正交试验 (orthogonal experiment) 设计法。本节主要介绍正交试验设计方法。

### 9.3.1　正交试验设计

试验中将欲考查的因素称为因子 (factor), 每个因子在考查范围内被分成若干个等级, 每个等级称为水平 (level)。对于单因素或两因素试验, 因其因素少, 试验的设计、实施与分析都比较简单。但在实际工作中, 常常需要同时考查 3 个或 3 个以上的试验因素, 若进行全面试验, 则试验的规模将很大, 往往因试验条件的限制而难于实施。正交试验设计就是安排多因素试验、寻求最优水平组合的一种高效率试验设计方法。

#### 1. 全面试验

以三因素三水平的试验为例, 所谓全面试验法是取三因子所有水平之间的组合进行试验。若三因子分别为 $A$、$B$、$C$, 其中 $A$ 因素有 $A_1$、$A_2$、$A_3$ 3 个水平, $B$ 因素有 $B_1$、$B_2$、$B_3$ 3 个水平, $C$ 因素, 设 $C_1$、$C_2$、$C_3$ 3 个水平, 各因素的水平之间全部可能组合有 27 种 (如图 9-25 所示的 27 个节点)。由此可见, 全面试验可以分析各因素的效应, 交互作用, 也可选出最优水平组合。但全面试验包含的水平组合数较多, 工作量大, 在有些情况下往往无法完成。

#### 2. 正交试验设计法

若试验的主要目的是寻求最优水平组合, 则可利用正交表来设计试验方案。正交试验设计克服了全面试验试验次数过多的缺点, 使所有因子和水平在试验过程中均匀分配, 试验点具有代表性, 且又能大大减少试验次数。

图 9-26 为三水平三因子正交试验设计图。对应于每个因子的每个水平都有一个平面,对每个因子和每个水平均同等看待。因此,在 9 个平面上所选择的试验点应一样多。由于每个平面都有三行三列,若要每行每列上所选的试验点一样多,则选出 9 个有代表性的试验点,如图 9-26 所示,这样可满足试验点均匀分布的要求。这就是正交试验设计的基本思想。

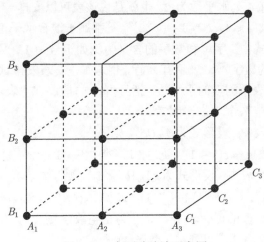

图 9-25 全面试验法示意图

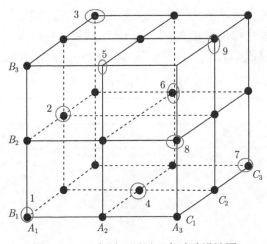

图 9-26 三水平三因子正交试验设计图

## 9.3.2 正交表

### 1. 等水平正交表

各列水平数相同的正交表称为等水平正交表。如 $L_4(2^3)$、$L_8(2^7)$、$L_{16}(2^{15})$ 等各列中的水平为 2, 称为 2 水平正交表；$L_9(3^4)$、$L_{27}(3^{13})$ 等各列水平为 3, 称为 3 水平正交表。

### 2. 混合水平正交表

各列水平数不完全相同的正交表称为混合水平正交表。如 $L_8(4 \times 2^4)$ 表中有一列的水平数为 4, 有 4 列水平数为 2。也就是说该表可以安排一个 4 水平因素和 4 个 2 水平因素。再如 $L_8(4 \times 2^4)$, $L_{16}(4 \times 2^{12})$ 等都属于混合水平正交表。

在正交表的形式中, 字母和数字的含义为例如记号为 $L_8(2^7)$, 其中 "L" 代表正交表；L 右下角的数字 "8" 表示有 8 行, 用这张正交表安排试验包含 8 次试验；括号内的底数 "2" 表示因素的水平数, 括号内 2 的指数 "7" 表示有 7 列, 用这张正交表最多可以安排 7 个 2 水平因素。

在等水平正交表中, 设形式为 $L_a(b^c)$, 则

试验次数 (行数)$a = c(b-1)+1$, 如 $L_4(2^3)$, $4 = 3 \times (2-1)+1$

在混合水平正交表中, 设形式为：$L_a(b^c \times d^e)$, 则

试验次数 (行数)$a = c(b-1)+e(d-1)+1$, 如 $L_8(4 \times 2^4)$, $8 = (4-1)+4 \times (2-1)+1$

在行数为非 $m^n$ 型的正交表中 $(m, n$ 为正整数), 则

试验次数 (行数)$\geqslant \sum ($每列水平数$-1)+1$

利用上述关系式, 可按所要考察的因子水平数决定最少的试验次数, 进而选择合适的正交表。如前面所举的三因子三水平试验方案的设计, 用图解法已选择了 9 个试验点, 用正交表也可以确定次数。首先确定试验次数应大于 $3 \times (3-1)+1 = 7$ 次, 然后查三水平且次数大于 7 的正交表, 可查得 $L_9(3^4)$, 如表 9-11 所示。

表 9-11    $L_9(3^4)$ 正交表

| 行号 | 因子 列号 | $A$ 1 | $B$ 2 | $C$ 3 | $D$ 4 | 试验方案 |
|---|---|---|---|---|---|---|
| 1 | | 1 | 1 | 1 | 1 | $A_1B_1C_1D_1$ |
| 2 | | 1 | 2 | 2 | 2 | $A_1B_2C_2D_2$ |
| 3 | | 1 | 3 | 3 | 3 | $A_1B_3C_3D_3$ |
| 4 | | 2 | 1 | 2 | 3 | $A_2B_1C_2D_3$ |
| 5 | | 2 | 2 | 3 | 1 | $A_2B_2C_3D_1$ |
| 6 | | 2 | 3 | 1 | 2 | $A_2B_3C_1D_2$ |
| 7 | | 3 | 1 | 3 | 2 | $A_3B_1C_3D_2$ |
| 8 | | 3 | 2 | 1 | 3 | $A_3B_2C_1D_3$ |
| 9 | | 3 | 3 | 2 | 1 | $A_3B_3C_2D_1$ |

从表 9-11 中可以发现, 正交表获得的方案与图解法所得到的方案相同。且通过研究正交表, 可以发现其特性：正交性、代表性和综合可比性。具体表现为

(1) 正交性

①任一列中, 各水平都出现, 且出现的次数相等。例: $L_9(3^4)$ 中不同数字有 1、2 和 3, 它们各出现 3 次。

②任两列之间各种不同水平的所有可能组合都出现, 且出现的次数相等。例: $L_9(3^4)$ 前两列中 (1, 1), (1, 2), (1, 3), (2, 1), (2, 2), (2, 3), (3, 1), (3, 2), (3, 3) 各出现 1 次。即每个因素的一个水平与另一因素的各个水平所有可能组合次数相等, 表明任意两列各个数字之间的搭配是均匀的。

(2) 代表性

①任一列的各水平都出现, 使得部分试验中包括了所有因素的所有水平;

②任两列的所有水平组合都出现, 使任意两因素间的试验组合为全面试验。

由于正交表的正交性, 正交试验的试验点必然均衡地分布在全面试验点中, 具有很强的代表性。因此, 部分试验寻找的最优条件与全面试验所找的最优条件, 应有一致的趋势。

(3) 综合可比性

①任一列的各水平出现的次数相等;

②任两列间所有水平组合出现次数相等, 使得任一因素各水平的试验条件相同。这就保证了在每列因素各水平的效果中, 最大限度地排除了其他因素的干扰。从而可以综合比较该因素不同水平对试验指标的影响情况。

### 9.3.3 正交试验数据的分析

为了研究以下四个因子对下列低比速离心泵分流叶片在额定点流量处的扬程 $H$ 和效率 $\eta$ 的影响规律, 找出其中的主要因素, 安排了四因子三水平的正交试验。

设因素 $A$ 代表周向偏置度 $\theta$(表示分流叶片在两长叶片中间的左右位置, 如图 9-27 中 (a) 部分所示), $A_1=0.4$, $A_2=0.5$, $A_3=0.6$; 因素 $B$ 代表分流叶片进口直径比 $D'$(用分流叶片进口直径 $D_{si}$ 与叶轮外径 $D_2$ 之比值表示, 即 $D' = D_{si}/D_2$, 如图 9-27(b) 部分所示), $B_1=0.8$, $B_2=0.7$, $B_3=0.6$; 因素 $C$ 代表偏转角 $\alpha$(见图 9-27(c) 部分), $C_1 = 0°$, $C_2 = +10°$, $C_3 = -10°$; 因素 $D$ 代表固定位置 (即分流叶片可与前后盖板相连 (正常情况)、仅与前盖板相连或仅与后盖板相连 (见图 9-27(e) 部分), $D_1=$ 前后盖板, $D_2=$ 前盖板, $D_3=$ 后盖板。

选择的试验次数应大于或等于下式的计算值:

$$4 \times (3 - 1) + 1 = 9$$

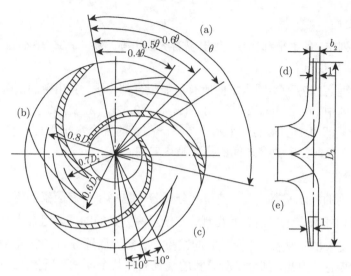

图 9-27  分流叶片偏置设计方案

的正交表，$L_9(3^4)$ 是合适的，试验方案见表 9-12。

保持泵体不变，叶轮重新设计，3 枚长叶片和 3 枚分流叶片间隔布置，分流叶片的偏置情况有 4 因素 3 水平，参见图 9-27。

表 9-12  试验方案

| 试验号 | A | B | C | D |
|:---:|:---:|:---:|:---:|:---:|
| | 周向偏置度 $\theta$ | 进口直径比 $D'$ | 偏转角 $/\alpha(°)$ | 固定位置 |
| 1 | 0.40 | 0.80 | 0 | 前后盖板 |
| 2 | 0.40 | 0.70 | +10 | 前盖板 |
| 3 | 0.40 | 0.60 | −10 | 后盖板 |
| 4 | 0.50 | 0.80 | +10 | 后盖板 |
| 5 | 0.50 | 0.70 | −10 | 前后盖板 |
| 6 | 0.50 | 0.60 | 0 | 前盖板 |
| 7 | 0.60 | 0.80 | −10 | 前盖板 |
| 8 | 0.60 | 0.70 | 0 | 后盖板 |
| 9 | 0.60 | 0.60 | +10 | 前后盖板 |

测试结果列于表 9-13。

表 9-13  试验结果汇总

| 试验号 | 1 | 2 | 3 | 4 | 5 | 6 | 7 | 8 | 9 |
|:---:|:---:|:---:|:---:|:---:|:---:|:---:|:---:|:---:|:---:|
| $H/\text{m}$ | 51.63 | 51.07 | 50.51 | 49.66 | 51.30 | 51.60 | 46.39 | 48.95 | 49.16 |
| $\eta/\%$ | 53.00 | 52.54 | 53.37 | 51.74 | 53.48 | 52.75 | 51.37 | 51.84 | 51.94 |

注: 表中数据均在额定点 $Q=25\text{m}^3/\text{h}$ 处的值。

根据试验结果分析:

(1) 直接分析

当叶轮仅为 3 枚长叶片而无分流叶片时,在额定点 $Q=25 \text{ m}^3/\text{h}$ 处,$H=48.6$ m,$\eta=51.2\%$。由表 9-13 可知,在长叶片中间增加 1 枚分流叶片 (共 3 枚,即 3 长 3 短) 后,除 7 号叶轮外,扬程提高 $0.4 \sim 2.8$ m,效率提高 $0.6\% \sim 1.8\%$,从而证实了增加分流叶片后改善泵性能的规律。

由表 9-13 还可知,泵的扬程已达到设计要求,虽泵效偏低 (可能因叶轮设计不尽合理、分流叶片偏置状况不理想或与泵体不匹配等原因所致),但因泵体与叶轮轴面流道和长叶片完全相同,具有可比性,因而仍能较科学地分析分流叶片各种偏置状况对泵性能的影响。

(2) 计算分析

试验的计算结果列于表 9-14。由表 9-14 画出直方图,如图 9-28 所示。

表中,$A$ 列下的 $K_i(i=1, 2, 3)$ 表示 $A$ 因素取 1、2、3 水平相应的试验结果之和。为了比较因素 $A$ 不同水平的好坏,而引入 $\bar{K}_i$ 值,$\bar{K}_i$ 表示因素 $A$ 相应水平的平均扬程或效率,表达式如下:

$$\bar{K}_i = K_i/3 \tag{9-14}$$

极差 $R$ 可由各列 $\bar{K}_i$ 数字中的大数减去小数而求得。

表 9-14 试验结果分析

| | | $A$ | $B$ | $C$ | $D$ |
|---|---|---|---|---|---|
| | $K_1$ | 153.21 | 147.68 | 152.18 | 152.09 |
| | $K_2$ | 152.56 | 151.32 | 149.89 | 149.06 |
| | $K_3$ | 144.50 | 151.27 | 148.2 | 149.12 |
| $H$ | $\bar{K}_1$ | 51.07 | 49.23 | 50.73 | 50.70 |
| | $\bar{K}_2$ | 50.85 | 50.44 | 49.96 | 49.69 |
| | $\bar{K}_3$ | 48.17 | 50.42 | 49.40 | 49.71 |
| | $R$ | 2.90 | 1.21 | 1.33 | 1.01 |
| | $K_1$ | 158.91 | 156.11 | 157.59 | 158.42 |
| | $K_2$ | 157.96 | 157.86 | 156.22 | 156.66 |
| | $K_3$ | 155.15 | 158.06 | 158.22 | 156.95 |
| $\eta$ | $\bar{K}_1$ | 52.97 | 52.04 | 52.53 | 52.81 |
| | $\bar{K}_2$ | 52.66 | 52.62 | 52.07 | 52.22 |
| | $\bar{K}_3$ | 51.72 | 52.69 | 52.74 | 52.32 |
| | $R$ | 1.25 | 0.65 | 0.67 | 0.59 |

由表 9-14 可知,无论对扬程 $H$ 还是效率 $\eta$ 或总体性能,各因素影响的主次顺序均为 $A$、$C$、$B$、$D$,见表 9-15。

表 9-15　分流叶片设计因素对性能影响的主次顺序

| A | C | B | D |
|---|---|---|---|
| 偏置度 $\theta$ | 偏转角 $\alpha(°)$ | 进口直径 $D'$ | 固定位置 |

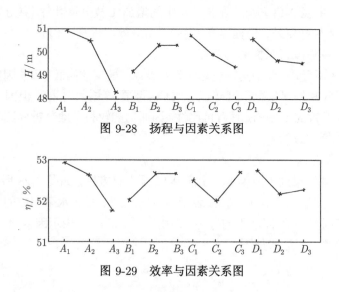

图 9-28　扬程与因素关系图

图 9-29　效率与因素关系图

由表 9-14 及图 9-28 和图 9-29 可得如下结论：

(1) 因素 $A$：分流叶片偏向长叶片负压面可提高泵的扬程和效率。

(2) 因素 $B$：分流叶片进口边直径 $D'$ 在 $0.6D_2$ 或 $0.7D_2$ 时，泵的扬程与效率基本相同，而当 $D'=0.8D_2$ 时，扬程和效率降低。

(3) 因素 $C$：分流叶片稍向长叶片负压面偏转有利于提高泵的性能。

(4) 因素 $D$：分流叶片与前后盖板相连，扬程和效率均最高。

# 9.4　测试平台简介

## 9.4.1　风洞

风洞 (wind tunnel) 是一种可以产生气流的空气动力学装置。风洞中进行的实验既有模型实验也有实型实验，在进行模型实验时，要遵循流体力学的相似准则，如几何相似、运动相似、动力相似等，动力相似可以由相关的相似准则数予以表征，如雷诺数、斯特劳哈数、马赫数等，这些属于流体力学的知识。

目前，风洞中最为常见的实验为绕流固体的实验，如绕流翼型、绕流汽车模型等，在风工程中为了研究建筑物上的载荷而进行的风洞实验也属于这一类。目前风洞已成为能源、交通、航空航天、环境保护等领域的重要实验设备之一。

不同的行业领域对风洞的要求有很大差异。普通的工业应用,低速风洞(测量段的平均气流速度小于 100 m/s)就能满足要求,而对于一些国防应用和特殊应用,高亚音速风洞(0.3< $Ma$ <0.8)、跨音速风洞(0.8< $Ma$ <1.5)才能满足实验要求,$Ma$ 更高时,风洞可分为超音速风洞(1.5< $Ma$ <4.5)、高超音速风洞(1.5< $Ma$ <10)和极高速风洞($Ma$ >10),这对为气流做功的设备和风洞的辅助装置提出了很高的要求。

风洞最大的优点在于气流的速度可以准确控制,所以能够为实验提供较为理想的来流条件。风洞的局限性在于进行模型实验时不能满足所有的相似准则,所以要对相似条件进行重要性排序,首先满足最重要的相似。

直流式和回流式低速风洞是目前最为常见的两种风洞类型。

图 9-30 所示为闭口抽吸式直流式风洞,其占用空间较大,沿着气流前进方向设置了稳定段、收缩段、实验段、扩散段和动力段。稳定段内多设置格栅,对气流进行整流,气流经过稳定段后以流线平直和均匀的状态向下游流动;收缩段是通过截面收缩达到增加气流速度的目的,定义收缩段进口截面与出口截面的面积比为收缩比,低速风洞的收缩比一般在 4~10。收缩段的收缩曲线在相关的风洞设计资料上有建议曲线,这些曲线已经过实际检验;实验段是整个风洞中最为重要的组件,实验模型安装在实验段内,并且要求实验段内的气流速度均匀且气流的湍流度要低,实验段内的气流参数是评价风洞性能的主要指标之一。为了满足光学测速和流动显示的要求,目前风洞的实验段段面多设计为矩形。实验段分为两段、中间敞开放置模型的为开口形式,此时更易观测模型周围的流动且模型安装方便,但气流的损失较大,紧邻模型的上游位置的气流的速度分布不均匀性强。对于闭口实验段,其为一个整体,观察窗为透明的,实验段内气流均匀,能量损失小,但模型拆装不方便。

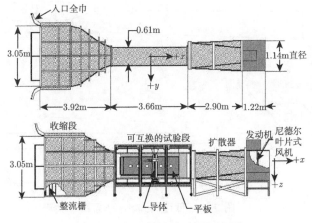

图 9-30 闭口抽吸式风洞示意图

对于风洞实验段有断面速度分布均匀性的要求，通常要求断面上各点的气流速度与该断面气流平均速度的均方根偏差不大于 0.25%，即：

$$\sigma = \sqrt{\frac{1}{n-1}\sum_{i=1}^{n}\left(\frac{v_i - \bar{v}}{\bar{v}}\right)^2} \leqslant 0.25\% \tag{9-15}$$

式中，$v_i$ 为第 $i$ 个测点的气流速度，$n$ 为测点数，

$$\bar{v} = \frac{1}{n}\sum_{i=1}^{n} v_i$$

对于湍流度的要求，一般认为低湍流度风洞实验段内的湍流度应小于 0.08%，一般的低速风洞的湍流度也不宜超过 0.16%。

风洞的扩散段主要起到将气流动能转化为压能的作用，一般扩散角小于 7°，扩散角过大易引起流动分离。

风洞的动力段内的主要设备为风扇，其旋转可以驱动气流流动，风扇的转速可以调节，相应的实验段内的气流速度随之改变。

在风洞实验段内获取模型表面的压力分布可以采用开测压孔或粘贴应变片的方式；在风洞中测量模型周围的流速分布可以采用接触式和非接触式测速方法；在风洞中测量模型的受力和力矩可以采用测力天平等仪器。

图 9-31 为低速回流风洞示意图。

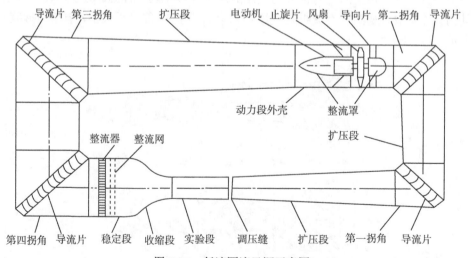

图 9-31　低速回流风洞示意图

　　在风洞的拐角处，气流易发生流动分离，加剧流动不均匀性和湍流脉动，同时造成能量损失，所以通常在拐角处布置导流片 (guide vane)，导流片的形状和弯度需与实际风洞相匹配，导流片组成的导流栅起到整流的作用。

### 9.4.2　水洞

　　水洞 (water tunnel) 也是一种重要的实验设备，其典型结构如图 9-32 所示。

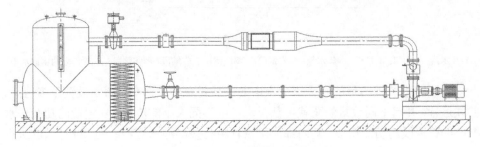

图 9-32　水洞结构示意图

　　从图 9-32 中可以看出，水洞的原理与结构与回流式风洞相似，但水洞中的介质是水。水洞的实验段没有水的自由表面。由于以水为介质，在水洞中可以进行水流绕过模型的流场研究，还可以进行发生在液体中的复杂现象如空化的实验研究。在水洞中获取较高水流速度，一方面可以加大循环泵的流量，另外还可采用将重力势能转化为动能的方法，即将水洞的垂直方向尺寸加长，将实验段置于下方，这样就可利用水流从高水位下降时的能量而获得较高的流速。

　　水洞的实验段也通常加工为透明的，但在该实验段内进行流动测量时可采用光学无扰动方法，同时还可以采用高速数码摄像技术对绕流模型时的流动特征进行显示。目前高速数码摄像技术的捕捉频率可达 10 万帧/秒以上，辅以强度足够的光源，可以对水洞实验段内发生的瞬态现象进行完整记录。

### 9.4.3　水槽

　　水槽 (flume) 是另外一种实验设备，主要用于带有自由表面的水体的流动测量。水槽可以做成固定的，也可以做成变坡形式的；按水槽中的介质情况还可以将水槽分为清水水槽、浑水 (含泥沙) 水槽、波浪水槽等。

　　一般的清水水槽由储水箱、管路、净水装置、泵、槽本体组成。水槽的结构示意图如图 9-33 所示。

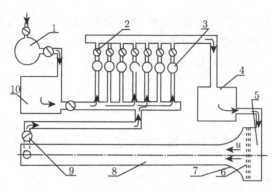

图 9-33　水槽示意图

1-净水器；2-阀门；3-泵组；4-集水箱；5-安定段；6-阻尼网；7-收缩段；8-实验段；9-出水阀；10-储水箱

　　设置净水装置的目的是为避免水中的杂质对水槽的污染；图中设置了多台泵，并联运行，开启不同数量的泵就可获得水槽中不同大小的流速；安定段的功能与水洞中的稳流段的功能相似，其内部通常设置粗孔塑料泡沫层和纱网，以对水流进行整流；实验段一般为矩形槽，其壁面通常采用有机玻璃制成，便于流动的观测。为使水槽内的流动稳定，在集水箱中可设置稳流装置如阻尼板，尽量消除水槽实验段上游的水流波动。

　　一些具有特殊用途的水槽，例如进行船模实验的拖曳水槽、带有造波器和消波器、用于模拟海浪的波浪水槽、模拟含沙水流的浑水水槽等均在相关领域发挥着重要的作用。

思考题与习题

　　1) 叶片泵的试验台类型。

　　2) 叶片泵的试验目的。

　　3) 叶片泵的能量参数与测量方法。

　　4) 叶片泵性能试验中需用到的仪器。

　　5) 叶片泵试验中测压孔开设的原则。

　　6) 叶片泵测量数据的处理方法。

　　7) 叶片泵水力性能测试的国家标准与规定的内容。

　　8) 正交试验的原理。

　　9) 风洞的功能。

　　10) 水洞的用途。

　　11) 水槽的应用。

# 主要参考文献

[1] 熊诗波, 黄长艺. 机械工程测试技术基础 (第 3 版). 北京: 机械工业出版社, 2015.

[2] 严兆大. 热能与动力工程测试技术 (第 2 版). 北京: 机械工业出版社, 2006.

[3] 黄素逸, 王献. 动力工程测试技术. 北京: 中国电力出版社, 2011.

[4] 刘在伦, 李琪飞. 水力机械测试技术. 北京: 中国水利水电出版社, 2009.

[5] 张红亭, 王明赞. 测试技术. 沈阳: 东北大学出版社, 2005.

[6] 汤跃, 金立江. 泵试验理论与方法. 北京: 兵器工业出版社, 1995.

[7] 谢里阳, 孙红春, 林贵瑜, 等. 机械工程测试技术. 北京: 机械工业出版社, 2012.

[8] 严登丰. 泵站工程. 北京: 中国水利水电出版社, 2005.

[9] 厉彦忠, 吴筱敏, 等. 热能与动力机械测试技术. 西安: 西安交通大学出版社, 2007.

[10] 许同乐, 马玉真, 李云雷, 等. 机械工程测试技术. 北京: 机械工业出版社, 2016.

[11] 郑梦海. 泵测试实用技术 (第 2 版). 北京: 机械工业出版社, 2011.

[12] Cameron Tropea, Alexander L. Yarin, John F. Foss (Eds.). Springer Handbook of Experimental Fluid Mechanics. Berlin Heidelberg: Springer-Verlag, 2007.

[13] 杨敏官, 罗惕乾, 王军锋, 等. 流体机械内部流动测量技术. 北京: 机械工业出版社, 2006.

[14] 张志涌, 杨祖樱, 等. Matlab 教程. 北京: 北京航空航天大学出版社, 2015.

[15] 唐洪武, 唐立模, 陈红, 等. 现代流动测试技术及应用. 北京: 科学出版社, 2009.

[16] 叶卫平, 闵捷, 任坤, 等. Origin 9.1 科技绘图及数据分析. 北京: 机械工业出版社, 2014.

[17] 李力, 曾祥亮, 陈从平, 等. 机械测试技术及其应用. 武汉: 华中科技大学出版社, 2011.

[18] 郑正泉, 姚贵喜, 马芳梅, 等. 热能与动力工程测试技术. 武汉: 华中科技大学出版社, 2001.

[19] 陈家璧, 彭润玲. 激光原理及应用 (第三版). 北京: 电子工业出版社, 2013.

[20] 刘承, 张登伟, 张采妮, 等. 光学测试技术. 北京: 电子工业出版社, 2013.

[21] Zhengji Zhang. LDA Application Methods, Laser Doppler Anemometry for Fluid Dynamics, Springer, 2010.

[22] John G. Webster, Halit Eren (Eds.). Measurement, Instrumentation, and Sensors Handbook, Second Edition, CRC Press, 2014.

[23] Markus Raffel,Christian E.Willert, Steve T.Wereley,Jürgen Kompenhans. Particle Image Velocimetry, A Practical Guide, Second Edition, Springer, 2007.

[24] H.-E. Albrecht, M. Borys, N. Damaschke, c. Tropea. Laser Doppler and Phase Doppler Measurement Techniques. Berlin Heidelberg:Springer-Verlag, 2003.

[25] Patrick F Dunn. Measurement and Data Analysis for Engineering and Science, CRC Press, 2010.

[26] 陈克安, 曾向阳, 杨有粮. 声学测量. 北京: 机械工业出版社, 2010.

[27] 赵玫, 周海亭, 陈光冶, 等. 机械振动与噪声学. 北京: 科学出版社, 2004.

[28]  Ernest O. Doebelin.  Measurement Systems:  Application and Design, 5th Edition, McGraw-Hill Publishing Co., 2003.

[29]  Axel Donges, Reinhard Noll. Laser Measurement Technology, Springer, 2015.

[30]  Giovanni Battista Rossi. Measurement and Probability, Springer, 2014.

[31]  Michael Grabe. Measurement Uncertainties in Science and Technology, Second Edition, Springer, 2014.

[32]  Gabriele D'Antona, Alessandro Ferrero.  Digital Signal Processing for Measurement Systems, Springer, 2005.